Chinese Path To
Cyberspace Governance

A Theoretical Exploration and
Practical Study

U0395621

中国网络空间治理

理论探索与实践研究

唐巧盈 | 著

上海社会科学院出版社
SHANGHAI ACADEMY OF SOCIAL SCIENCES PRESS

序言　持续推进中国网络空间治理研究

　　今年是我国接入国际互联网 30 周年；而自 20 世纪 80 年代起，我国即已在科研、教育等领域着手建设信息网络，某些特定局域网在境内开展了社会应用，如 1990 年沪深两地证交所相继成立将网络作为交易活动的基础平台。发展至今，拥有 10 亿多中国网民的网络空间，已经与现实社会空间交融一体，成为社会生活、生产、交易、传播、交往、娱乐等活动不可或缺的组成部分。本书从理论和实践的角度，对我国网络空间治理进行了系统回顾和阐述，论证中国网络空间治理方向和道路，无疑是一项很有意义的研究成果。

　　网络科技和网络空间发展历程事实本身，就证明了科学技术是第一生产力、生产力的发展必然引起广泛而深刻的社会变革这条马克思主义基本原理。所以本书首先从马克思主义中国化的视角，梳理马克思主义经典作家关于科技发展、新闻舆论传播、社会治理等的论述，以寻求中国网络空间治理的理论渊源与发展脉络。在阐述建网以来中央有关计算机及互联网建设和管理方针的基础上，书中着重对习近平新时代中国特色社会主义思想、习近平总书记关于网络强国的重要思想的理论体系和行动方针，以及习近平总书记有关网络空间治理的一系列重要论述进行阐释；特别就提出和实施网络强国战略、统筹布局网络安全和信息化关键领域、推动构建网络空间命运共同体等方面进行了体系化综述和归纳。这不仅有助于读者进一步学习和理解我国网络空间治理的理论发展历程和深刻内容，而且对于全书准确、系统、完整地阐述我国网络空间治理的一系列举措和成就，具有高屋建瓴的意味。

　　全书以浓墨重彩，就我国网络空间的治理理念、治理主体、治理对象、治理方式诸方面作了全面论述。如网络空间的结构，作者在参照已有研究的基础上，将其划分为物理网络层、传输网络层、应用网络层和行为网络层。这不仅囊括了各种基础设施、运行资源以及包含人们广泛使用的各类网络媒体平台及其内容信息传输在内的各种应用效能，还涵盖网络空间与现实社会交融而形成的诸如平台经济的跨域赋能、国家网络对抗力量的博弈等一系列重大社会议题。作者通过对"网络空间治理"定义的论证，阐述了网络空间运行的多元特征，表现为政府、企业、社会组织、个人等多元主体基于特定的目标和愿景，依据各自角色和相关理念、制度、法律、方法、程序等，统筹运作政治、经济、文化、社会、技术等各类议题的过程。书中引用相关研究认为：中国的网络空间治理正是经历了从"管理"到"治理"的范式变迁。作者将其发展历程，划分为"准备期""起步期""发展期"和"深化期"这样四个时期。这看似与业界通行描述的尚未接入国际互联网前期、以 PC 应用为主的 Web1.0 时期、用户生产内容（user generated content，UGC）与专业生产内容（professional generated content，PGC）并存且前者日益走向主导地位的 Web2.0 时期以及移动端跃居优势的 Web3.0 时期相对应。而作者通过对不同时期的政策法律、经济手段、行业自律、技术治理等的综述和分析，特别是将后三个时期按治理特点分别概括为有组织、有计划的行政主导型治理，重科学发展、强安全管理的事件驱动型治理，强法治、多主体参与、多手段结合的综合治理，从而科学而丰富地论述了我国网络空间治理及时因应网络科技变革而发展的主要特征和完整历程。接着，作者水到渠成地概叙了我国网络空间治理取得的瞩目成就，诸如顶层设计日益完善，大步迈向网络强国；网络空间管理领导机制基本形成；多层级多领域网络空间治理法制体系基本建立等。作者认为，我国走出了一条中国特色网络空间治理道路，网络综合治理体系已基本建成。在此基础上，作者就提升网络空间治理提出进一步措施的设想也就显得具有创见。

　　从国际互联网治理发展背景以比较方法观察我国网络空间治理，并阐述我国治网理念和历程的国际影响，是本书的又一亮点。互联网起源于美国，这使得美国在国际互联网一度不可避免居于主导地位。美国倡导的"互联网自由"理念和在国际网络实行的以技术社群为代表的多利益相关方治理模式流行一时。书中概叙：随着网络科技的发展特别是本世纪进入移动互联网时代以来，若干主权国家对美国政府及其数字科技巨头逐渐失去信任，认识到美国倡导的治理观念和模式背后的网络霸权本质，纷纷出台自己的网络空间战略和制度。正当其时，中国提出"网络主权"的概念以破除所谓"网络空间公域说"，推动了全球网络空间治理理念从多利益相关方治理到网络主权理念下的多方治理的转变。由于社会制度和文化传统等差异，各国治网理念和方式无疑不可能有相同的固定模式。在治网理念方面，书中列举并比较了中国为代表的以政府为"圆心"，而企业、民间团体、网民等其他治理主体围绕政府主导参与治理的"同心圆"模式——该模式下各个主体并非无差别的"合作伙伴"，与基于西方自由主义传统的政府、企业、民间团体、网民等角色处于相对平等状态，不同主体之间均存在互动关系的"三角互动"模式，两者显然存在根本区别。在治网实践层面，作者着重就美、中、欧三方 5G 新兴技术治理作了比较：美国在国内实行"重创新、轻监管"的治理行动，在国际上为维护技术霸权和网络霸权打压他国；中国实行"政府主导、企业攻坚、市场推进"的治理理念，聚焦自身发展，对外来干扰开展"被动防御"；欧盟则是一方面提出"技术主权"和"数字主权"，以立法与监管强化 5G 安全治理，另一方面加快5G 部署，提升新兴技术核心竞争力，以求成为"数字化第三极"。

在综述我国 30 余年来治网成就与国际影响和国际评价以及对我国治网基本经验、特点与意义作出归纳之后，作者也指出了目前学术界对于相关议题还存在种种不足，"何为中国网络空间治理之道"依然是有待深化的重要课题。事实上，网络科技的发展始终并且必然走在学术研究的前面，本书修订成稿未及一年，世界上陆续推出的崭新人工智能网络应用即已令人应接不暇，也为发展网络空间治理提出了有待解决的新问题和学术研究新课题。

本书作者唐巧盈博士，此书系对她的学位论文修订丰满而成，学术规范谨严。现有党和国家相关网络发展和治理的战略和政策文件、法律法规规章和各类规范性文件以及有关国家标准，搜罗相当完整。引用国内外相关已有研究文献也很丰富。作者还善于使用各种图表表现有关论述，按图查阅，有一目了然之效。

　　当下后喻时代。迟暮之岁，作为此稿第一读者，获益匪浅。勉弁赘言，就正年轻学人。

魏永征

2024 年元春于上海浦东盛族家园

目　　录

序言　持续推进中国网络空间治理研究 ·················· 魏永征　1

导言 ·· 1

  一、问题的提出 ·· 1

  二、基本概念界定 ·· 6

  三、国内外研究综述 ·· 13

  四、研究思路及方法 ·· 38

  五、研究创新与难点 ·· 42

第一章　理论探寻：中国网络空间治理的理论指导 ··········· 46

  第一节　马克思主义经典作家的相关论述 ··············· 46

    一、马克思主义科学技术观 ····························· 46

    二、马克思主义新闻舆论观 ····························· 49

    三、马克思主义社会治理观 ····························· 51

  第二节　毛泽东思想与中国特色社会主义理论体系的相关论述 ······ 52

    一、"党是领导一切的"基本原则 ······················· 53

    二、"科学技术是第一生产力"的重大论断 ··············· 55

    三、互联网管理"十六字方针" ························· 58

    四、互联网管理"新十六字方针" ······················· 61

  第三节　习近平总书记关于网络强国的重要思想 ·········· 63

    一、加强顶层设计，提出和实施网络强国战略 ··········· 64

二、明确关键领域,统筹布局网络安全和信息化工作 ······ 67

三、加强开放合作,推动构建网络空间命运共同体 ········ 75

本章小结 ·· 78

第二章 实践考察:中国网络空间治理变革与现状 ············ 81

第一节 治理阶段划分:多重要素的综合考量 ············· 81

第二节 四阶段演进:治理实践的历史沿革 ·············· 83

一、改革开放背景下开展互联网技术"引进来"(1978—

1994) ··· 83

二、有组织、有计划的行政主导型治理(1994—2003) ····· 88

三、重科学发展、强安全管理的事件驱动型治理(2003—

2013) ··· 99

四、强法治、多主体参与、多手段结合的综合治理(2013 年

至今) ·· 111

第三节 进展与挑战:我国网络空间治理现状分析 ········· 136

一、顶层设计日益完善,大步迈向网络强国 ············· 136

二、变量因素复杂交错,治理路径尚待提升 ············· 140

本章小结 ··· 143

第三章 国际观察:比较视野下的中国网络空间治理框架和路径 ····· 145

第一节 范式比较:中外网络空间治理框架对比分析 ······· 145

一、治理理念的本质分歧:网络主权与多利益相关方的

路径选择 ·· 148

二、治理主体的结构差异:"同心圆"与"三角互动"模式

比较 ·· 154

三、治理对象的侧重变化:多元议题治理的共同转向 ····· 158

四、治理方式的经验借鉴:治理手段的综合运用 ········· 161

第二节 实践比较:典型议题治理中的中外路径选择 ········ 164

一、网络空间治理中典型议题的选择依据 ·········· 164

二、5G 新兴技术治理模式的中外异同 ·········· 165

三、国内外网络信息内容治理比较 ·········· 175

本章小结 ·········· 187

第四章　海外评价：中国网络空间治理海外评说与辨析 ·········· 190

第一节　"崛起扩张论"：中国能否成为网络空间新领导者 ·········· 191

一、"崛起论"对独特性与正当性的讨论 ·········· 191

二、"扩张论"在发展影响力上的争论 ·········· 193

三、"崛起扩张论"的误读辨析 ·········· 195

第二节　"威胁控制论"：中国是否给网络空间带来威胁 ·········· 197

一、被妖魔化的"政府主导" ·········· 197

二、被污名化的"技术威胁" ·········· 200

三、"威胁控制论"的谬论逻辑 ·········· 202

第三节　"发展互动论"：中国路径与世界发展互相影响 ·········· 205

一、中国网络空间"发展"的再认识 ·········· 205

二、"开放"与"互动"的融合统一 ·········· 207

三、"发展互动论"存在双重属性 ·········· 208

本章小结 ·········· 210

第五章　网络强国何以可能：中国网络空间治理的经验、特点与意义

·········· 217

第一节　宝贵经验：遵循历史规律，坚持中国道路 ·········· 217

一、坚持党对网络空间治理的领导 ·········· 218

二、坚持以人民为中心的发展思想 ·········· 223

三、坚持理论创新与治理实践并举 ·········· 228

四、坚持独立自主和开放合作相平衡 ·········· 232

第二节　路径特点：治理"三性"，彰显中国特色 ·········· 236

一、普遍性：把握历史脉络，遵循一般性发展规律 ········ 237

二、特殊性：立足世情、国情、党情，创新治理范式 ········ 238

三、引领性：发挥制度优势，彰显社会主义优越性 ········ 239

第三节　发展影响：中国网络空间治理的重大意义 ·········· 242

一、实现弯道超车，展现了马克思主义的强大生命力

·· 242

二、积累丰富成果，促进了国家治理体系和治理能力

现代化 ······································ 244

三、贡献中国智慧，推进全球网络空间治理体系良性

变革 ·· 245

四、拓展发展途径，尤其为广大发展中国家提供了全新

选择 ·· 247

本章小结 ··· 249

结语 ··· 251

一、中国网络空间治理的再思考 ······················ 251

二、积极推进网络空间治理的中国方案 ················ 254

三、未来深化研究的方向 ···························· 259

参考文献 ·· 261

后记 ··· 281

导　言

一、问题的提出

当前,以互联网、大数据、人工智能、区块链等信息技术为代表的新一轮科技革命和产业变革深入推进,一个以互联网和其他信息技术网络为基础设施的,虚实交互、相互映射、跨空间融合的网络空间快速发展,深刻影响了政治、经济、文化、社会、军事等各个领域的发展。与此同时,互联网已经成为意识形态斗争的主阵地、主战场、最前沿,如何用好互联网、治理互联网,成为事关党的长期执政和国家长治久安,事关经济社会高质量发展和广大人民群众根本利益,事关全面建设社会主义现代化国家、全面推进中华民族伟大复兴的重大战略[①]。

党的十八大以来,在以习近平同志为核心的党中央坚强领导下,在习近平新时代中国特色社会主义思想特别是习近平总书记关于网络强国的重要思想指引下,我国从进行具有许多新的历史特点的伟大斗争出发,重视互联网、发展互联网、治理互联网,统筹协调涉及政治、经济、文化、社会、军事等领域网络安全和信息化重大问题,作出一系列重大决策、实施一系列重大举措,推动我国网信事业取得历史性成就,走出了一条中国特色治网之道。[②] 党的二十大报告再次强调,加快建设"网络强国、数字中国",发出了"以中国式现代化全面推进中华民族伟大复兴"[③]的政治宣言。这为我们科学理解和准确

① 中央网络安全和信息化委员会办公室:《习近平总书记关于网络强国的重要思想概论》,人民出版社 2023 年版,第 2、44 页。
② 中共中央党史和文献研究院编:《习近平关于网络强国论述摘编》,中央文献出版社 2021 年版,第 1 页。
③ 习近平:《高举中国特色社会主义伟大旗帜　为全面建设社会主义现代化国家而团结奋斗——在中国共产党第二十次全国代表大会上的报告》,《人民日报》2022 年 10 月 26 日。

分析中国网络空间治理指明了正确的方向。

其一，从互联网的演进历程看，全球网络空间发展的"双刃剑"效应日益凸显，如何在新的竞争空间中主动破局、更好治理网络空间，极大考验一个国家的治理体系和治理能力现代化程度。

互联网是冷战时期的产物，它最早诞生于 1969 年的军研项目阿帕网（Advanced Research Projects Agency Network，ARPANet）[1]。经过五十余年的发展，互联网等新一代信息技术渗透到政治、经济、军事、文化、社会等各个领域，在一定程度上打破传统主权国家发展和治理的边界，把全世界整合在一个共同的信息交流空间中，导致政府的运作方式、企业的经营模式、军队的作战手段以及人们的生活方式都发生了深刻的变革[2]。当前，人类社会进入了一个"人机物"三元融合的万物智能互联时代[3]，5G 等移动通信技术快速发展，智能手机等智能终端迅速普及，电子购物成为生活日常，微信、微博、抖音等互联网应用广受欢迎，无人驾驶、智能工厂日渐成为现实，"元宇宙"（metaverse）[4]概念、ChatGPT 等火遍全球；网络安全威胁延伸至现实社会，甚至关乎国家安全，成为整个世界面临的一项重大风险[5]，零日漏洞、勒索病毒近年来侵袭全球，网络攻击、虚假新闻与仇恨言论、深度造假、信息泄露、网络犯罪、数字鸿沟、数字地缘政治等问题日益严峻；信息技术和数据资源的竞

---

[1] 1969 年诞生的阿帕网是美国国防部高级研究计划局（ARPA）信息处理处开发的世界上第一个计算机远距离的封包交换网络。作为美国军方的一个研究项目，阿帕网的建立意在建立资源共享的计算机网络，最初由西海岸加州大学洛杉矶分校（UCLA）、斯坦福研究院（SRI）、加州大学圣芭芭拉分校（UCSB）和犹他大学（UTAH）四个节点构成，最初使用范围主要局限于政府、军事等领域。

[2] 惠志斌：《全球网络空间信息安全战略研究》，上海世界图书出版公司 2013 年版，第 17 页。

[3] 习近平：《在中国科学院第二十次院士大会、中国工程院第十五次院士大会、中国科协第十次全国代表大会上的讲话》，《人民日报》2021 年 5 月 29 日。

[4] "元宇宙"这一概念最早源于尼尔·斯蒂芬森（Neal Stephenson）1992 年出版的科幻小说《雪崩》（Snow Crash），该小说描述了一种人类通过数字化身（avatar，即后来因为同名科幻电影而广为人知的"阿凡达"）在一个虚拟三维空间的生活和交流，并将这种以人的数字化身为核心、超脱于现实世界独立运行的虚拟三维空间称为"元宇宙"。目前，"元宇宙"已进入雏形探索期，可被理解为通过多项技术集成建立在现实世界基础上、拥有完整价值体系和经济闭环的虚实融合的空间，被视为下一代互联网生态的潜在模式，其丰富内涵仍在不断发展和演变。

[5] WEF, "The Global Risks Report 2021", Jan. 19, 2021, https://www.weforum.org/reports/the-global-risks-report-2021.

争日益嵌入大国国家战略、意识形态和社会文化博弈之中,一些国家持续围堵我国高科技产业发展,"信息战""舆论战""网络战"和"网络威慑"频现,全球跨境数据流动受阻①,网络空间"巴尔干化"②现象日益突出。对主权国家来说,复杂交错的网络空间治理不仅涉及技术治理的问题,还关乎政治、经济、文化、社会等各个方面。因此,网络空间治理不仅成为国家治理的必要环节和组成部分,也是国家治理现代化水平的综合体现,更是国际话语权博弈的重要战场。如何更好地发展与治理网络空间,趋利避害,发挥互联网的最大赋能效应,成为各国日益重视的核心议题之一。

其二,"棱镜门"事件③的全球余震延续至今,全球调整网络空间战略,各国对于网络空间治理变革的呼声日益增大,但对于制定何种规则、选择何种路径等仍然存在较大争议,新的网络空间治理方案亟待提上议程。

互联网从诞生伊始,就存在浓重的美国色彩。长期以来,美国凭借其强大的技术和产业能力以及制度文化输出,主导着全球网络空间治理。2013年,"棱镜门"事件曝光,美国一方面倡导所谓的"互联网自由",另一方面却"大规模实施全球监听",这种单边标准和双轨操作④被公之于众后,引发了全球对网络空间治理规则设置和网络安全议题的再思考。"网络空间治理不能只由一个国家说了算""必须削弱美国的互联网霸权""应重新制定网络空间治理规则"等意见和声音频繁出现在国际社会,但各国在网络空间制定什

---

① 当前,各国在跨境数据政策上的分歧较大。以美欧跨境数据传输协议为例,其经历了多次调整。2020年7月,欧洲法院判决欧盟与美国之间的"隐私盾"协议无效;2022年3月,美欧就新的"跨大西洋数据隐私框架"达成原则性协议。2022年10月,拜登总统签署并发布了《关于加强美国信号情报活动保障措施的行政命令》,以实施新的美欧数据隐私框架。2023年7月10日,欧盟批准《欧盟-美国数据隐私框架》协议,认为根据新框架,从欧盟转移至美国公司的个人数据,美国达到了保护水平的要求。但外界认为,该协议在未来实施过程中仍存在不确定性。

② "巴尔干化"原指巴尔干半岛的复杂局势,后可指代政权及其体制的分割与分裂,引申到网络空间,可用以形容网络空间的"碎片化"。

③ 2013年,英国《卫报》和美国《华盛顿邮报》根据爱德华·斯诺登(Edward Snowden)的爆料,揭露美国以反恐之名,对国内和国外实施大规模的互联网窃听和监控行为,微软、雅虎、谷歌、苹果等互联网巨头皆参与其中。该事件也被称为"斯诺登事件"。

④ 刘小燕、崔远航:《话语霸权:美国"互联网自由"治理理念的"普适化"推广》,《新闻与传播研究》2019年第5期,第17页。

么样的规则、如何制定规则、怎样实现网络治理等核心问题上争执不下①。而从实践层面看，美国、中国、欧盟、俄罗斯、日本、韩国以及印度、越南、南非等逐渐形成了不同的政策体系和独具特色的治理路径。但当前由于各国制度、社会环境以及意识形态等方面存在差异，一国的网络空间治理模式往往是基于该国国情的"有限适用"。对于选择何种道路，全球各个国家和地区仍存在不少争议，甚至也出现了一国任意干涉他国治理路径的情况。因此，无论是应对全球互联网治理体系变革，还是针对本国和本地区的网络空间发展与治理，都要求我们在理论上必须深刻反思网络空间"丛林法则"形成的缘由，在认清霸权主义双重标准巨大危害并予以深刻批判的同时，提供自己的解决方案并付诸实践。②

其三，伴随着复杂融合的国际竞争，中国正从网络大国迈向网络强国，国际社会对中国网络空间治理存在多种声音，中国网络空间治理体系亟待理论和实践总结。

一方面，中国网络空间的发展与治理有力回应了"互联网-社会主义冲突论"，但相关的治理道路何以形成仍待进一步深化研究。当先进的互联网信息技术遇到社会主义，两者之间是否存在冲突性，阿尔文·托夫勒（Alvin Toffler）、曼纽尔·卡斯特（Manuel Castells）等人在早期研究中往往对此持肯定答案③。而从实践来看，自1994年中国全功能接入国际互联网，到今天互联网走入中国千家万户，伴随着中国的现代化发展，中国网络空间发展实现了从跟随、陪跑、并跑到部分领域的领跑，并通过国家战略、法律法规、标准规范、机制建设、专项行动等方式，取得了举世瞩目的治理成就。可以说，中国的网络空间治理道路是中国式现代化在网络空间的具象体现。中国式现代化有五个重要特征：人口规模巨大、全体人民共同富裕、物质文明和精神

---

① 贾秀东：《网络安全不容"霸王条款"》，《人民日报海外版》2013年7月9日。

② 秦安、轩传树：《"构建网络空间命运共同体"进程中的"中国时代"》，《网信军民融合》2017第6期，第26页。

③ 陆俊、严耕：《信息化与社会主义现代化——兼评托夫勒和卡斯特的信息化与社会主义"冲突"论》，《思想理论教育导刊》2004年第8期，第34页。

文明相协调、人与自然和谐共生、走和平发展道路。① 这就意味着"中国式"的网络空间治理具有用户规模巨大、网络发展成果普惠于民、数字技术赋能"两个文明"协调发展、推动数字生态文明建设、携手构建网络空间命运共同体等鲜明特征和崇高追求。但学术界、理论界对于中国网络空间治理的研究多停留在具象议题的微观探索,系统全面地回答"中国网络空间治理道路何以形成"的必要性和重要性日益凸显。

另一方面,国际社会对于中国网络空间治理的评价不一,一些国家和地区对待中国的网络空间发展,特别在治理问题上,仍带有较为浓厚的意识形态偏见和结果预设,不能客观地评价甚至恶意抹黑和妖魔化中国。而回应这些论调的最好方式就是准确阐述何为中国网络空间治理之道,即深入、系统、全面、科学地分析以下问题:历经了三十年的发展,中国网络空间治理形成了怎样的发展路径;中国网络空间治理在中国从"站起来""富起来"到"强起来"的伟大飞跃中扮演了何种角色;与他国相比,中国网络空间治理背后具有哪些关键要素的推动,两者的异同点在哪里;在新一轮的科技革命和产业变革之中,中国的网络空间治理是否具有强大的生命力,再次向世界证明作为社会主义国家和发展中大国的中国能够应对挑战,并延续网络空间治理的"中国特色";等等。

在上述背景下,本书提出了研究的关键议题,即"何为中国网络空间治理之道"。本书将在理论和实践层面考察中国网络空间治理的理念、特点和经验,结合国内外发展的异同比较,全面总结中国网络空间治理的道路、意义与贡献。基于此,本书具体从以下几个方面展开研究:

(1) 中国网络空间治理的理论指导是什么?

(2) 中国网络空间治理经历了怎样的实践探索?

(3) 中国网络空间治理与国外相比存在哪些异同?

(4) 国际社会对中国网络空间治理如何评价,怎样看待这些域外声音?

(5) 中国网络空间治理具有哪些经验、特点与发展影响?

---

① 习近平:《高举中国特色社会主义伟大旗帜　为全面建设社会主义现代化国家而团结奋斗——在中国共产党第二十次全国代表大会上的报告》,《人民日报》2022 年 10 月 26 日。

二、基本概念界定

(一) 网络空间

"网络空间"(cyberspace)一词在英文中,是由"控制论"(cybernetics)和"空间"(space)两个单词结合组成,被译为"赛博空间"。这一概念最早出现在美国科幻作家威廉·吉布森(William Gibson)1982 年发表的小说《全息玫瑰碎片》(*Burning Chrome*)中,是指由计算机创建的虚拟信息空间,且这种空间形成了可视的、复杂的、集群式的数据景观①。而随着互联网等新一代信息技术的发展,网络空间的内涵也发生了变化。因此,有必要从技术演变的视角出发,系统梳理网络空间的概念。

在早期互联网时代,互联网从军事应用转向学术网络,产生了各类基础协议、基础架构和基础应用,此时的网络空间更多地是一个"技术空间"。这一时期的重要标志包括美国军方阿帕网的建立、局域网和域名系统(Domain Name System,DNS)的发明②、基础通信协议即传输控制协议/互联网协议(Transmission Control Protocol/Internet Protocol,TCP/IP)的诞生③、电子邮件等互联网基础应用的普及以及美国国家科学基金会网络(National Science Foundation Network,NSFNet)的组建④等,由此,网络空间的技术框架基本搭建完成,主要应用局限在军事、政府、学校等范围。

在个人计算机(personal computer,PC)互联网时代,互联网在经历商业化

---

① "Cyberspace" Popularized,Nov. 15,2012,https://www.historyofinformation.com/detail.php?entryid=1227.

② 1974 年,英国剑桥大学开发剑桥环局域网(Cambridge Ring);1976 年施乐(Xerox)公司的鲍伯·梅特卡夫(Bob Metcalfe)研制以太网(Ethernet);这一时期,为了管理大量独立的局域计算机网络,保罗·莫卡派乔斯(Paul Mockapetris)发明了域名系统。

③ 1973 年,文顿·瑟夫(Vinton Cerf)和罗伯特·卡恩(Robert Kahn)开发了一个能够满足开放式架构网络环境需要的传输控制协议/互联网协议。该协议后来成为共同的互联网规则。

④ 1984 年,美国国家科学基金会(NSF)决定组建 NSFNet。NSFNet 采取的是一种具有三级层次结构的广域网络,整个网络系统由主干网、地区网和校园网组成。各大学的主机可连接到本校的校园网,校园网可就近连接到地区网,每个地区网又连接到主干网,主干网再通过高速通信线路与阿帕网连接。由此,学校中的任一主机可以通过 NSFNet 来访问任何一个超级计算机中心,实现用户之间的信息交换。后来,NSFNet 所覆盖的范围逐渐扩大到全美的大学和科研机构。

浪潮后从学术网络转向商业网络，显示出强劲的商业化动力，网络空间逐渐演变为"市场空间"。这一时期，万维网（World Wide Web，WWW）的诞生①直接推动了Web1.0的兴起，大量投资涌向互联网领域，一大批以浏览器、门户网站等为主营业务的商业公司上市。在经历了21世纪初的互联网泡沫之后，Web2.0兴起，互联网社会化属性日趋明显，博客、播客、在线视频等社交型媒体纷纷涌现，谷歌、微软、亚马逊等互联网科技巨头开始形成，日益冲击传媒、商务、通信、沟通等社会各个领域②，商业化的网络空间迎来了发展"第二春"。

在移动互联网时代，随着3G、4G等移动通信技术以及基于iOS、安卓系统的移动客户端的发展，互联网真正进入大众生活，网络空间逐渐表现为集娱乐、交流、商业于一体的"社会空间"。这一时期，互联网普及率快速提升，美国FAANG（脸谱网③、苹果、亚马逊、奈飞、谷歌）和中国BAT（百度、字节跳动、阿里巴巴、腾讯）等超级平台强力崛起，网络空间具有了强烈的交互、个性化等特征④，网民不仅是网络应用的消费主体，也成为网络内容的生产主体。同时，"谷歌退出中国""阿拉伯之春""震网病毒攻击"到"棱镜门"事件接连发生，政治力量强势介入网络空间，也从侧面显示了各个国家和地区都有自己独特的发展路径、特色和模式。

在智能互联网时代，伴随着互联网技术与人工智能、大数据、区块链、云计算等新一代信息技术的融合集成发展，虚拟空间与现实空间的深度融合，网络空间在经历技术驱动、商业驱动、社会驱动后，在新一轮的战略驱动下逐渐演变为在陆、海、空、天之外人类共同的"第五空间"。而随着技术元素与人类生活交织缠绕、共同进化⑤，我们进入了"元宇宙"时代。这一时期，网络空间成为

---

① 1991年，欧洲粒子物理研究所（CERN）的蒂姆·伯纳斯-李（Tim Berners-Lee）开发的万维网公开亮相。万维网基于超文本传输协议，可以便捷地从一个站点链接到另一个站点。基于此，浏览器、门户网站等纷纷涌现，促进了早期互联网的商业化。

② 方兴东、钟祥铭、彭筱军：《全球互联网50年：发展阶段与演进逻辑》，《新闻记者》2019年第7期，第19页。

③ 脸谱网（Facebook）已于2021年改名为Meta。

④ 彭兰：《网络传播概论（第四版）》，中国人民大学出版社2017版，第6页。

⑤ 持有该观点的典型代表如著名科技思想家凯文·凯利（Kevin Kelly），其在著作《失控：全人类的最终命运和结局》（*Out of Control: The New Biology of Machines, Social Systems, and the Economic World*）中有详细阐述。

信息传播的新渠道、生产生活的新空间、经济发展的新引擎、文化繁荣的新载体、社会治理的新平台、交流合作的新纽带、国家主权的新疆域。① 与此同时，网络空间的战略地位逐渐凸显，美国、中国、俄罗斯等大国均把网络空间安全纳入国家安全战略之中，全球战略竞争逐步转向以网络空间为代表的科技博弈，从"中兴事件"②"孟晚舟事件"③"封禁 TikTok 事件"④，到美国特朗普政府推出"清洁网络"计划（Clean Network）⑤全方位遏制中国互

---

① 《国家网络空间安全战略》，《中国信息安全》2017 年第 1 期，第 26 页。

② 2018 年 4 月，美国商务部发布公告称美国政府在未来 7 年内禁止中兴通讯向美国企业购买敏感产品。经过多轮斡旋，2018 年 7 月，美国与中兴公司签署协议，要求在中兴向美国支付 4 亿美元保证金之后解除禁令。

③ 2018 年 12 月，华为公司孟晚舟因美国司法的长臂管辖在加拿大温哥华被捕；2020 年 7 月，华为向加拿大法院申请中止将孟晚舟引渡到美国。2020 年 11 月，加拿大不列颠哥伦比亚省高等法院举行孟晚舟案听证会。涉嫌把孟晚舟电子设备密码提供给美国联邦调查局的加拿大皇家骑警退休警官 Ben Chang 拒绝出庭作证。2021 年 8 月，孟晚舟引渡案结束审理。2021 年 9 月，孟晚舟乘坐中国政府包机返回祖国。

④ 2020 年，时任美国总统特朗普签署了行政命令，勒令如果字节跳动不在 45 天内出售 TikTok，那么其就将被美国封禁。随后，TikTok 通过诉讼阻止了特朗普完全封禁 TikTok 的行政令。拜登当选美国总统后，拜登政府在 2021 年 2 月要求法院暂停审理有关 TikTok 及微信禁令的案件。同年 6 月，美国总统拜登签署了一项行政命令，撤销了对 TikTok 和微信的禁令。但在拜登政府执政期间，美国国内一直存在有关禁止 TikTok 的立法讨论。例如，2024 年 4 月，拜登签署了《保护美国人免受外国对手控制的应用程序侵害法案》，试图封禁抖音国际版 TikTok，引起了全球的广泛讨论。

⑤ 2020 年 8 月，时任美国国务卿迈克·蓬佩奥（Mike Pompeo）在美国国务院举行的新闻发布会上宣布，为保护美国关键电信和技术基础设施，将对华开展"清洁网络"计划也被称为"净网"计划，具体包括下述六个方面。(1) 清洁运营商（Clean Carrier）：确保中国电信运营商不与美国电信网络连接。中国电信运营商不能向美国或从美国本土提供国际电信服务。(2) 清洁应用商店（Clean Store）：从美国移动应用商店中移除不受信任的中国应用程序，避免美国最敏感的个人和商业信息受到不正当的利用和窃取。(3) 清洁移动应用（Clean Apps）：防止不受信任的中国智能手机制造商在其应用商店中预安装（或以其他方式提供下载）可信的应用程序。美国和世界上领先的科技公司应该从不受信任的中国手机制造商的应用商店（如华为应用商店）中删除其应用程序。(4) 清洁云（Clean Cloud）：防止美国公民最敏感的个人信息和美国企业最有价值的知识产权（包括新冠疫苗的研究）在外国竞争对手公司可以访问到的云系统上进行存储和处理。(5) 清洁电缆（Clean Cable）：确保连接美国与全球互联网的海底电缆不被中国大规模情报收集活动所破坏。与其他盟友国家合作，确保世界各地的海底电缆不会同样受到损害。(6) 清洁路径（Clean Path）：所有进入和离开美国外交机构的 5G 网络流量通过的需是"清洁路径"。该计划运演的逻辑起点是中国提供的互联网基础设施及其相关服务"不安全"，因此，在通信网络、运营商、应用商店、移动应用程序、云服务和通信电缆等网络空间基础服务领域不得使用与中国相关的产品和服务，进而衍生出对中国的网络空间不信任。这几乎在硬件、软件、服务以及运营等方面实现了互联网生态链中"排华"的全面覆盖。

联网产业生态,以及近年来俄罗斯等国发生的"断网测试",网络空间"割据化"态势突出。

综上,本书基于网络空间的技术演化,总结网络空间的原生特征以及其与其他空间的发展共性,将网络空间界定为以相互依存的网络基础设施为基本架构,以标准、协议、规则、制度为规则支撑,以代码、数据与信息的流动表现行为活动的发展空间,以及与其他空间高度融合互动的虚实交融空间。此界定清晰地指出了网络空间的三大构成要素(如图0-1所示)。

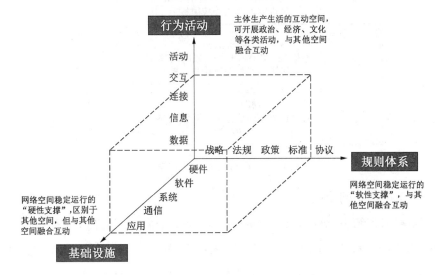

图0-1　网络空间的三大构成要素

而深入分析网络空间的构成要素,可进一步明确网络空间的分层结构(如图0-2所示),包括物理网络层、传输网络层、应用网络层、行为网络层等。其中,物理网络层主要包括海底光缆、通信卫星、互联网交换中心等互联网基础设施及其架构,是支撑全球网络空间正常运转的骨干设备;传输网络层包括根服务①、域名、IP地址等互联网关键资源和相关通信协议与标准,其关乎全球互联网正常、稳定、安全运行;应用网络层,其涵盖各类互联网应用、互联网媒体、信息内容以及相关应用标准;行为网络层因纳入了人与组织的

---

① 全球共有13台互联网"根域名服务器",1个为主根服务器,在美国,其余12个均为辅根服务器,其中9个在美国,欧洲2个,位于英国和瑞典,亚洲1个,位于日本。

行为获得感，具有社会属性，是指网络空间与现实社会交融而形成的一系列影响社会经济和社会的行为活动，包括技术的融合创新、平台经济的跨域赋能、国家网络对抗力量的博弈等重大议题。

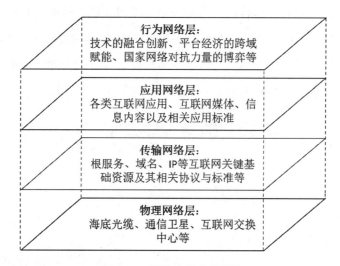

图 0-2　网络空间分层结构

(二) 网络空间治理

网络空间治理 (cyberspace governance) 是一个复杂、跨界而又不断演进的议题，不同学科背景的人倾向于从不同侧面进行理解①。当前，网络空间治理尚未有统一的定义。本书分别对治理的概念、网络空间治理的演进进行梳理，以更好把握网络空间治理的内涵。

从治理 (governance) 的概念看，其在英文环境下的词源为拉丁文 "gubernare"，即操控。而中国历史视野下的治理概念，发轫于中国社会生活，最初主要是为了获取生存资料，即有收成才能够形成秩序也就是治理。② 20 世纪 90 年代，治理的概念被国际经济界、政治界引用，又经联合国、国际货币基金组织、世界银行等国际组织运用后得到广泛传播。较为经典的定义来自全球治理委员会 (Commission on Global Governance，CGG) 于

1995 年发布的《我们的全球伙伴关系》一文。其认为"治理是各种公共的或私人的机构管理其共同事务的诸多方式的总和,是使互相冲突的或不同的利益得以调和并且采取联合行动思维的持续过程"[1]。国内外治理研究学者也对治理的内涵和特征作了阐述。例如,治理研究专家格里·斯托克(Gerry Stoker)指出,治理的本质在于它所偏重的统治机制并不依靠政府的权威和制裁,它发挥作用是要依靠多种进行统治的以及互相发生影响的行为者的互动。[2] 无独有偶,国内学者俞可平指出:"治理是一种公共管理活动和公共管理过程"[3]。由此,本书认为,治理是政府、企业、个人等多元主体为了管理共同事务,以正式制度、规则和非正式安排的方式相互协调,并进行持续互动的一个过程。相较于统治(government)、管理(management)而言,治理(governance)更重视协调与合作,强调治理主体的多元化及其发挥的重要作用。

　　而从网络空间治理实践演进看,由于治理主体和治理对象的变化,这一概念在不同时期也有不同的内涵。在 PC 互联网阶段,网络空间的治理主体为以 I* 治理机构[4]为代表的技术社群,治理对象主要聚焦于互联网技术和标准领域。在商业互联网阶段,以技术为中心的治理理念与相应机构设置在应对越来越多的"非技术"问题面前力有不逮[5],政府、企业等主体日益介入网

---

[1]　CGG,Our Global Neighborhood, Geneva：Commission on Global Governance,1955.

[2]　[英]格里·斯托克:《作为理论的治理:五个论点》,华夏风译,《国际社会科学杂志(中文版)》2019 年第 3 期,第 25 页。

[3]　俞可平:《论国家治理现代化》,社会科学文献出版社 2014 年版,第 85 页。

[4]　所谓 I* 机构是指互联网社会应用初期成立的诸如互联网名称与数字地址分配机构(ICANN)、互联网工程任务组(IETF)、互联网工程指导小组(IESG)、互联网架构委员会(IAB)、国际互联网协会(ISOC)、万维网联盟(W3C)等,专注于互联网运转维护与标准制定的国际机构。在这一时期成立的各种互联网治理机构与组织,无论是国际层面的 IETF、IAB 及 ICANN,还是地区层面的欧洲国家顶级域名注册管理机构委员会(CENTR)、亚太互联网网络信息中心(APNIC)等,其主要职能皆着眼于标准制定与技术推进。这些组织无论是从组织形式还是运作模式上均充分体现出当时的认知体系,开放而自由,重视发挥民间团体、私营部门和个体的作用,注重不受传统现实社会约束限制的个性,鼓励创新精神,注重决策过程的开放与规则的有效性,强调没有政府参与和限制的自由和平等。这种理念与认知在互联网发展初期,对于网络空间的繁荣和发展的确起到了十分积极的推动作用。

[5]　李艳:《网络空间国际治理中的国家主体与中美网络关系》,《现代国际关系》2018 年第 11 期,第 42 页。

络空间治理。这一时期,联合国互联网治理工作组(WGIG)提出了网络空间治理的新定义,即各国政府、私营部门和民间社会根据各自作用制定和实施旨在规范互联网发展和使用的共同原则、准则、规则、决策程序和方案。① 随后,"棱镜门"事件的爆发,使国家和政府开始强势介入,在网络空间治理中扮演越来越重要且关键的角色,直接推进了"巴西互联网大会"(Net-Mundial)②、互联网名称与数字地址分配机构(ICANN)③的国际化改革等重要治理进程。与此同时,各种层级的治理论坛与会议开启,多边、区域和双边等国际机构均将网络空间治理纳入议题,如七国集团(G7)、二十国集团(G20)、亚太经济合作组织(APEC)、经济合作与发展组织(OECD)。当前,网络空间治理的内涵与外延不断丰富,治理主体包括国家、政府、企业、社会组织、个人等;治理对象已从单纯的技术领域扩展至政治、经济、社会、文化以及军事等维度。

综上,本书将网络空间治理定义为国家、政府、企业、社会组织、个人等多元主体基于一定的目标和愿景,依据各自角色和相关理念、规则、方法、程序等,治理网络空间物理网络层、传输网络层、应用网络层、行为网络层中涉及政治、经济、文化、社会、技术等议题的过程。因此,对于网络空间治理的范式研究应涵盖网络空间的治理主体、治理对象、治理方式、治理理念等一系列关键要素。而在现实情境中,网络空间治理议题也往往与网络空间发展议题相关联,由此,治理和发展实际上是一个问题的"一体两面"。

---

① WGIG, Report of the Working Group on Internet Governance, Geneva: Working Group on Internet Governance, 1995.

② 2014年,"互联网治理的未来——全球多利益相关方会议"(NETmundial)在巴西圣保罗举行。本次会议由巴西政府(巴西互联网指导委员会,CGI.br)和互联网名称与数字地址分配机构联合举办,共有来自97个国家的1 229位代表参会。开幕式上,30余位电信部长、互联网技术专家、社会代表发言,围绕互联网治理原则和互联网未来发展路线图两大议题展开讨论,阐述各国各界对互联网治理的理念。

③ ICANN成立于1998年10月,负责互联网协议地址的空间分配、协议标识符的指派、通用顶级域名(gTLD)与国家和地区顶级域名(ccTLD)系统的管理以及根服务器系统的管理。参见程群:《互联网名称与数字地址分配机构和互联网国际治理未来走向分析》,《国际论坛》2015年第1期,第15页。

值得注意的是,由于网络空间治理与互联网治理(Internet govenance)的概念有历史联系与内涵交叉,一些学者如约瑟夫·S. 奈(Joseph S. Nye)明确区分了互联网治理与网络空间治理,并且提出了互联网治理聚焦于技术层面,是网络空间治理的一个子集①。但在当前的诸多研究中,不少仍然坚持沿用"互联网治理"的说法,实际上相关内容已超越了关于互联网发展与使用的技术和政策等,已是"网络空间治理"的研究范畴。因此,本书对两者的概念不作严格区分,统一使用"网络空间治理"一词,以保持本书的可读性和连贯性,同时也突出了时代性。此外,网络空间治理与网络化治理(network governance)不同,后者是指在现存的跨组织关系网络中,针对特定问题,在信任和互利的基础上,协调目标与偏好各异的行动者的策略而展开的合作管理②。这三个概念直接的关系如图 0 - 3 所示。

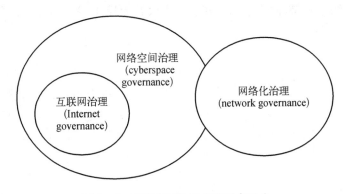

图 0 - 3　网络空间治理相关概念区分

三、国内外研究综述

互联网的兴起推动经济社会发展的同时,也带来了诸多挑战与相关治理议题。网络空间治理成为近年来全球关注的热点话题,也引发了国内外学术界研究的高度关注。

---

① ［美］约瑟夫·奈:《机制复合体与全球网络活动管理》,《汕头大学学报(人文社会科学版)》2016 年第 4 期,第 87 页。
② 章晓英、苗伟山:《互联网治理:概念、演变及建构》,《新闻与传播研究》2015 年第 9 期,第117 页。

如前文所述,诸多研究已将"互联网治理"和"网络空间治理"的内涵等同,因此,在文献搜集和整理过程中,本书主要使用上述关键词进行查找。在知网上,以"互联网治理""网络空间治理"为主题词进行搜索①,分别获得3 656条、1 875条相关篇目,特别是在2012年党的十八大以后,伴随着"网络强国"战略目标的提出,国内有关互联网和网络空间治理的研究热度明显上升。尽管在2021年相关研究数量有所下降,但涉及网络空间治理的具体议题,如人工智能治理、数据治理、网络安全治理等的研究热度仍在持续上升。这也说明了国内对于网络空间治理的研究从原先的整体性研究日益深化到具体的议题之中。在谷歌学术(Google Scholar)上,以"Internet governance"为标题进行关联性搜索,出现3 210条相关文献,仅2013年以来的条目就有1 500多条。而在关键词中加入"China",相关学术研究也呈现类似的发展趋势。需要注意的是,网络空间治理往往以议题为导向,关于数据治理、内容治

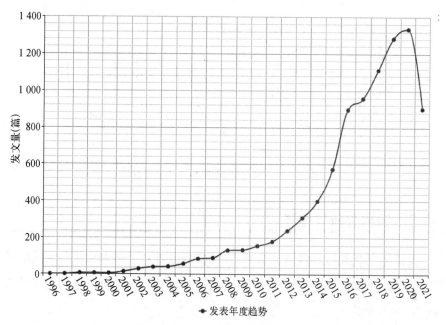

图0-4 1998—2021年知网上与互联网/网络空间治理相关研究趋势

---

① 本书在知网、谷歌学术上分别统计相关研究情况,搜索时间为2021年12月23日9时。

理、算法治理、平台治理等的关键词都能被纳入网络空间治理的范畴。因此，相关的学术成果数量远远大于上述统计数据。此外，计算机学界、法学界、政治学界、国际关系学界等领域的学者以及政策界、产业界、传媒界等的专家纷纷加入研讨中，以不同的视角和背景对这一问题建言献策。因此，全球对网络空间治理流动的研究也呈现出多样化、多学科以及跨学科融合的特征。

分析国内外相关研究可以发现，主要出现了两类重要的研究转向。一类是关于网络空间治理理论、治理模式、治理理念、治理方法等方面的研究，这类研究往往偏重理论研究，以国别和地区为主要研究起点，关注全球范围内不同国家的互联网治理模式，以及国际层面的互联网治理。另一类则是实践研究，聚焦网络空间治理的具体议题，关注治理实践相关的治理措施，这类研究往往具有突出的问题导向，涌现了一批有关的网络空间的基础设施治理、内容治理、数据治理、算法治理、新兴技术等议题研究的学术成果。根据这两类重要的研究趋势，本书确定了文献综述的关键词——中国网络空间治理，聚焦治理理论和治理实践，主要关注中国互联网治理的历程、理念、方法、政策法规、问题、对策、效果，同时重视对网络空间内容治理、数据治理等核心治理议题的研究梳理。

（一）国内研究综述

当前，国内对中国网络空间治理的研究既有对中宏观层面的关注，也有面向具体治理议题的分析，相关内容主要集中在以下几个方面：

其一，关于中国网络空间治理理论的研究，具体围绕网络主权理论，网络综合治理理论，中国网络空间治理思想、治理理念与治理道路而展开。

网络主权理论是我国网络空间治理理论研究的热点之一，国内主要从网络主权的重要性、内涵、机制、应用等方面开展研究。例如，赵宏瑞（2017）从本体论、认识论和方法论角度阐述了网络主权，认为网络空间不可能脱离国家而存在，这是由全球信息网络的物质性、疆域性、领网性、人民性、社会性所客观决定的。[①] 黄旭（2019）认为，网络主权理论是我国网络综合治理体系建

---

① 赵宏瑞：《网络主权论》，九州出版社 2017 年版，第 198 页。

构的逻辑起点。① 张华、黄志雄（2021）认为网络主权由平等权、独立权、管辖权和自卫权组成，但在适用性上应作调整。② 蔡翠红（2021）指出网络主权的实践需要"理念—制度—行动"的三维框架。③ 上述研究对网络主权的内涵作了较多阐述，但对网络主权制度化、国际规则的适用性以及开展实践重难点研究较少。

与此同时，结合中国国情和实践，不少国内学者提出了综合治理的治理理论，涵盖内涵阐释、模式构建、评价指标等方面，但多未跳脱既有的逻辑框架，缺乏对综合治理本质的揭示。例如，谢世红（2018）认为，我国形成了系统完整的网络综合治理观，即协调包容的发展观、多元互动的治理观、融合共生的空间观。④ 樊宇航等（2019）在党委领导、政府管理、企业履责、社会监督、网民自律五个方面设计了网络综合治理评估指标体系，构建了一套具有理论和实践价值的网络综合治理评估指标体系。⑤ 李泰安（2018）认为，网络综合治理体系既应考虑内容管理、行政管理、社会治理等多维度建设，又需注重系统的开放性，不断纳入技术与社会发展产生的新维度。⑥

此外，针对中国网络空间治理思想、治理理念与发展路径等方面的研究成为又一热点，特别是习近平治网思想与治网理念的国内研究日益增多。例如，郑振宇（2019）通过对改革开放以来历任中国领导人的网络空间治理思想的系统梳理，指出党的领导，人民立场，正确处理发展、治理和安全间的关系，坚持开放共治与自主创新是中国互联网治理的基本经验。⑦ 朱锐勋等（2018）提出，中国特色社会主义网络空间治理体系的特殊性在于坚持党对互

---

① 黄旭：《十八大以来我国网络综合治理体系构建的逻辑起点、实践目标和路径选择》，《电子政务》2019 年第 1 期，第 48 页。
② 张华、黄志雄：《网络主权的权利维度及实施》，《网络传播》2021 年第 1 期，第 60 页。
③ 蔡翠红：《基于网络主权的三维国际协作框架分析》，《中国信息安全》2021 年第 11 期，第 71 页。
④ 谢世红：《网络综合治理的根本遵循》，《当代广西》2018 年第 12 期，第 22 页。
⑤ 樊宇航、何华沙、陈毅：《网络综合治理评估指标体系构建研究》，《理论导刊》2019 年第 10 期，第 78 页。
⑥ 李泰安：《新时代网络综合治理体系建设探析》，《中国出版》2018 年第 7 期，第 26 页。
⑦ 郑振宇：《改革开放以来我国互联网治理的演变历程与基本经验》，《马克思主义研究》2019 年第 1 期，第 60 页。

联网和网络空间的绝对领导,坚持以人民为中心,坚持互联网思维创新驱动经济社会发展,坚持依法治网与弘扬先进网络文化相结合。① 李良荣、朱瑞(2020)指出"以人为本"是中国互联网治理的理论逻辑与实践路径的核心特征。② 也有一些研究认为,中国网络空间的治理理念和治理思想是习近平新时代中国特色社会主义思想在网络空间治理方面的集中体现。在习近平治网思想与治网理念研究方面,李希光(2016)指出,习近平网络空间治理涵盖网络信息安全与国家主权、网络信息安全与网络强国问题、网络安全与网络谣言问题、网络信息安全治理与非法信息管理等领域。③ 杨先宇(2019)提出,习近平网络空间治理思想的内涵包括其网络安全观、网络强国观、网络文化观、网络法治观、网络治理观、网络发展观。④ 蔡广俊(2019)指出,习近平网络空间治理思想的核心内涵体现在互联网发展与网络安全相结合、坚持党性与人民性相统一、网络强国战略与互联网全球治理体系建构相连接等三个方面。⑤ 这些研究总体上把握了中国网络空间治理的基本经验,但整体上缺乏系统性和全面性,对治理理论和实践变革、治理问题等方面的探讨仍有待进一步深入,对于网络空间治理的"中国特色"的理论提炼显著不足。

其二,关于中国网络空间治理的实践研究,即聚焦中国网络空间具体治理议题的研究,从网络内容治理、数据治理、算法治理、网络安全治理、网络空间国际治理等角度切入。

在网络内容治理方面,研究者较多总结了网络内容治理的成就与特点,并指出了当前治理的问题。例如,冯哲(2019)指出目前我国网络内容治理形

---

① 朱锐勋、王俊羊、任成斗:《新时代网络空间治理体系和治理能力现代化关键要素研究》,《云南行政学院学报》2018 年第 5 期,第 113 页。
② 李良荣、朱瑞:《以人为本:我国互联网治理的理论逻辑与实践路径》,《青年记者》2020 年第 31 期,第 41 页。
③ 李希光:《习近平的互联网治理思维》,《人民论坛》2016 年第 4 期,第 21—23 页。
④ 杨先宇:《习近平关于网络发展与治理的重要论述》,《理论建设》2019 年第 4 期,第 29 页。
⑤ 蔡广俊:《习近平网络治理论述的时代背景、辩证逻辑和当代价值》,《武夷学院学报》2019 年第 2 期,第 10 页。

成了"政府管平台，平台管用户"的分包治理机制，平台处于中心环节和核心地位。① 刘恩东(2019)通过中美对比指出，目前我国对构建完整统一的网络内容治理体系还未形成共识，现有治理与引导体系参与主体单一化、监管机制碎片化，缺乏运行高效顺畅的体制机制和系统整合。② 李晨(2019)提出，以政企发包为代表的代理式监管和以专项整治行动为代表的运动式整治作为一种双重治理模式，仍存在"多头型"管理和"倒逼型"立法。③ 也有一些研究以热点舆情事件为例，详细阐述政府在网络舆情治理中的不足和问题，并提出了相关建议，典型的如万克文(2015)、李静(2020)、刘滨(2020)、殷铬(2021)等人的有关研究④，在这里不一一赘述。可以看到，上述研究既有从中宏观层面来进行总体阐述的，也有结合具体案例从微观视角分析提出了网络内容治理的问题的，但这些研究提出的建议相对较为宽泛，缺乏针对性，难以指导实践。

在数据治理方面，围绕数据安全、数据立法、数据权益等的议题受到广泛关注，中国个人信息保护、数据安全和数据跨境流动治理等成为国内学者研究的焦点问题。例如，惠志斌等(2016)指出数字时代下大数据对于国家战略、企业竞争和个人权益具有重要意义，但当前围绕不同利益主体间数据权属关系的重新界定与调和优化尚未在全球法律和政策层面有效形成。⑤ 吴沈括(2019)在分析和比较数据治理全球发展态势的基础上，提出我国应在治理理念、机构建设、职能确定等方面强化制度设计。⑥ 近年来也有研究对中国的数据治理政策

---

① 冯哲：《互联网内容治理评价体系研究》，《信息通信技术与政策》2019 年第 10 期，第 19 页。

② 刘恩东：《美国网络内容监管与治理的政策体系》，《治理研究》2019 年第 3 期，第 110 页。

③ 李晨：《我国网络内容治理模式及其路径优化研究》，《改革与开放》2019 年第 8 期，第 69 页。

④ 相关论文见万克文：《网络舆情影响因素与政府干预效果的研究与分析——基于 2007—2014 年 130 起重大网络舆情事件》，《情报杂志》2015 年第 5 期，第 160 页；李静、谢耘耕：《网络舆情热度的影响因素研究——基于 2010—2018 年 10600 起舆情事件的实证分析》，《新闻界》2020 年第 2 期，第 38 页；殷铬：《重大突发公共卫生事件背景下网络舆情的问题及其应对策略——以 2020 年河南网络舆情事件为例》，《郑州轻工业大学学报(社会科学版)》2021 年第 2 期，第 52 页；刘滨、许玉镇：《网络"舆情问责"的控权机理何以生成？——基于抖音 36 起"涉官"舆情事件的扎根研究》，《电子政务》2021 年第 4 期，第 94 页等。

⑤ 惠志斌、张衡：《面向数据经济的跨境数据流动管理研究》，《社会科学》2016 年第 8 期，第 13 页。

⑥ 吴沈括：《数据治理的全球态势及中国应对策略》，《电子政务》2019 年第 1 期，第 10 页。

及制度作了具体解读,如周汉华(2021)、张继红(2021)、彭錞(2021)分别对个人信息保护与隐私权关系、《数据安全法》的制度构造、个人信息跨境流动制度、数据分类分级保护制度①等方面进行了全方位阐述。可见,在数据治理领域,除了传统法学领域的相关研究者,涉及国际关系、网络安全等学科的专家和学者也形成了一系列跨学科的研究,但这一领域还在快速发展中,目前有关数据权属、网络平台数据竞争等方面的研究仍存在较多争议。

在算法治理方面,学者们普遍认为当前处于技术的发展早期,要审慎使用法律规制,但针对如何更好地进行算法监管这一议题,相关的研究仍处于探索过程中。例如,曹建峰等(2019)认为,当前算法伦理治理的实现,更多需要依靠行业和技术的力量,而非诉诸立法和监管,在技术发展早期,标准、行业自律、伦理框架、最佳实践、技术指南等更具弹性的治理方式。② 李秦梓等(2019)提出,应坚持宽严相济的监管思路,构建多方参与的治理模式,具体包括加强监管手段、建立事中审查机制和事前评估机制、完善相关法律法规。③

在网络安全治理方面,特别是在针对网络犯罪的治理上,诸多研究指出,传统社会打击犯罪的"枫桥经验"被引入网络空间,体现了中国网络空间治理的传承与创新,如庄永廉(2018)、葛悦炜(2021)、裴炜(2021)、王枫梧(2021)等人的相关研究。④ 也有相当一部分论文指出了相关治理问题,如徐才淇

① 相关论文见周汉华:《平行还是交叉——个人信息保护与隐私权的关系》,《中外法学》2021 年第 5 期,第 1168 页;张继红:《国家安全视域下我国数据安全法的制度构造》,《西北工业大学学报(社会科学版)》2021 年第 3 期,第 96 页;彭錞:《论国家机关处理的个人信息跨境流动制度——以〈个人信息保护法〉第 36 条为切入点》,《华东政法大学学报》2022 年第 1 期,第 35 页;洪延青:《国家安全视野中的数据分类分级保护》,《中国法律评论》2021 年第 5 期,第 75 页等。

② 曹建峰、方龄曼:《欧盟人工智能伦理与治理的路径及启示》,《人工智能》2019 年第 4 期,第 47 页。

③ 李秦梓、张春飞、姜涵:《新技术新监管背景下的算法治理研究》,《信息通信技术与政策》2019 年第 4 期,第 33 页。

④ 相关论文见庄永廉:《运用网络新"枫桥经验"治理互联网犯罪——第二届网络新"枫桥经验"高峰研讨会综述》,《人民检察》2018 年第 3 期,第 57 页;葛悦炜:《运用新时代枫桥经验治理电信网络诈骗研究》,《辽宁警察学院学报》2021 年第 5 期,第 21 页;裴炜:《网络犯罪治理中公私合作的障碍及其化解》,《北京航空航天大学学报(社会科学版)》2021 年第 5 期,第 33 页;王枫梧:《网络犯罪治理的问题及对策研究——以公安机关为视角》,《公安学刊(浙江警察学院学报)》2021 年第 3 期,第 90 页等。

(2017)认为,我国网络犯罪治理模式有着防控型、从严型治理倾向,并存在权力分散、国际化程度不足、网络监控不足等问题①;宋瑞娟(2021)提出中国网络空间面临的国际竞争激烈、协同治理经验不足、数据安全问题凸显等一系列挑战②。但当前我国网络安全治理如何进行制度化、体系化构建尚待进一步研究。

在网络空间国际治理方面,中国近年来的国际治理机制和行动,特别是中国提出的网络空间命运共同体理念越发受到国内学界的关注。例如,王明国(2015)提出,中国作为新兴国家的代表,应坚持联合国在网络空间治理中的主导地位,推动现有治理机制的有效改革,并与新兴国家合作推动互联网治理新型制度框架的建构。③ 惠志斌(2017)认为网络空间命运共同体是全球治理变革的中国方案,其内涵包括共同的空间、挑战、利益、责任、规则和未来。④ 鲁传颖(2018)指出,新形势下中国应在联合国框架下,从已有共识、关键信息基础设施保护、打击网络违法犯罪等方面加强国际网络安全治理。⑤ 上述研究基本阐述了中国在网络空间国际治理中应坚守的理论、立场与原则,但对于复杂国际形势的研判和对策举措的研究有待进一步深入。

其三,引入国外视角,从中外对比视角或是对海外中国网络空间治理研究的再研究,反观中国网络空间治理情况。

从对比视角切入的相关研究往往通过中外异同比较,指出中国网络空间的不足以及可借鉴的经验,并提出对策建议。典型的如匡文波(2016)、程昊

---

① 徐才淇:《网络犯罪治理模式研究》,博士学位论文,大连海事大学,2017 年。

② 宋瑞娟:《大数据时代我国网络安全治理:特征、挑战及应对》,《中州学刊》2021 年第 11 期,第 162 页。

③ 王明国:《网络空间治理的制度困境与新兴国家的突破路径》,《国际展望》2015 年第 6 期,第 98 页。

④ 惠志斌:《全球治理变革背景下网络空间命运共同体构建》,《探索与争鸣》2017 年第 8 期,第 101 页。

⑤ 鲁传颖:《新形势下如何进一步在联合国框架下加强国际网络安全治理》,《中国信息安全》2018 年第 2 期,第 36 页。

琳(2018)、陈翼凡(2018)、徐培喜(2020)、鲁传颖(2020)①等人的论文研究范式。也有少数研究者从海外中国学角度来分析中国网络空间治理。例如,陈侠(2015)分析了美国在网络空间中以中国网络威胁为主要特征的观念结构,及其在这一观念结构下对华采取的战略选择,并提出了中美两国加强网络空间战略互信的对策。② 李芷娴(2020)对美国智库涉华互联网治理议题的研究认为,美国智库通过设置灵活调控议题时长、铺垫背景、选择性呈现、话语修辞等方式,建立了从议题筛选到议题建构的完整框架,指出中国应设置针对性议题,打造新型智库建设,加强中美智库深度交流,增进智库、政府、媒体三方的良性互动。③ 但对比其他研究议题,这一方面的研究文献数量较少。

　　总体来看,随着近年来我国网络空间治理力度和治理手段日益完善,特别是党的十八大以来,我国通过加强顶层设计,发布了一系列网络空间治理政策法规,提出了网络主权、综合治理、网络空间命运共同体等原创理论,国内相关研究成果日益丰富。从研究议题看,相关研究涉及网络空间治理多维度的研究话题,涵盖中国网络空间治理思想、治理理念、治理框架体系与治理方式等。从研究重点看,正如有研究从学术梳理角度指出的,中国的网络空间治理研究经历了从"管理"到"治理"的范式变迁,学术界大多依循"政府主导"和"网络主权原则"的网络空间治理观,主要关注政府层面对互联网的监管和治理,重点研究互联网内容治理领域的现象与问题。④ 从研究者背景看,法学、新闻传播学、政治学、情报学、计算机科学等领域的专家学者均有深度的研究,呈现出多元学科交融、多种理论碰撞的研究特点。

---

① 相关论文见匡文波:《中美互联网治理的不同价值取向》,《人民论坛》2016年第4期,第40页;程昊琳:《我国互联网管理的现状及对策探讨——中外互联网管理模式比较及经验借鉴》,《视听》2018年第3期,第155页;陈翼凡:《中美网络空间治理比较研究》,《公安学刊(浙江警察学院学报)》2018年第4期,第63页;徐培喜:《俄罗斯断网测试对我国参与互联网关键技术资源治理的启示》,《中国信息安全》2020年第3期,第36页;鲁传颖:《试析中欧网络对话合作的现状与未来》,《太平洋学报》2019年第11期,第78页等。

② 陈侠:《美国对华网络空间战略研究》,博士学位论文,外交学院,2015年。

③ 李芷娴:《美国智库涉华互联网治理议题设置研究(2010—2019)》,硕士学位论文,暨南大学,2020年。

④ 侯伟鹏、徐敬宏、胡世明:《中国互联网治理研究25年:学术场域与研究脉络》,《郑州大学学报(哲学社会科学版)》2020年第1期,第35页。

但当前国内研究仍存在以下不足：一方面，国内学界对于中国网络空间治理的目标、内容、机制以及策略等方面的研究尚未形成系统、深入、全面、综合的理论梳理，往往基于"一事一议"式对网络空间治理模式的总结和提炼，对于我国近三十年的网络空间治理路径缺少历史嬗变维度的分析与探讨，研究的系统性、规范性、整体性和规律性不足。另一方面，国内研究者对于中国网络空间治理的理论提炼亟待进一步提升，特别是缺乏在马克思主义中国化理论指导下对中国原创性网络空间治理理论的阐述，且对中国网络空间治理政策的研究多为罗列式的梳理，研究的创新性和深度不足，缺少对提出的网络空间治理建议如何落地实施的实证研究，以及对政策的可执行性缺乏深入研究和效用评估。此外，当前国内的相关研究缺乏域外视角，对海外中国网络空间治理的研究较少，且多从传播学和国际政治学的学科视域出发，研究视角较为单一。这就直接导致了研究的丰富度和完整性存在一定程度的缺失。

有鉴于此，本书将在马克思主义中国化的相关理论特别是习近平新时代中国特色社会主义思想指导下，系统梳理中国网络空间治理的历史沿革，强化对中国网络空间治理原创思想的阐述和探索，分析治理成就与不足，并引入域外研究的视角，全面客观地阐述中国网络空间治理之道。

（二）国外研究评析

自互联网诞生以来，国外对网络空间治理的研究形成了丰富的理论成果。随着以中国为代表的社会主义国家和发展中国家在网络空间领域的快速发展，对于中国网络空间治理的研究日益增多，国外学者尤其是西方学者对中国网络空间发展与治理的问题给予了高度关注。但相对来说，国外对中国网络空间治理的研究是一个新兴且热门的议题，涉及中国网络空间治理的学术著作、论文、智库报告等研究成果较为分散，相关研究者的背景复杂多元，加之网络空间治理本身议题内容的多维性，总体研究较为碎片化。

互联网技术是 20 世纪 60 年代冷战时代的产物，而中国直到 1994 年才正式接入国际互联网，国外对中国网络空间治理的研究萌发于 20 世纪 90 年代前后。这一时期,国外学者更多关注"互联网技术将如何影响中国"这一议题。例如,在政治影响方面,克里·B. 邓博(Kerry B. Dumbaugh)早在 1990年就提出了电子技术将推动中国的民主化进程。[1] 威廉·J. 德雷克(William J. Drake)等(2000)则以中国发展实践为例,指出在互联网于发展中国家传播的早期阶段,判断互联网将成为一股不可避免的、明确的民主力量这一结论为时尚早。[2] 在经济影响方面,托马斯·拉姆(Thomas Lum)(2000)认为,中国的互联网产业是当时全世界增长最快的产业之一,中国政府普遍欢迎互联网在促进商业交易和学术研究以及吸引外国投资方面的作用,但由于担忧互联网经济自由化发展,在电信领域的开放仍然有限。[3] 大卫·谢夫(David Sheff)(2002)则研究了早期中国互联网创业和商业进程,指出中国互联网正在蓬勃发展。[4] 戴秀典(2002)通过对中国经济发展"双轨战略"(工业化和信息化融合)的案例研究,探讨了发展中国家在塑造数字革命和全球"新经济"方面发挥的重要作用。[5] 在社会影响方面,罗恩·坦皮斯特(Rone Tempest)(1995)指出,中国接入国际互联网扩大了全球交流范围。[6] 格雷格·辛克莱(Greg Sinclair)(2002)认为,从 19 世纪 60 年代到现在,中国一直试图利用科技来增强自己,同时小心地防止科技破坏其社会结构;当前,中国将互联网作为其从发展中国家转型成为超级大国的一个重要推进因素,但同时使用屏蔽 IP 地址、过滤关键词、立法规范等方式防范风险,形成了中国特色的网络空间。[7] 这一阶段国外学者对中国网络空间治理的

[1] Kerry B. Dumbaugh, "Technology and Telecommunication in China's Democracy Movement", *CRS Review*, Iss.8, 1990, pp.34-35.

[2] William J. Drake, Shanthi Kalathil, and Taylor C. Boas, "Dictatorships in the Digital Age: Some Considerations on the Internet in China and Cuba", *Information Impacts*, Oct.23, 2000.

[3] Thomas Lum, "China's Internet Industry", *CRS Report for Congress*, Iss.8, 2000, p.12.

[4] David Sheff, *China Dawn: The Story of a Technology and Business Revolution*, New York: Harper Collins Inc., 2002.

[5] Xiudian Dai, "Towards a Digital Economy with Chinese Characteristics?", *New Media & Society*, Iss.2, 2002, p.141.

[6] Rone Tempest, "The Internet Scales Great Wall of Communication with China", *Los Angeles Times*, Iss.4, 1995, p.2.

[7] Greg Sinclair, "The Internet in China: Information Revolution or Authoritarian Solution?", May 10, 2002, https://www.oocities.org/gelaige79/intchin.pdf.

研究,主要从互联网对中国的政治、经济、文化、社会等方面的影响以及中国如何应对展开具体分析,同时开始关注到中国网络空间治理的特殊性;相关研究者主要来自互联网先发国家和地区美国、欧洲等。

随着中国网络空间加快发展,国外对中国网络空间治理的研究议题日益丰富,特别是在内容治理和技术治理的层面,结合这一时期网络空间治理的重大事件,形成了一系列研究成果。

在政策议题研究方面,例如,弥尔顿·L.穆勒(Milton L. Mueller)(2014)等从政策分析的角度出发,认为近年来中国的网络空间治理越发侧重于内容监管与网络安全。①

在网络空间内容治理方面,有研究报告(2006)列举了雅虎、微软、谷歌和Skype 在中国的实践,指出中国的互联网监管制度主要得益于和企业等私营部门的广泛合作才得以实施。② 而 2010 年的"谷歌退出中国大陆事件"引发CNN、BBC、《纽约时报》《金融时报》等海外媒体关注,时任美国国务卿希拉里·克林顿(Hillary Clinton)在公开场合的一系列言论③也在一定程度上推动了国外特别是西方国家对于中国互联网内容监管制度的研究热潮。例如,托马斯·拉姆等(2012)通过谷歌案例指出中国的互联网监管体系很大程度上依赖于政府和媒体、私营公司之间的合作,美国应进一步加强互联网自由理念的全球推广。④ 江明(2012)认为,随着中国在世界上经济地位的提高,特别是在互联网领域与谷歌发生"冲突"后,中国在互联网监管问题上采取了更为坚定的立场,给互联网企业发展带来不确定性。⑤

---

① Feng Yang, Milton L. Mueller, "Internet Governance in China: A Content Analysis", *Chinese Journal of Communication*, Iss.7, 2014, p.446.

② Human Rights Watch, "Race to the Bottom: Corporate Complicity in Chinese Internet Censorship", 2006, https://www.refworld.org./docid/45cb138f2.html.

③ Robert Burns, "Clinton Urges China to Investigate Google Case", Feb. 23, 2009, https://www.nbcnews.com/id/wbna34974640.

④ Thomas Lum, Patricia M. Figliola, and Matthew C. Weed, "China, Internet Freedom, and U.S. Policy", Jul. 13, 2012, https://sgp.fas.org/crs/row/R42601.pdf.

⑤ Min Jiang, "Internet Companies in China Dancing between the Party Line and the Bottom Line", Jan. 18, 2012, https://www.ifri.org/sites/default/files/atoms/files/av47jianginternetcompaniesinchinafinal.pdf.

在网络空间技术治理方面,国外主要基于互联网技术对中国现代化的作用以及中国如何发展、使用和治理互联网技术等方面展开。在技术影响方面,卡内基国际和平研究院的研究(2003)认为,中国将互联网等信息通信技术纳入国家战略,并将信息通信技术视为"双刃剑",认为它对经济增长至关重要,但在政治上可能有害。① 但郑永年(2007)提出,互联网技术赋能中国国家和社会,其在促进政治自由化,使政府更加公开、透明和问责方面发挥了重要作用,为国家和社会相互接触(和脱离)创造了一个新的基础设施。②

此外,也有研究注意到了中国这一时期的网络空间治理制度,对"九龙治水"的现象作了相关评价。詹姆斯·A. 刘易斯(James A. Lewis)(2006)认为,中国的互联网法规赋予各部委通过管理裁决和其他机制来规范网络、软件、在线行为和内容的权力,并将现有的立法应用于互联网,这些规定将各部委现有的职责扩展到网络空间,结果可能是十几个部委和机构的互联网监管功能有时会重叠。③ 可以看到,这一阶段国外对中国网络空间治理的研究越来越聚焦于网络空间内容治理和技术治理的维度,且往往结合具体实践和案例进行分析,既有对中国网络空间治理优势的总结,也不乏对互联网监管制度等手段的批评,相关的研究重镇仍然在美国等西方国家。

近年来,网络空间成为继海陆空天之后的"第五空间",中国加强网络空间战略布局,并形成了不同于其他国家的独特治理经验,在国际上影响日益增大,中国网络空间治理的理论和实践研究成为一个当代热点议题。在梳理近些年国外相关研究报告、学者观点、新闻评论等的基础上,本书发现,美国等发达国家仍然主导着一系列的研究,但一些发展中国家,如印度、越南、巴西、印度尼西亚以及非洲国家日益加强了对中国网络空间治理的研究,贡献了更为多元的国际观点。与此同时,国外对中国网络空间治理的研究框架和

① "China and the Internet: A New Revolution?", Mar. 4, 2003, https://carnegieendowment.org/2003/03/14/china-and-internet-new-revolution-event-595.
② 郑永年:《技术赋权:中国的互联网、国家与社会》,东方出版社2014年版。
③ James A. Lewis, "The Architecture of Control: Internet Surveillance in China", Washington: CSIS, 2006.

研究体系基本形成,研究内容主要集中在中国网络空间治理道路与理念、中国网络空间治理政策体系、中国网络空间安全治理、中国数字经济和技术治理与中国网络空间内容治理等重点领域。

一是国外关于中国网络空间治理道路与理念的研究。例如,约万·库尔巴里贾(Jovan Kurbalija)(2016)以形象比喻的方式总结了美国、欧盟与中国互联网治理的特点,指出美国以"遥远的监护人"的方式,通过设置框架将技术社群等置于治理前线,同时反对全球范围内的安全条约,支持数据自由流动;欧盟是"互联网用户"的守护者,欧盟单一市场的发展程度决定着欧盟在税收、客户保护和数据流动方面的治理政策;中国则试图在数字政策方面取得平衡,一边是经济驱动的、无限制的跨境互联网通信,另一边是政治驱动的国内互联网活动的网络主权。[1] 美国外交关系协会的亚当·史国力(Adam Segal)(2020)认为,中国的网络空间治理模式并不适用于俄罗斯,其中一个原因在于中国主要依靠自身的大型网站控制信息内容,俄罗斯则较为依赖美国的社交媒体公司。[2] 而关于中国网络空间治理理念的研究,近年来以"网络主权"为核心的治理理念成为研究热点。例如,伊内斯·西克曼(Ines Sieckmann)等(2018)指出,"网络主权"作为中国网络空间治理的基本原则,使中国能够在容忍政治风险的同时拥抱互联网,有了这个概念,它主张权力与以社会秩序和稳定的名义控制在线活动的合法性,要求政府间的治理框架和不干涉其他国家国内网络政策的原则。他认为,中国的"网络主权"并非要求只构成中文的"内部网",反之要求具有高度互联的全球基础设施,如中文域名设置符合 ICANN 的规则;中国的互联网服务提供商在全球范围内设置服务器,以为海外客户提供更好的服务。[3] 贾斯汀·谢尔曼(Justin Sherman)(2019)认为,中国提倡的"网络主权"理念,其实践主要体现在数据

---

[1] ［瑞士］约万·库尔巴里贾:《互联网治理》,清华大学出版社 2019 年版。

[2] Adam Segal, "peering into the Future Of Sino-russian Cyber Security Cooperation", Aug. 18, 2020, https://warontherocks. com/2020/08/peering-into-the-future-of-sino-russian-cyber-security-cooperation.

[3] Ines Sieckmann, Odila Triebel, *A New Responsible Power China? China's Public Diplomacy for Global Public Goods*, Stuttgart: ifa, 2018.

本地化政策中。① 可以看到，上述研究多从比较视野切入，更好地呈现了中国网络空间治理的特征，但一些研究往往有较强的意识形态色彩，相关评价并不客观。

　　二是国外关于中国网络空间治理政策体系的研究。党的十八大以来，为营造良好的国内、改善国际网络空间发展环境，中国加快网络空间战略、法规、政策等体系布局，引起了国际社会的重大反响。例如，美国国际战略研究中心萨姆·萨克斯(Samm Sacks)对这一议题作了重点研究。她认为，中国已建立了一个跨越网络安全、数字经济和在线媒体内容的政策和监管框架，较美国与欧盟更为全面。该网络空间治理体系被理解为一个联结战略、法律、措施、法规和标准的矩阵，其涵盖了数据保护、关键基础设施、加密、互联网内容以及支持中国信息通信技术(ICT)行业的规则，全球主要经济体必须了解中国的做法，观察包括印度、巴西和东盟在内的主要经济体是否会采用中国的主权观来监管网络空间和新兴技术，以及美国和欧洲的政府和行业将如何应对可能更加分裂的全球法律图景。② 战略与国际研究中心(CSIS)(2018)的研究报告同时指出，中国网络空间治理的政策因其关键概念存在模糊性会给在华运营的外国公司带来问题(如网络安全审查"黑箱"、对跨境数据传输进行限制等)。③ 针对这一时期我国积极参与网络空间国际治理和国际合作以及提出的一系列改革措施，海外普遍将这一行为看作"中国的网络外交"。亚当·史国力(2017)认为，在起初对全球网络空间治理事务表现为防御、被动的姿态之后，如今的中国在习近平主席的领导下已经采取了更为积极的网络外交政策，并取得了一定的成果：如从被动到基于战略的主动行动；信息传递的简化；巩固了志同道合者的支持；最大限度地

---

①　Justin Sherman, "How Much Cyber Sovereignty Is Too Much Cyber Sovereignty?", Oct. 30, 2019, https://www.cfr.org/blog/how-much-cyber-sovereignty-too-much-cyber-sovereignty.

②　Samm Sacks, "China's Emerging Cyber Governance System", May 21, 2019, https://www.csis.org/chinas-emerging-cyber-governance-system.

③　James A. Lewis, "Meeting the China Challenge", Washington：CSIS, 2018.

影响了他国。① 可见，国外相关研究既观测到了中国网络空间内容治理政策的整体发展，又对具体的内容政策及其影响作了深度分析，但研究视角未能从中国本土和国情出发，仍存在较为浓重的"西方中心主义"。

三是国外关于中国网络空间安全治理的研究。在这一领域，近年来有关中国网络安全立法的研究日益增多。例如，陈景德（2017）指出，《网络安全法》重申了中国网络主权的立场，它的实行意味着中国政府对进出中国和中国境内的互联网内容和数据流有了更大的控制。② 卡莉·拉姆齐（Carly Ramsey）等（2017）认为，在 2017 年中国第一次发布较为完整的《网络安全法》后，国际社会极力反对该法当中的"网络主权""数据本地化存储"等条款，认为这些条款将会对互联网跨国企业的经营造成风险，不利于世界互联网的互联互通。③ 同样，近年来的数据安全立法也引发关注。萨姆·萨克斯等人（2020）指出，《数据安全法》草案与中国网络空间监管趋势以及 2017 年《网络安全法》实施后监管体系的建立是连续的。在中美双边围绕华为和 TikTok 等产品或服务的市场准入和安全性的争端仍然存在很大不确定性的背景下，这个法律未来颁布有其重要意义。④ 与此同时，一些研究对中国网络安全相关活动和行为的目的和影响作出了阐述。例如，伊丽莎白·托马斯（Elizabeth Thomas）（2016）认为，对中国而言，网络安全既包括技术威胁，也包括意识形态威胁，监管互联网和信息流并不是侵犯人权，而是政治稳定的必要工具，不结合中国国内问题就无法理解中国互联网政策中的"国家控制"

---

① ［美］亚当·史国力：《中国的网络外交（摘译）》，罗焕林译，《汕头大学学报（人文社会科学版）》2017 年第 9 期，第 120 页。

② Jing de Jong-Chen, "China's New Cybersecurity Law1：Balancing International Expectations with Domestic Realities", Jun. 20, 2017, https://www.wilsoncenter.org/publication/chinas-new-cybersecurity-law-balancing-international-expectations-domestic-realities.

③ Carly Ramsey, Ben Wootliff, "China's Cyber Security Law：The Impossibility Of Compliance?", May 29, 2017, https://www.forbes.com/sites/riskmap/2017/05/29/chinas-cyber-security-law-the-impossibility-of-compliance.

④ Samm Sacks, Qiheng Chen, and Graham Webster, "Five Important Takeaways From China's Draft Data Security Law", Jul. 9, 2020, https://www.newamerica.org/cybersecurity-initiative/digichina/blog/five-important-take-aways-chinas-draft-data-security-law.

行为。① 贾斯汀·谢尔曼等(2019)指出,中国在法律中明确提出"网络主权""数据本地化存储"等概念,为越南等发展中国家提供了发展思路,越南《网络安全法》正试图效仿中国的网络空间治理模式。②

四是国外关于中国数字经济和技术治理的研究。在数字经济治理方面,麦肯锡全球研究院(2017)的报告指出,中国拥有世界上最活跃的数字投资和初创生态系统及世界上最大的电子商务市场,在数字技术等关键类型的风险资本投资方面位居世界前三,有可能在未来几十年站在世界数字前沿。③ 世界经济论坛(2018)则认为,中国的数字经济因监管和执法不完善存在脆弱性,如果其要确保数字经济的持续发展,同时遏制与中断相关的风险,就需要实施智能监管。④ 也有研究者肯定了中国数字经济的影响力,如伊吉尼奥·加利亚多内(Iginio Gagliardone)(2019)认为中国利用技术和数字经济优势,帮助非洲各国政府扩大互联网和移动电话的接入,并取得了迅速和大规模的成功,为"非洲崛起"的叙事作出了重要贡献。⑤ 而在数字技术治理方面,国外近年来涌现了一批以美国智库为代表的系列研究,中国的新兴技术治理策略、中美新兴技术的实力对比等成为研究热点。例如,詹姆斯·刘易斯(2019)指出中国的技术成功来源于国内和国外多个因素,即中国充分利用其发展中国家待遇的优势,从西方公司那里获取技术;利用补贴和非关税壁垒来建立国家"冠军",然后为这些"冠军"创造一个受保护的国内市场;同时建立了高科技经济的战略,并且持续多年进行大量

---

①　Elizabeth Thomas, "US-China Relations in Cyberspace: The Benefits and Limits of a Realist Analysis", Aug. 8, 2016, https://www.e-ir.info/pdf/65550.

②　Justin Sherman, "Vietnam's Internet Control: Following in China's Footsteps?", Dec. 11, 2019, https://thediplomat.com/2019/12/vietnams-internet-control-following-in-chinas-footsteps.

③　Jonathan Woetzel, Jeongmin Seong, Kevin Wei Wang, James Manyika, Michael Chui, and Wendy Wong, "China's Digital Economy: A Leading Global Force", New York: McKinsey Global Institute, 2017.

④　WEF, "China's Digital Economy Is a World Leader, But It Still Faces Challenges", Jan. 3, 2018, https://www. weforum. org/agenda/2018/01/these-are-the-challenges-facing-chinas-digital-economy.

⑤　Iginio Gagliardone, *China, Africa, and the Future of the Internet*, London: Zed Books, 2019.

投入。① 格雷厄姆·艾利森（Graham Allison）等人（2021）认为，中国取得技术治理成功的优势包括：有一个了解科技竞争利害关系的中央领导层，史无前例的获取海外技术的国家战略（通过投资、人才计划、开源技术的吸纳等），有竞争力的执行部门，资金投入，法规支持以及军民融合等。② 与此同时，在中美技术治理竞争方面，许多智库研究指出，中国在 5G、人工智能等新兴技术方面的领先可能对美国的地位产生挑战。哈佛大学贝尔弗科学与国际事务中心的报告（2021）经过中美 5G、人工智能、量子计算、半导体、生物技术和绿色技术的综合比较，称中国在某些领域已经成为世界第一，从目前趋势来看，在另一些领域也可能超过美国。③ 战略与国际研究中心的研究（2019）认为中国在 5G 等新技术领域与美国存在深刻的竞争关系，并正在试图取代美国在全球影响力和权力的领导地位，美国应联合盟国以共同应对中国在安全领域对其造成的忧患。④ 此外，欧亚集团（2018）、新美国安全中心（CNAS）（2018）、布鲁金斯学会（Brookings）（2019）分别就 5G、量子计算、人工智能等前沿信息技术的中美竞争作了对比研究，指出了中国在这一领域的崛起和威胁。⑤ 关于这一议题的研究，国外诸多文章和报告肯定了中国在网络空间方面取得的经济成就和影响力，但对中国取得这一成就的成因以及影响存在一定的争议，且部分智库研究的政治立场属性较为鲜明，研究目的是用于政治决策，因此存在"立场先行，研究在后"的情况。

五是国外关于中国网络空间内容治理的研究。这一时期，国外对中国网络空间治理的研究主要聚焦于在线内容监管、中国社交媒体管理制度及其实

---

① James A. Lewis, "China and Technology: Tortoise and Hare Again", Aug. 2, 2017, https://www.csis.org/analysis/china-and-technology-tortoise-and-hare-again.

②③ Graham Allison, Kevin Klyman, Karina Barbesino, and Hugo Yen, "The Great Tech Rivalry: China vs the U.S.", Boston: Belfer Center for Science and International, 2021.

④ James A. Lewis, "Comments to the Department of Commerce, Bureau of Industry and Security Advanced Notice of Proposed Rulemaking: Review of Controls for Certain Emerging Technologies", Jan. 9, 2019, https://www.csis.org/analysis/comments-department-commerce-bureau-industry-and-security.

⑤ 相关研究详见：The Geopolitics of 5G (2018); China's Ambitions and the Challenge to U.S. Innovation Leadership (2018); US-China Relations in The Age of Artificial Intelligence (2019)。

践行动。例如,弥尔顿·穆勒(2014)认为,中国形成了关于信息在社会中的作用的另一种意识形态,即强调对公众表达的积极管理,不欢迎异议分子,旨在建立一个"和谐"的互联网。① 克里斯托弗·M. 凯恩斯(Christopher M. Cairns)(2017)通过分析新浪微博中的舆情事件,指出中国在社交媒体监管方面采取选择性审查方式,这种制度的能力和意愿对于在受教育程度越来越高的城市和互联网文化公众中保持民众支持(或阻止异议)至关重要。② 而对于中国采取内容监管的目的,保罗·特里奥罗(Paul Triolo)(2017)称,阿拉伯之春以后,中国政府通过法律法规、实名制等方式控制中国的互联网,确保共产党能够了解个人和团体的技术发展。③ 在内容治理模式上,苗伟山等(2016)认为,当前国际上没有一种通用的网络内容监管模型,每个国家对网络的监管都不是由技术或法律来驱动,而是由社会的文化来驱动。各国政府在网络空间内容监管上存在差异,美国的内容监管由联邦通信委员会监管,法国试图通过建立用于监管 Minitel(法国自行建立的国家网络)的机制来规范互联网,新加坡对网络内容监管采取了多管齐下的方法,中国也在借鉴新加坡的监管方法等。④ 在这一议题的研究上,国外学者对于中国网络空间内容治理既有肯定,也存在诸多批评,对其中的治理手段和治理目的进行了阐述,并从比较的视角提出了网络空间内容治理的特殊性,即无通用的治理模式来解决所有问题。此外,这些研究结果与研究者所在的政治、经济和文化环境也存在密切联系。

可以看到,国外对中国网络空间治理的研究历经了一定的变迁,在研究议题、研究重点和研究群体上均呈现出一定的研究特点。

在研究议题上,从原先关注中国互联网本身转向多维、多角度的融合交

---

① Milton Mueller, "Are We in a Digital Cold War?", May 7, 2013, https://www. internetgovernance.org/wp-content/uploads/DigitalColdWar31.pdf.

② Christopher M. Cairns, China's Weibo Experiment: Social Media (non-) Censorship and Autocratic Responsiveness, Ph.D. dissertation, Cornell University, 2017.

③ Samm Sacks, Paul Triolo, "Shrinking Anonymity in Chinese Cyberspace", Sep. 25, 2017, https://www.lawfareblog.com/shrinking-anonymity-chinese-cyberspace.

④ Weishan Miao, Peng Hwa Ang, "Internet Governance: From the Global to the Local", *Communication and the Public*, Vol.1, No.3, 2016, pp.377-384.

织议题,涉及国家安全、数字经济、国际贸易、国际关系、地缘政治、个人权益保护等方面面,且聚焦全球数字竞争、中美竞合关系等热点话题。具体来看,其一,国外的研究议题已不再局限于网络空间本身,而是涵盖多个方面,与地缘政治、国家战略、经济发展、个人权利等领域交叉融合,研究层次日益丰富精深,研究视角涵盖宏观、中观和微观,在各个细分领域中又形成不同的热点议题。其二,与中国网络空间治理有关的政治类议题贯穿研究周期始终,但议题设置的力度强弱与中国治理政策、中美关系变迁及国际治理大环境紧密相关,甚至与事件发展形成同步的议程设置。其三,中国数字技术和数字经济国际竞争成为近年来的研究热点。随着中国网络空间的崛起,中国的科技创新与全球竞争成为国外研究的热点,围绕中国制造 2025、5G 竞争格局、量子计算全球竞争态势、"科技新冷战"等议题的讨论将不断升级。其四,国内外有关中国网络空间治理的研究议题异同点凸显。从大的研究方向看,国内外的议题高度重合,涉及中国网络空间治理的路径与特点、政策战略体系、网络安全治理、数字经济和技术治理、网络内容治理等各个方面;从具体议题看,同一热点议题的关注倾向和研究视角存在不同,例如针对中国网络空间内容治理,海外从控制的视角集中研究了内容监管制度,而国内的研究则较多基于综合和生态治理的角度切入,两者的这种差异为中国网络空间治理研究提供了深刻的理论源泉。

在研究重点上,国外学者往往围绕"发展和竞合"的主题展开研究,研究成果主要为本土所用。正如在研究议题中所体现的热点问题和研究趋势,当前,国外对中国网络空间治理的研究仍围绕"发展和竞合"这一命题,即在厘清中国网络空间发展的优势、劣势、基本特点等总体情况的基础上,结合案例和数据,综合运用定性和定量的方法,研判相关发展趋势,提出具体如何与中国进行竞争或合作的建议。在这个框架下,无论不同的研究者来自发展中国家还是发达国家,无论同一研究者的研究议题是否存在一定的转向,其研究的根本仍是本土视角,在主观层面上是为了将研究成果为本土所用。比如国外中国网络空间治理的研究重镇——美国,其基于中国网络空间治理形势,从关注互联网如何影响中国民主到近年来主要聚焦中美科技竞争，尤其是在热点事件出现时（如美国断供华为事件、美国封禁TikTok事件），大量的研究围绕科技竞争与制度优势展开，并提出相关建议。然而，上述类似的研究往往由于地缘政治、意识形态等，对中国网络空间的发展充满偏见，尤其是对中国网络空间内容监管、数据本地化、中国的技术引进等具体议题有较多的批评，并未从中国本身和国情出发来看待中国的网络空间治理。

在研究群体上，国外相关研究者从以学界为主转向学界、智库界和产业界等多元主体共同研究，研究重镇虽仍以西方国家为主，但有向发展中国家和"一带一路"沿线国家延伸的趋势。近年来随着不同国家、不同学科和不同工作背景的研究者加入，研究群体类型日益丰富，主要可分为以下几类：

第一类是长期在互联网领域深耕并致力于网络空间治理研究的高校学者，如美国佐治亚理工学院的弥尔顿·穆勒、哥伦比亚大学教授吴修铭（Timothy S. Wu）、美国大学教授劳拉·德拉迪斯（Laura Denardis）、杜克大学科技政策中心主任马特·佩劳（Matt Perault），他们在长期的网络空间治理研究中，形成了一系列重要研究成果，并把研究视角转向了中国网络空间治理。这些研究者现已成为研究中国网络空间治理不可缺少的力量。此外，还有一些来自发展中国家的中青年学者，如南非威特沃特斯兰德大学的副教授伊吉尼奥·加利亚多内。

第二类是原先从事法律、国际关系、国际问题、新闻传播等其他学科研究的学者，其近年来日益关注中国网络空间治理这一研究议题，形成了一系列跨学科的理论成果。如提出软实力理论、在国际关系和政治学领域有较大影响力的约瑟夫·奈，曾任新加坡国立大学东亚研究所所长的中国问题专家郑永年等。

第三类是以美国为引领的全球知名智库机构，包括布鲁金斯学会、战略与国际研究中心、兰德公司（RAND）、美国对外关系委员会（CFR）、东西方研究所（EWI）、伍德罗威尔逊国际中心（Wilson Center）、美国企业研究所（AEI）、卡内基国际和平研究院（Carnegie Dowment）、信息技术与创新基金会（ITIF）、新美国智库（New America）、新美国安全中心、外交政策研究所（FPRI）、美国传统基金会(Heritage Foundation)等机构；也有来自发展中国家的智库，如印度观察家研究基金会(ORF)、南非国际事务研究所(SAIIA)。

当前，智库机构特别是美国相关智库在国外对中国网络空间治理的研究中越发占据主导地位。这些机构在网络空间治理领域的关注点各有侧重，各司其职，扮演着重要的角色。[①] 近年来，美国相关智库涌现了布鲁金斯学会的瑞安·哈斯(Ryan Hass)，战略与国际研究中心的詹姆斯·刘易斯，新美国智库的萨姆·萨克斯，美国企业研究所的克劳德·巴菲尔德(Claude Barfield)，东西方研究所的布鲁斯·迈康纳(Bruce McConnell)，卡内基国际和平基金会的尼克·比克罗夫特(Nick Beecroft)、乔恩·贝特曼(Jon Bateman)，信息技术与创新基金会的罗伯特·阿特金森(Robert Atkinson)，新美国安全中心的艾尔莎·卡尼亚(Elsa Kania)等一批涉及中国科技政策、网络空间治理、网络外交等领域研究的智库人员(如表0-1所示)。值得注意的是，这些人当中，专门研究中国网络空间治理的以詹姆斯·刘易斯、萨姆·萨克斯为代表，但相关人数较少。更多的人是以研究中美关系、中美竞争和合作为主要方向，近年来开始把研究重心转向中国科技政策与网络空间发展和治理；或是将网络空间国际合作、网络安全和网络威慑等作为研究重点，并日益重视中国网络空间国际治理的进展。

表0-1 中国网络空间治理研究的美国代表性智库专家

姓 名	职 务	研 究 领 域
亚当·史国力 (Adam Segal)	外交关系委员会数字和网络空间政策计划主任	网络安全、科技发展、中国内政外交
罗伯特·阿特金森 (Robert Atkinson)	信息技术与创新基金会主席	数字经济
詹姆斯·刘易斯 (James Lewis)	战略与国际研究中心高级副总裁兼战略技术项目总监	网络安全与技术、国防与安全、经济、地缘政治和国际安全

---

① 罗昕、李芷娴：《外脑的力量：全球互联网治理中的美国智库角色》，《现代传播(中国传媒大学学报)》2019年第3期，第74页。

续表

姓　名	职　务	研 究 领 域
布鲁斯·迈康纳 (Bruce McConnell)	东西方研究所总裁兼首席执行官	全球网络空间合作、网络冲突
杰森·希利 (Jason Healey)	大西洋理事会网络治国计划主任	网络空间的国际合作、网络冲突
蒂姆·毛瑞尔 (Tim Maurer)	卡内基国际和平基金会"网络政策"项目联合主任	数字时代的网络安全、技术政策和地缘政治
乔恩·贝特曼 (Jon Bateman)	卡内基国际和平基金会技术与国际事务项目研究员	中美科技政策、网络风险
肖恩·特维斯 (Shane Tews)	美国企业研究所访问学者	5G、人工智能、数字隐私、物联网、互联网监管
成斌 (Dean Cheng)	传统基金会中国政治与安全事务研究员	中国军事、外交政策
克劳德·巴菲尔德 (Claude Barfield)	美国企业研究所常驻学者	网络安全、数字隐私、国际贸易
杰克·戈德史密斯 (Jack Goldsmith)	胡佛研究所研究员	网络安全、网络威慑
瑞安·哈斯 (Ryan Hass)	布鲁金斯学会外交政策计划研究员	中美合作与竞争
罗伯特·威廉姆斯 (Robert Williams)	布鲁金斯学会研究员	中美关系
克伦·基钦 (Klon Kitchen)	传统基金会技术、国家安全和科学政策高级研究员	技术与国家安全、情报、隐私
萨姆·萨克斯 (Samm Sacks)	新美国智库网络政策研究员	中国信息通信技术政策
艾米·张 (Amy Chang)	美国新安全中心技术与国家安全计划研究员	网络安全、军事技术创新、中美关系
艾尔莎·卡尼亚 (Elsa Kania)	新美国安全中心技术和国家安全计划高级研究员	中国新兴技术创新与安全

资料来源：根据美国各大智库官网介绍综合整理。

第四类则是有一定中国发展背景的研究者。一是中国学者或者华裔，但在国外智库机构工作、访学或者合作过程中形成了一系列研究成果，如传统基金会的中国政治与安全事务研究员成斌、曾在军事科学院中美防务关系研究中心工作的吕晶华、上海国际问题研究院的鲁传颖等；二是在中国工作、生活、交流过的相关人员，对华研究有着更为深刻的认识，如见证中美建交的美国前国务卿亨利·阿尔弗雷德·基辛格（Henry Alfred Kissinger）曾多次访华，瑞士卢加诺大学的吉安路易吉·内格罗（Gianluigi Negro）、新美国安全中心的艾尔莎·卡尼亚（Elsa Kania）都曾在中国访学，布鲁金斯学会学者罗伯特·威廉姆斯（Robert Williams）曾在山东大学任教，法国现代研究中心的安诗琳（Séverine Arsène）曾在北京、香港求学工作，等等；此外，还有一些对中国问题感兴趣的青年学生在其硕士或博士毕业论文中，将中国网络空间治理这一议题作为主要研究对象。

国外对中国网络空间治理的研究也存在一些不足。一方面，尽管国外的研究议题和研究结构越发丰富，但其研究取向多聚焦于中国网络空间治理与他者的不同，且带有较为浓重的意识形态预设，在理解和阐释中国议题时并未从中国的立场出发，也并未将中国作为社会主义国家与发展中国家的特殊背景纳入考察，具有典型的"西方中心主义"特征。另一方面，国外对中国网络空间治理理论的研究，特别是对于新时代中国特色社会主义下的中国网络空间治理的研究缺乏深度，不成体系。此外，国外有关学者对中国网络空间治理的研究往往基于中国发布的相关政策以及部分网络资料开展，缺少实践调研，其掌握的部分研究资料存在事实性的偏颇甚至是虚假信息。

综上，相较于国内，国外学者尤其西方学者对中国网络空间治理的研究，在理论层面上看，主要关注中国互联网治理理念与政策，其关于治理实践的研究重心往往放在治理的不足与经验总结上，研究成果有比较浓厚的意识形态偏见和结果预设。国内研究则主要集中在习近平治网思想与治网理念，以及中国网络空间核心议题治理中的具体问题与对策上，缺少对中国互联网治理理论与实践系统全面的梳理和总结。此外，国内外研究的差异也反映了两者不同的关注取向。例如,对中国网络主权的研究,国内将其作为一种中国网络空间治理的理论进行内涵阐述和深化分析;而国外的部分研究多将网络主权作为一种政治主张来看待,认为其是中国实施网络空间控制的"借口",且"割据"甚至"分裂"全球互联网。从事实层面看,当前诸多现实表明,倡导和实践网络空间主权并不代表将网络空间隔离或分割成若干部分,而是意味着在国家主权的基础上促进公正和公平的国际网络空间秩序,并建设一个在网络空间中具有共同未来的虚实融合空间,而所谓的"互联网自由"往往因为规则设置的不明确和意识形态的干扰导致网络空间的无序发展,进而影响现实社会。

　　总体来看,由于政治立场、社会文化背景、意识形态等诸多方面的差异,再加上研究角度存在不同,国外的相关研究并未从中国本身和中国国情出发,往往从"西方中心主义"的视角出发,未能客观解读中国网络空间治理,且对于网络强国战略、网络空间命运共同体、数字中国、网络主权等中国网络空间重要战略和治理理念的解读较为粗浅。即使有些评价具有一定的合理性,但最终的研究结论往往有失偏颇,存在误读甚至恶意抹黑的情况。更重要的是,伴随网络空间对经济社会方方面面的渗透,网络空间治理已成为国家治理的有机组成部分。网络空间治理道路实际上是国家治理体系与治理能力现代化在该领域的集中体现,其在推进国家治理现代化过程中的重要意义自然不言而喻。而中国网络空间治理作为国家治理的一个重要领域,同时又是一个跨学科、跨领域的新兴研究领域,虽然日益受到关注,但以往学术界关于中国网络空间治理的研究缺乏相对统一的认知和治理理论范式,且相关成果散布于政治学、法学、管理学等学科领域,难以形成综合、全面、系统的中国网络空间治理研究图景。

　　由此,本书立足全球视野,从中国本土和中国国情出发,准确把握目前网络空间治理的理论指导,系统呈现中国网络空间治理的实践成就与不足,通过比较全面地概述中国网络空间治理理念、治理结构、治理议题和治理方式,积极回应域外特别是西方话语体系对中国网络空间治理的评价,并基于马克思主义的立场和方法全面总结中国网络空间治理的宝贵经验、重要特征与世界影响,积极推进中国特色治网之道,为网络强国与国家治理体系和治理能力现代化贡献力量。

四、研究思路及方法

(一) 研究思路

本书分为七大部分,除导言、结语外,共有五章,具体研究思路如图 0－5 所示。

第一部分是导言,提出了研究的关键问题,即"何为网络空间治理的中国特色",具体从以下五个方面对这一问题展开分析研究:

(1) 中国网络空间治理的理论指导是什么;

(2) 中国网络空间治理经历了什么样的实践探索;

(3) 中国网络空间治理与国外相比存在哪些异同;

(4) 国际社会对中国网络空间治理如何评价,怎样看待这些域外声音;

(5) 中国网络空间治理具有哪些经验、特点与发展影响。

第一章至第五章分别对上述五个问题进行回答。

第一章对马克思、恩格斯、列宁等早期马克思主义经典作家的相关论述、毛泽东思想与中国特色社会主义理论体系的相关论述、习近平新时代中国特色社会主义思想的相关论述等内容进行系统梳理与分析,从马克思主义中国化的理论脉络出发,总结中国网络空间治理的理论渊源与理论指导。

第二章回答中国网络空间治理的发展实践,科学梳理中国网络空间治理的历史嬗变、成就优势和风险挑战。

第三章从比较视野,基于治理理念、治理主体、治理议题、治理方式等治理范式的比对,并选取典型治理议题进行治理路径对比研究,从理论和实践两方面回答网络空间治理中外异同之处。

第四章主要从海外中国学的视域,总结国际社会对中国网络空间治理的评价,并基于马克思主义的立场和方法,科学回应"崛起扩张论""威胁控制论""发展互动论"等国际论调。

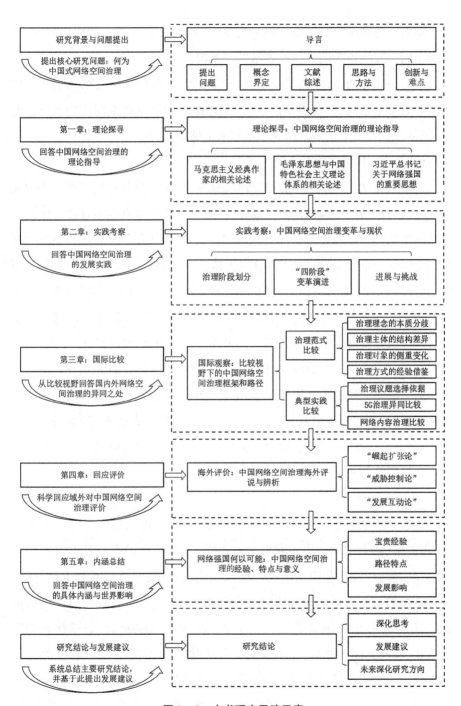

图 0-5　本书研究思路示意

第五章总结了中国网络空间治理的宝贵经验、路径特点和历史意义，回答中国网络空间治理的具体内涵与发展影响。

最后一部分为结语，即基于前文研究分析，系统梳理和总结本书得出的主要研究结论，并提出发展建议，以期更好推进中国网络空间治理道路。此外，该部分也总结了本书的研究不足和未来展望。

（二）研究方法

总体来看，中国网络空间治理研究仍是一个新兴且热门的议题。中国网络空间治理道路是中国道路的一部分，网络空间治理体系和治理能力也是国家治理体系和治理能力的一部分。本书是对中国网络空间治理的中宏观研究。对于这一重要议题的研究，当前仍缺乏一套较为成熟的理论和研究方法。对此，本书坚持马克思主义的立场、方法和观点，坚持历史唯物主义和辩证唯物主义的世界观和方法论，尊重客观事实和基本史实，在对信息充分掌握、科学溯源的基础上，系统梳理中国网络空间治理的理论指导、实践探索，客观总结中国网络空间治理的成就与问题，并基于国际比较和域外评述分析中国网络空间治理的独有发展规律，最后全面总结中国网络空间治理的宝贵经验、路径特点和发展影响等具体内涵。就具体研究方法而言，本书主要采用文本分析法、案例分析法、比较分析法等多种方法，以定性研究为主要手段深入开展相关研究。

1. 文本分析法

文本分析法是本书主要采用的研究方法之一，即通过国内外论文数据库、图书馆、搜索引擎等渠道获取文献资料，系统梳理国内外对中国网络空间治理的研究，分析和明确研究的重点与热点，发现和总结问题不足，得出本书研究的核心议题。在具体对文本分析中，本书能够就研究内容进行辩证分析和批判，而非预先设定立场，意识形态化地看待问题，力求研究的客观性、广度和深度。例如，本书在对海外中国网络空间治理研究相关材料的分析中，收集整理了大量的智库报告、论文资料、媒体报道和各国的战略政策文件等，梳理形成了较为翔实系统的观点评价，并一一作出了回应。

2. 案例分析法

案例分析法基于对典型案例和实践的分析，见微知著，以小见大，分析和总结中国网络空间治理发展的一般规律。出于研究需要，本书梳理了中国网络空间治理的发展历程，以相关案例和热点事件的梳理分析，作为不同治理阶段的划分依据之一，并深入探究了中国网络空间治理的实践成就与突出问题；而在对中外网络空间治理的比较中，选取在网络空间治理核心领域中的典型案例（如 5G 移动通信技术治理、网络信息内容治理等）进行具象分析，以进一步明确中外网络空间治理的异同点。通过对这些典型治理案例的分析，也可为我国网络空间某一具体领域的治理创新研究提供参考。

3. 比较分析法

比较分析法是对本书研究对象的异同关系进行深入比较，以此得出其发展规律和发展特点的过程。例如，本书在研究中外网络空间治理理念差异时，从治理主体、治理对象和治理手段等方面，比较了多利益相关方模式、网络主权下的多边主义治理模式的区别；在开展治理实践研究时，梳理对比我国不同阶段的网络空间治理政策、方式与成效，总结我国网络空间治理的相关经验与不足；在中外网络空间治理对比方面，将中国与其他国家和地区的网络空间治理进行比较分析，发现异同，既能发现中国网络空间治理的“中国特色”体现在哪里，也能借鉴国外网络空间治理的理论及经验，为完善中国特色网络空间治理道路提出更为符合实际的建议。例如，在网络空间内容治理方面，各国对网络内容风险的定义与其国家的政治、经济、文化密切相关。本书通过各类典型治理案例总结发现，近年来不同国家和地区在网络空间中面临的内容安全问题日益严峻，但其遭遇的具体风险仍存在差别：美国面临虚假信息和民粹主义传播，欧洲国家面临网络恐怖主义的泛滥，中国面临意识形态渗透等，因此各个国家和地区的网络空间内容治理政策也存在异同点。

4. 访谈分析法

网络空间治理是与实践联系非常紧密的一个议题，访谈分析法有助于获得第一手资料。本书通过深度访谈等方式，围绕网络空间治理的具体议题开展调研。如针对网络信息内容治理的中国立场这一议题，除了对政策文本进行梳理分析，笔者还对中国网络空间治理的不同主体——政府管理者、平台企业、媒体、用户等开展了访谈，较为全面地了解到中国网络空间主要治理主体的角色与作用。虽然这些观点并未全部纳入本书之中，但对中国立场的研判仍起到了重要作用。此外，在结论部分的意见与建议中，部分吸纳了政策制定者和权威专家学者等重要主体的观点，进一步强化了研究深度。

五、研究创新与难点

(一) 研究创新

本书通过对中国网络空间治理的深入研究，在理论和实践层面实现了一定的创新。

其一，推进理论创新，准确把握网络空间治理范式，形成了网络空间治理框架的理论构建。网络空间治理研究是当前国际战略性问题和全球前沿课题，涉及传播学、管理学、法学、政治学、社会学、世界中国学等多个学科，是一门交叉融合的学科。[1] 互联网发展五十年多来，至今仍在不断演变，"治理"这一概念进入网络空间研究领域，相对于现实社会领域的其他议题，其研究起步较晚，但也形成了较为丰富的研究内容。然而，当前学术界对网络空间治理的内涵、理念、方式等治理范式尚未达成共识，部分研究与治理实践甚至存在"脱钩"现象。本书的一大创新即基于网络空间的原生特性和治理历程，对网络空间治理框架作了明确的定义，并区分了互联网治理、网络化治理等概念，科学地提出了网络空间治理的定义与内涵，并明确构建了网络空间治理框架，指出网络空间治理研究应涵盖治理主体、治理对象、治理方式、治理理念等一系列关键要素。

其二，进一步强化了理论提炼，从马克思主义中国化的视角系统总结了中国网络空间治理的理论渊源。当前，已有不少论著对中国网络空间治理理

---

[1] 谢烨凤：《互联网治理模式研究》，硕士学位论文，首都经济贸易大学，2018 年。

论开展了研究,但鲜有学者从马克思主义中国化的视角出发,全面系统总结中国网络空间治理的理论渊源。虽然在马克思主义创立时期,互联网这一事物还没有出现,但本书通过马克思主义经典作家有关科学技术发展、新闻舆论传播、社会治理等与网络空间发展和治理密切相关的议题来阐述理论的发展脉络,并从历届党和国家领导人的思想理论特别是习近平新时代中国特色社会主义思想、习近平总书记关于网络强国的重要思想以及他对于网络空间治理的一系列重要论述中,抽丝剥茧,重点阐述中国网络空间治理理论演变的内涵,较为完备系统地总结了中国网络空间治理的理论指导。

其三,加强了实践研究创新,从历史嬗变的角度分析治理实践,为中国网络空间治理提供宝贵发展经验。相较于理论研究,当前学术界的中国网络空间治理实践研究已非常丰富,但多从个案出发,其得出的结论往往存在一定的局限性。本书科学梳理中国网络空间治理的历史沿革,并基于此,总结了中国网络空间治理的成就优势和风险挑战,为揭示中国网络空间治理规律和治理特点,以及从实践维度探讨中国网络空间治理之道,提供了重要的事实依据和可信的基础支撑。

其四,开拓了研究视角,从中外对比和海外视角分别切入,客观反映中国网络空间治理全景,深入阐述了中国网络空间治理的发展规律。相较于单一视角的国内研究,本书引入了国外的视角,既基于经典案例系统梳理当前网络空间治理概念的变迁与国内外网络空间治理的思想、原则、方法等,对治理理念、治理主体、治理议题、治理方式等网络空间治理范式进行了中外对比,又从海外中国学切入,对"崛起扩张论""威胁控制论""发展互动论"等国际典型评价作了分析研究,并对带有较为浓厚的意识形态偏见和结果预设色彩、蓄意抹黑中国网络空间治理的一些观点作出准确有力的回应。这对中国抢占全球网络空间治理的主导权,推动不同国家网络空间治理的交流合作,有力地回应与批判西方话语体系,促进完善全球网络空间治理体系,有着重要意义。

其五,深化了中国网络空间治理理论,全面阐述了网络空间治理"中国特色"的内涵,辩证分析了中国网络空间治理的优势以及当前发展阶段还存在的问题,并就此提出了如何更好推进网络空间治理的中国方案。当前,基于不同的国情,各国网络空间治理的模式与路径各有不同。但学界对于中国网络空间治理规律,尤其是对中国治网之道的内涵探索较少,且往往局限于某一阶段或某一时期进行总结,缺乏科学性和代表性。本书总结有别于西方治理模式的中国网络空间治理道路,较为客观地发现、解释和呈现中国网络空间治理的思想源流和历史变迁,深入研究习近平网络强国思想体系下的"网络空间人类命运共同体""网络主权""综合治理"等理论,提炼了坚持党对网络空间治理的领导、坚持以人民为中心的发展思想、坚持理论创新与治理实践并举、坚持独立自主和开放合作相平衡等"四个坚持"的发展经验,发现了中国网络空间治理路径具有一般性、特殊性、引领性等"三大特性",总结了中国网络空间治理在展现马克思主义强大生命力、促进国家治理体系和治理能力现代化、推进全球网络空间治理体系良性变革、拓展广大发展中国家路径选择方面的"四大意义"。这对丰富网络空间治理理论,大力推进中国特色治网之道具有指导意义。

(二) 研究难点

一是总结难度较大。一方面,相关概念存在模糊性和重合性,对其的界定有一定的难度。例如,当前国内外尚未达成统一的网络空间治理(cyberspace governance)定义,一些概念如互联网治理(Internet governance)、网络化治理(network governance)既有联系,又有区别,需抓住问题关键,理清研究对象,准确把握相关概念。另一方面,中国网络空间治理是近年来研究的热点议题,但国内外对于中国网络空间治理的研究和总结内容较少,且不系统。而揭示中国特色网络空间治理道路的内在规律,需坚持马克思主义的立场、方法和观点,站在马克思主义中国化的百年发展历程,并参考国内外大量的治理实践,比较各国网络空间治理理念、治理方式、治理结构、治理目标,理清中国网络空间治理的背景、机遇、挑战及其背后的独特治理逻辑和治理路径。这一过程需要系统梳理大量的文献资料、整理相关的论点和论据,分析经典理论和典型案例、探究发展研究议题的实质和内在规律,这对研究者的理论素养和研究能力提出了较高的要求。

二是一手研究材料较为缺乏。本书的研究主要基于当前国内外的相关文献资料。国内关于中国网络空间治理的文献研究材料较为丰富，但许多研究往往基于二手文献内容而展开。作为互联网的"原住民"，尽管笔者在数年研究工作和生活实践中已积累了一些一手资料，但囿于笔者的搜集、观察等能力有限，仍较为缺乏第一手的案例材料与调研分析，且部分案例发生时间久远，难以进行实地调研。而海外研究中国网络空间治理的主要成果仍然以英语为主，俄文、韩文、日文、越南语等的研究材料相对较少。尽管笔者找到了部分内容，但局限于相关语言文字的积累不足，多借助专业的翻译工具或咨询专业人员开展文本分析，客观上不免存在理解偏差。可以说，本书对于国外非英语国家和地区的学者对中国网络空间治理的研究发掘力度不够，未来需融入更多这一方面的"声音"。

第一章 理论探寻：中国网络空间治理的理论指导

马克思主义创立时期，互联网这一事物还没有出现。因此，对于网络空间治理，马克思主义经典作家不可能给出明确答案来具体指导相关实践。但马克思、恩格斯、列宁等人对于科学技术、新闻舆论、社会治理等与网络空间发展和治理密切相关的议题，已开展了一系列研究和论述。基于马克思主义中国化的发展路径，历届党和国家领导人不断继承、发展和创新，推动形成了中国特色网络空间治理理论体系。本章将沿着这样的理论渊源发展脉络，聚焦马克思主义科学技术观、马克思主义新闻舆论观、马克思主义社会治理观，以及历届党和国家领导人的思想理论和其对于网络空间治理的一系列重要论述，对中国网络空间治理的理论来源进行学术探索。

第一节 马克思主义经典作家的相关论述

在互联网尚未出现的年代，马克思主义经典作家虽未有对网络空间发展和治理的相关论述，但由于当前网络空间与现实社会深度交融，物理环境中的相关治理议题也存在于网络空间之中。因此，马克思、恩格斯、列宁等人对于科学技术、新闻舆论、社会治理等议题的论述同样具有指导意义。

一、马克思主义科学技术观

马克思主义经典作家历来就非常重视科学技术在促进经济社会中的重

要变革作用，特别是在促进资本主义生产力变革方面发挥的史无前例的作用。

马克思认为，科学技术在社会历史发展的不同阶段有着不同的作用，从总的趋势来看，这种影响力是越来越大的，直到现代资本主义出现以后，科学技术的社会变革作用才真正显露出来，并日益成为推动"历史有力的杠杆"和"最高意义上的革命力量"①。在1848年的《共产党宣言》中，马克思和恩格斯提到，"资产阶级，由于一切生产工具的迅速改进，由于交通的极其便利，把一切民族甚至最野蛮的民族都卷到文明中来了……资产阶级在它的不到一百年的阶级统治中所创造的生产力，比过去一切时代创造的全部生产力还要多，还要大"②；并直接指出"火药、指南针、印刷术这是预告资产阶级社会到来的三大发明"③。上述论述鲜明地指出了生产工具的发展对资本主义社会生产力起到了史无前例的重要推动作用。此外，马克思还提出了"资本是以生产力的一定的现有的历史发展为前提的，——在这些生产力中也包括科学"④这一著名论断，并将科学技术的性质与其所在的社会背景和时代特征相关联，即"资本主义生产关系使得科学技术逐渐成为一种服务于资本的独立力量"⑤，认为科技的作用不仅仅在于自然规律的探索，而且在于"成为生产财富的手段，成为致富的手段"⑥。恩格斯基于英国工业革命的发展历程，敏锐地指出，"英国工人阶级的历史是从18世纪后半期，从蒸汽机和棉花加工机的发明开始的。……这些发明推动了产业革命，产业革命同时又引起了市民社会中的全面变革"⑦，"蒸汽机和新的工具机把工场手工业变成了现代的大工业，从而把资产阶级社会的整个基础革命化了"⑧，同时"这种无穷无

---

① 《马克思恩格斯全集（第19卷）》，人民出版社1963年版，第372页。
② 《马克思恩格斯全集（第1卷）》，人民出版社1956年版，第404—405页。
③ 《马克思恩格斯全集（第37卷）》，人民出版社2019年版，第50页。
④ 《马克思恩格斯全集（第46卷下）》，人民出版社1980年版，第211页。
⑤ 孙炳炎：《马克思论科学技术的社会性质及其运用的社会影响——基于〈1861—1863年经济学手稿〉文本的考察》，《毛泽东邓小平理论研究》2021年第10期，第28页。
⑥ 《马克思恩格斯全集（第37卷）》，人民出版社2019年版，第202页。
⑦ 《马克思恩格斯全集（第2卷）》，人民出版社1957年版，第281页。
⑧ 《马克思恩格斯全集（第25卷）》，人民出版社2001年版，第381页。

尽的生产能力，一旦被自觉地用来为大众造福，人类所肩负的劳动就会很快地减少到最低限度"①，以此强调了科技影响力的世界意义和给人类社会带来的福祉。列宁提出，"技术革新使生产资料和流通资料集中起来，使资本主义企业中的劳动过程社会化"②。而科学技术的这种生产力也可以用于破除小农经济，"成为社会主义的基础"③。上述这些判断具有超时代性，即没有因为科学技术最先来源于资本主义社会，否认技术的本质和特性并将其一概拒绝和排斥，而是认清了科技作为生产力的本质，把它看作社会主义建设的重要力量来加以应用。

与此同时，马克思、恩格斯、列宁等对科学技术的负效应以及如何更好发挥科学技术的正面作用，在制度层面上也进行了思考。

马克思指出，产生在资本主义社会的这种科学并不存在于工人的意识中，而是作为异己的力量，作为机器本身的力量，通过机器对工人发生作用。④ 马克思强调，这些科学技术是为资本主义制度所服务的，以此剥削劳动力，而工人成了机器的附庸，由此将扭曲人的价值观，人被异化。因此，要真正合理地发挥科学技术的社会作用，就必须建立一种能最大限度地发挥科技作用的新的社会制度，这个未来的制度就是由社会占有和支配社会财富和文明成果的共产主义社会。⑤ 恩格斯认为，人类发明的技术所带来的负面性往往会形成完全不同的、出乎意料的影响，我们不要过分陶醉于我们对自然界的胜利。⑥ 列宁指出，科技变革所带来的"社会生产关系的最剧烈的破坏"和"资本主义一切黑暗面的加剧和扩大"以及"资本主义使劳动大量社会化"⑦，形成了另一种剥削。

可以看到，针对资本主义社会蓬勃兴起的科学技术，马克思主义经典

① 《马克思恩格斯全集（第1卷）》，人民出版社1956年版，第616页。
② 《列宁选集（第3卷）》，人民出版社1972年版，第754页。
③ 《列宁全集（第31卷）》，人民出版社1986年版，第301页。
④ 《马克思恩格斯选集（第2卷）》，人民出版社2012年版，第774页。
⑤ 赵鹏：《马克思社会发展观研究》，博士学位论文，华中师范大学，2017年。
⑥ 《马克思恩格斯选集（第4卷）》，人民出版社1995年版，第383页。
⑦ 《列宁全集（第3卷）》，人民出版社1959年版，第411页。

作家突破了时代的局限性，敏锐地看到了科学技术对特定社会发展时期所造成的革命性变革，以及其对于解放劳动力、给人类社会带来福祉等的重要影响，认为科学技术是一种构成生产力的重要方式，即科学技术是生产力。与此同时，他们也意识到了科学技术具有的"双刃剑"特点，指出这种生产力若被资本主义制度所利用，将形成扭曲的价值观，剥削劳动力，同时带来人的异化、社会关系的紧张。由此，马克思主义经典作家提出，应该建立新的社会制度以代替资本主义制度，将人的属性放在第一位的同时，充分发挥科技作为生产力的重要作用。这对于当前新兴互联网技术的治理有重要启发意义。

二、马克思主义新闻舆论观

马克思和恩格斯在参加革命事业的生涯中，参与编辑或工作过的报刊有13 家之多，曾经为 200 多家报刊做过撰稿人，为共产主义事业奋斗了一生，也为人民的新闻报刊事业奋斗了一生。[①] 他们在实践中积累和提炼了丰富的新闻理论，对于如何做好新闻、引导舆论有着深刻的认识。

其一，强调新闻报刊的人民性，认为新闻报刊应该关注人民生活，为人民而书写，为穷苦人民而呐喊。马克思指出，"人民的信任是报刊赖以生存的条件，没有这种条件，报刊就会完全萎靡不振"[②]；与此同时，他认为，"报刊只是而且只应该是'人民（确实按人民的方式思想的人民）日常思想和感情的'公开的表达者"[③]。这些论述指出了报刊"人民性"的本质要求和价值所在，强调新闻报道来自人民生活、表达人民思想和情感、真实反映人民生活。

其二，辩证看待新闻出版自由，将新闻自由作为评价社会自由的重要标尺，明确反对书报检查制度，但也提出新闻自由不是为所欲为。马克思指出，"自由的出版物是人民精神的慧眼，是人民自我信任的体现，是把个人同国家

---

① 夏赞君、卿明星：《马克思主义新闻观教程》，湖南科学技术出版社 2005 年版，第 14 页。
② 《马克思恩格斯全集（第 1 卷）》，人民出版社 1956 年版，第 234 页。
③ 《马克思恩格斯全集（第 1 卷）》，人民出版社 1995 年版，第 352 页。

和整个世界联系起来的有声的纽带"①；"没有新闻出版自由，其他一切自由
都会成为泡影"②。马克思强调应该立法来保障新闻自由，认为"受检查的报
刊的特性，是不自由所固有的怯懦的丑恶本质"③。与此同时，马克思认为这
种自由也不能任意妄为，并生动地作了比喻，他在《第六届莱茵省议会的辩
论：关于新闻出版自由和公布省等级会议辩论情况的辩论》中提到，"我怎么
想就怎么下命令，意志代替合理的论据，这完全是统治者的语言，但在现代贵
族的口里就显得委婉动听了。"④

其三，论述了无产阶级报刊的性质，强调了其在无产阶级斗争中的重
要作用。在《新莱茵报》时期，马克思强调："报纸最大的好处，就是它每日
都能干预运动，能够成为运动的喉舌"⑤。恩格斯指出，"在每一个党、特别
是工人党的生活中，第一张日报的出版总是意味着大大地向前迈进了一
步！这是它至少在报刊方面能够以同等的武器同自己的敌人作斗争的第
一个阵地。"⑥

可以看到，马克思、恩格斯的无产阶级报刊思想，揭示了无产阶级报刊发
展的基本要求，旗帜鲜明地指出了无产阶级报刊既是人民千呼万唤的喉舌、
重要的政治阵地，也成为同敌人斗争的武器。列宁的新闻舆论思想则显示出
强烈的革命性和战斗性，主要体现在他对党报党刊的一系列论述中。列宁一
生创办和编辑的报刊有40多种，几乎全部都是俄国社会民主工党的机关报
刊。⑦ 在丰富的办报实践中，列宁指出了党报的党性原则，认为党的报刊宣
传是其伟大事业的重要组成部分，需要旗帜鲜明地以马克思主义为指导方
针，他明确提到"写作事业应当成为整个无产阶级事业的一部分"⑧，指出"我
们不打算把我们的机关报变成一个形形色色的观点简单堆砌的场所。相反，

---

① 《马克思恩格斯全集(第 1 卷)》，人民出版社 1956 年版，第 74 页。
② 《马克思恩格斯全集(第 1 卷)》，人民出版社 1995 年版，第 201 页。
③ 《马克思恩格斯全集(第 1 卷)》，人民出版社 1995 年版，第 171 页。
④ 《马克思恩格斯全集(第 1 卷)》，人民出版社 1995 年版，第 157 页。
⑤ 《马克思恩格斯全集(第 10 卷)》，人民出版社 1998 年版，第 115 页。
⑥ 《马克思恩格斯全集(第 22 卷)》，人民出版社 1965 年版，第 590 页。
⑦ 邵华泽：《马克思主义新闻观及其在当代中国的运用和发展》，人民出版社 2009 年版，第 37 页。
⑧ 《列宁全集(第 12 卷)》，人民出版社 1987 年版，第 93 页。

我们将严格按照一定的方针办报。一言以蔽之,这个方针就是马克思主义"①;同时强调了党报重要的组织功能,即发挥党报的战斗力,通过党报建立广泛的群众联系和群众基础,强化群众动员,指出"没有革命报纸,我们决不可能广泛地组织整个工人运动"②。

马克思、恩格斯、列宁等马克思主义经典作家对于新闻舆论的论述深刻揭示了新闻舆论治理的规律和要求,特别是对于新闻报刊的人民性、新闻自由、党报的党性原则等作了系统的阐述,为科学认识新闻舆论提供了方法论。这对新闻舆论的传播与引导,特别是互联网时代下的网络信息内容治理有着重要意义。

三、马克思主义社会治理观

马克思与恩格斯并未直接阐述过社会治理的定义,但其对资本主义社会管理的批评以及对新社会的展望体现了他们对未来社会治理问题的思考。一方面,马克思指出,除了统治职能,社会管理也是社会主义国家的社会职能,强调了社会职能在社会主义国家发挥的重要作用,即国家的"政治统治到处都是以执行某种社会职能为基础,而且政治统治只有在它执行了它的这种社会职能时才能持续下去"③,并指出了政府承担的重要社会管理职能。进一步地,马克思强调,无产阶级夺取政权后,国家机器被打破,统治职能逐渐弱化,但社会职能中治理公共事务的职能被保留了下来并逐渐变强,进入共产主义社会后,国家随着阶级的消失,其阶级统治性不断削弱,最终全部职能都会消亡,到那时,国家权力将完全与社会融合,其职能完全复归社会。④ 另一方面,巴黎公社的经验让马克思进一步理解人民的意义,马克思指出,与资本主义国家统治人民不同,社会主义国家进行社会管理的价值根本是以人民

---

① 《列宁全集(第4卷)》,人民出版社1984年版,第316页。
② 《列宁全集(第4卷)》,人民出版社1984年版,第169页。
③ 《马克思恩格斯选集(第3卷)》,人民出版社2012年版,第526页。
④ 杨学聪:《马克思主义社会治理思想的历史发展及当代价值研究》,硕士学位论文,兰州财经大学,2021年。

为本，"公社的伟大社会措施就是它本身的存在和工作，它所采取的各项具体措施，只能显示出走向属于人民、由人民掌权的政府的趋势"①。此外，马克思对未来社会的预判是自由人联合体成为社会治理主体，从而真正实现人民当家作主。② 列宁从社会主义国家进行社会管理的实践中进行了理论创新，他强调人民享有管理国家和社会的最高权力，鼓励劳动者等人民群体参与到国家事务和社会事务的管理之中，指出"我们的目的是要吸收全体贫民实际参加到管理工作"③。与此同时，列宁深刻认识到治理方式创新的重要性，强调社会管理的方法和形式创新，要求通过组织工作、文化工作和教育等不同形式和行之有效的措施，提高人民管理国家与社会事务的能力。④

马克思主义经典作家对于社会管理的论述集中体现在：强调国家和政府应承担社会管理职能，同时支持和鼓励人民积极投身于社会管理之中，并指出这种管理的目的和价值根本在于为了人民。这对与现实社会日益交融的网络空间治理有着重要的借鉴意义，即形成以人民为中心的根本价值导向，重视国家和政府在治理过程中的主导性作用，同时通过方法和手段创新，推进人民群众、社会组织等多元主体参与治理行动。

第二节　毛泽东思想与中国特色社会主义理论体系的相关论述

毛泽东、邓小平、江泽民、胡锦涛等历届党和国家领导人不断继承、发展和创新马克思主义，形成了毛泽东思想与中国特色社会主义理论体系。这些思想理论中有关科学技术发展、新闻舆论治理、社会管理以及互联网管理的论述对中国网络空间的发展和治理具有重要启示。

---

① 《马克思恩格斯选集（第 3 卷）》，人民出版社 2012 年版，第 107 页。
② 杨学聪：《马克思主义社会治理思想的历史发展及当代价值研究》，硕士学位论文，兰州财经大学，2021 年。
③ 《列宁全集（第 34 卷）》，人民出版社 1985 年版，第 184 页。
④ 韩立红：《中国共产党的社会管理创新之道》，人民出版社 2017 年版，第 38 页。

一、"党是领导一切的"基本原则

作为马克思主义政党，中国共产党从成立之初就确认：科学是改造社会的巨大革命力量，也是救治中国、改造中国、发展中国的巨大力量。[①] 毛泽东所在的年代，互联网虽然已经出现，但仍处于发展的最早期，且尚未进入中国。因此，毛泽东没有对互联网的直接论述，其主要继承和丰富了马克思、恩格斯、列宁等早期马克思主义经典作家的科学技术观、新闻舆论观、社会治理观，特别是在新闻舆论宣传和社会管理上，进一步强化了党的领导原则。

在对科学技术的认识方面，毛泽东深化了科学技术与生产力的关系，重视其在争取独立自主、社会主义建设中的革命性作用。毛泽东认为，"自然科学是人们争取自由的一种武装"[②]，推动成立陕甘宁边区自然科学研究会、延安自然科学研究院等机构，指出"科学技术这一仗，一定要打，而且必须打好……不搞科学技术，生产力无法提高"[③]，并在农业生产和合作化问题、社会主义建设、军队建设、工作管理等多个方面加以强调。对于如何更好地发展科学技术，一方面，毛泽东认为"要下决心搞尖端技术"[④]，明确了占领先进科技主导权的重要性，注重科学技术的规划、设计和部署，提出"我国人民应该有一个远大的规划，要在几十年内，努力改变我国在经济上和科学文化上的落后状况，迅速达到世界上的先进水平"[⑤]；另一方面，毛泽东敏锐地指出了科技攻关突破的历史规律，认为"科学研究有实用的、还有理论的……不搞理论是不行的。要培养一批懂得理论的人才"[⑥]。

在对新闻舆论工作的论述中，毛泽东主要强调三方面：其一，新闻报刊

---

① 贾宝余、刘立：《中国共产党百年科技政策思想的"十个坚持"》，《中国科学院院刊》2021年第7期，第838页。

② 《毛泽东文集（第2卷）》，人民出版社1993年版，第269页。

③⑥ 《毛泽东文集（第8卷）》，人民出版社1999年版，第351页。

④ 中共中央文献研究室编：《毛泽东著作专题摘编（上）》，中央文献出版社2003年版，第1024页。

⑤ 中共中央文献研究室编：《建国以来重要文献选编（第8册）》，中央文献出版社1994年版，第75—77页。

的组织动员能力，强化新闻宣传的党性原则，将其作为党的纲领、路线、政策宣传的主阵地，指出"报纸这种东西是反映和指导政治经济工作的一种武器"①，认为"中国共产党的使命就是本报的使命"②，强调"各地党报必须无条件地宣传中央的路线和政策"③；其二，倡导新闻报刊的真实性，强调办报的人民性，指出"没有调查，就没有发言权"④，进一步明确大办新闻报刊是"为了使中华民族得到解放，为了实现人民的统治，为了使人民得到经济的幸福"⑤；其三，重视对外宣传，提出了工作方法和相关立场，强调加强对中国实际发展的阐释，努力在国际舞台上发出中国声音，如在对新华社对外宣传工作指导时形象地指出"把地球管起来，让全世界都能听到我们的声音"⑥。

在社会管理方面，毛泽东结合中国国情和实践提出了一系列论述。在社会管理的主体方面，毛泽东强调党对一切社会事业的领导作用，认为"工、农、商、学、兵、政、党这七个方面，党是领导一切的"⑦；与此同时，他非常强调加强人民主体地位，动员群众力量，发挥基层组织的作用，提升人民群众在社会管理中的参与感，指出"人民，只有人民，才是创造世界历史的动力"⑧。在治理议题上，毛泽东进一步确立了"全心全意为人民服务"⑨的价值理念，重点关注思想教育、社会保障、劳动就业等与人民群众密切相关的基本民生需求。

马克思主义是不断与时俱进的理论体系。毛泽东在学习和践行马克思、恩格斯等有关科学技术、新闻舆论、社会管理等方面的理论思想时，结合中国实际，进一步提出或强调了"党是领导一切的""科技突破要有理论研究""党

① 中共中央文献研究室编：《毛泽东著作专题摘编（下）》，中央文献出版社 2003 年版，第 1516 页。
② 《延安〈解放日报〉发刊词》，载《毛泽东文集（第 2 卷）》，人民出版社 1993 年版，第 353 页。
③ 《毛泽东文集（第 5 卷）》，人民出版社 1996 年版，第 127 页。
④ 《毛泽东文集（第 2 卷）》，人民出版社 1993 年版，第 382 页。
⑤ 《毛泽东文集（第 1 卷）》，人民出版社 1993 年版，第 21 页。
⑥ 中共中央文献研究室编：《毛泽东著作专题摘编（下）》，中央文献出版社 2003 年版，第 1532 页。
⑦ 《毛泽东文集（第 8 卷）》，人民出版社 1999 年版，第 305 页。
⑧ 《毛泽东选集（第 3 卷）》，人民出版社 1991 年版，第 1031 页。
⑨ 《毛泽东选集（第 3 卷）》，人民出版社 1991 年版，第 1004 页。

报是人民的喉舌""全心全意为人民服务"等重要论断。一方面，这些理念和思想是马克思主义中国化的一部分，其继承和创新了早期马克思主义经典作家的相关论述，至今仍然深刻影响着中国社会发展；另一方面，这些思想理论对中国在新时期开展网络空间关键核心技术突破、抢占网络舆论主阵地、深化互联网的普惠性等网络空间治理核心领域的工作有着重要的指导和启示意义。

二、"科学技术是第一生产力"的重大论断

沿着马克思主义中国化的发展路径，邓小平结合世情、国情和党情，在科学技术发展、新闻舆论治理、社会管理等方面形成了诸多创新性的发展思想和发展理念。其中，对于中国网络空间发展和治理最直接相关、影响最大的一个论断，就是"科学技术是第一生产力"。

其一，邓小平创造性地阐明了科学技术与生产力的本质关系，将科学技术作为推动社会生产力发展的主要力量，为中国形成信息化建设环境提供了思想基础。

1975 年，邓小平在听取中国科学院同志汇报时指出，"提高自动化水平，减少体力劳动，世界上发达国家不管是什么社会制度都是走这个道路……科学技术叫生产力，科技人员就是劳动者"[1]。这一观点在当时的发展环境中尤为可贵，它揭示了科学技术是生产力的其中一个要素，且不为政治体制所改变，同时提到了提高自动化水平的重要性。在 1988 年同捷克斯洛伐克总统胡萨克的谈话中，邓小平明确指出，"马克思讲过科学技术是生产力，这是非常正确的，现在看来这样说可能不够，恐怕是第一生产力"[2]。历史唯物主义认为，生产力决定生产关系，马克思曾将科学技术纳入生产力的范围，而邓小平提出"科学技术是第一生产力"，是继承了马克思主义，又发展了马克思主义，将科学技术作为生产力的属性作了进一步

---

[1] 《邓小平文选（第 2 卷）》，人民出版社 1994 年版，第 34 页。
[2] 《邓小平文选（第 3 卷）》，人民出版社 1993 年版，第 275 页。

阐述，认为它是推动社会发展变革最为创新活跃、最为主动进取、最具有革命性、最有辐射强度、最为重要的因素之一。这一论断对解放当时的社会思想，形成良好的信息化建设氛围起到了决定性的指导引领作用。

其二，邓小平将科学技术的发展与社会主义建设发展紧密关联，为发展和引进高科技技术奠定了环境基础。

邓小平强调，"在无产阶级专政的条件下，不搞现代化，科学技术水平不提高，社会生产力不发达，国家的实力得不到加强，人民的物质文化生活得不到改善，那末，我们的社会主义政治制度和经济制度就不能充分巩固，我们国家的安全就没有可靠的保障"[①]。这一观点将科学技术发展水平与社会主义建设之间的关系进行了推演，指出科学技术直接关系社会主义政治稳定和经济发展乃至国家安全。

同时，邓小平看到了科学技术对经济社会的融合赋能效应，指出"四个现代化，关键是科学技术的现代化。没有现代科学技术，就不可能建设现代农业、现代工业、现代国防。没有科学技术的高速度发展，也就不可能有国民经济的高速度发展"[②]。这一思想理念同样体现在 1992 年的邓小平"南方谈话"之中。他重申了"科学技术是第一生产力"，并指出"经济发展得快一点，必须依靠科技和教育……高科技领域的一个突破，带动一批产业的发展。我们自己这几年，离开科学技术能增长得这么快吗"[③]。而在选择发展哪种类型的科学技术时，邓小平态度鲜明地指出，"下一个世纪是高科技发展的世纪……过去也好，今天也好，将来也好，中国必须发展自己的高科技，在世界高科技领域占有一席之地"[④]。与此同时，他总结道，"当代的自然科学正以空前的规模和速度，应用于生产，使社会物质生产的各个领域面貌一新。特别是由于电子计算机、控制论和自动化技术的发展，正在迅速提高生产自动化的程度……社会生产力有这样巨大的发展，劳动生产率有这样大幅度的提高，靠

---

① 《邓小平文选（第 2 卷）》，人民出版社 1994 年版，第 350 页。
② 《邓小平文选（第 2 卷）》，人民出版社 1994 年版，第 86 页。
③ 《邓小平文选（第 3 卷）》，人民出版社 1993 年版，第 274 页。
④ 《邓小平文选（第 3 卷）》，人民出版社 1993 年版，第 279 页。

的是什么？最主要的是靠科学的力量、技术的力量"①。邓小平有关科学技术的论述和判断，既有宏观层面的概述和阐释，又对当时的先进高端技术作了考察，特别是对电子计算机、自动化技术的重视，直接关系到后续中国网络空间的发展。

其三，邓小平重视信息资源的开发利用，为信息化工作提供了思想指南，推动了互联网等先进信息技术"引进来"。

1984年9月，邓小平给新华社创办的《经济参考报》题词"开发信息资源，服务四化建设"②，希望报纸媒体能够强化信息内容的整合利用，服务当时社会所提出的"四化建设"。这也从侧面体现了邓小平对信息资源收集、开发、利用和转化的重视，希望通过这种生产力的转化来推进经济社会建设。与此同时，邓小平在开放合作中重视从国外吸取相关信息。他在会见外宾时指出，"我们最大的经验就是不要脱离世界，否则就会信息不灵，睡大觉，而世界技术革命却在蓬勃发展"③。现代信息化技术的发展特征之一就是具有开放性，邓小平在改革开放中对世界技术革命的高度重视，一定程度上推动了中国在20世纪90年代初引入和发展互联网。

其四，邓小平重视计算机领域等科技人才的培养，加快推动计算机普及，为中国全功能接入国际互联网提供智力资源。

在科技人才培养方面，邓小平注重人才规划，重视拔尖人才选拔和利用。邓小平强调："我们不是没有人才，问题是能不能很好地把他们组织和使用起来"④；并指出"改革科技体制，最重要的，我最关心的，还是人才……要创造一种环境，使拔尖人才能够脱颖而出"⑤。同时，邓小平深刻认识到信息化人才培养的关键作用，他在上海展览馆观看上海十年科技成果展时特意指示，

---

① 《邓小平文选（第2卷）》，人民出版社1994年版，第179页。
② 周宏仁：《信息革命与信息化》，人民出版社2001年版，第65页。
③ 《邓小平文选（第3卷）》，人民出版社1993年版，第290页。
④ 《邓小平文选（第3卷）》，人民出版社1993年版，第17页。
⑤ 《邓小平文选（第3卷）》，人民出版社1993年版，第108—109页。

"计算机的普及要从娃娃抓起"①。按照这一指示，以计算机为核心的信息技术的普及教育被纳入小学和中学教育的课程体系之中②，中国青少年的计算机水平有了大幅提升，这为我国互联网的普及以及信息化人才的培养提供了基础条件，推进我国加快步伐迈入互联网时代。

1978年，党的十一届三中全会胜利召开，开启了改革开放的伟大征程，全党和全国一切工作转向以经济建设为中心，人们对科技的认识和思想有了很大的解放。虽然这一时期，互联网还未真正进入中国，但邓小平在长期的实践观察和理论思考中提出了"科学技术是第一生产力"这一重大论断，创造性地阐明了科学技术与生产力的本质关系，把握了世界新技术革命的历史机遇，发现了科学技术对经济社会的创新赋能作用，将信息资源的开发与"四化"建设联系起来，深刻认识到信息在社会主义建设中的重要性，重视计算机领域等科技人才的培养，这是给当时的中国社会注入的一剂"强心剂"，解放了固有的思维成见，为中国正式引入和连接国际互联网提供了必要的社会条件和思想基础。

三、互联网管理"十六字方针"

1994年4月，中国正式全功能接入国际互联网，中国网络空间治理实践的大门就此拉开。江泽民准确地把握了信息革命下互联网等信息技术的发展特性，结合中国发展的实际情况，创新性地提出了"积极发展，充分运用，加强管理，趋利避害"的互联网管理"十六字方针"。这一网络空间治理理念既对互联网的"双刃剑"发展特性作出了精准研判，又辩证地提出了治理方式和手段，即高度重视互联网等先进技术在信息化工作中发挥的积极作用，同时强化信息安全管理，促进网络空间健康发展。

其一，江泽民加强了对信息化建设的宏观指导与部署，以信息化推进工业化、现代化。

---

① 华南：《计算机普及要从娃娃抓起——邓小平寄语青少年科技创新》，《中华儿女》2014年第16期，第26页。
② 魏晓燕：《邓小平推动国家信息化发展的历史经验》，《光明日报》2016年11月23日。

江泽民非常重视科学技术，高度评价"科学技术是第一生产力"这一论断，并在党的全国代表大会上强调"科技进步是经济发展的决定性因素"，要"强化应用技术的开发和推广……有重点有选择地引进先进技术……更加重视运用最新技术成果，实现技术发展的跨越"①。而针对世界科技趋势走向，江泽民指出，"从牛顿力学，到爱因斯坦的相对论，再到最新的互联网，世界科技日新月异地发展"②。同时，他指出，"各国的信息网络化水平目前还很不平衡，发达国家具有信息技术优势，拥有越来越多的信息资源，成为信息富国；发展中国家信息技术相对落后，在信息化方面相对贫困……我们的战略是……以信息化带动工业化，发挥后发优势，努力实现技术跨越式发展"③。这一研判，将信息革命下的互联网等信息技术置于重要位置，通过比较发现发展中国家和发达国家之间的信息化水平差距，强调作为发展中国家，中国应加快运用信息技术提高工业化水平，并在之后对我国的信息化推进作出一系列部署。江泽民强调，"信息化是我国加快实现工业化和现代化的必然选择"，"优先发展信息产业，在经济和社会领域广泛应用信息技术"，"互联网站要成为传播先进文化的重要阵地"④，"信息化正在成为军队战斗力的倍增器……信息化战争将成为二十一世纪的主要战争形态"⑤。这些论述进一步明确了要发挥互联网等信息技术在国家工业化、现代化建设中的优势。

其二，江泽民强化了网络意识形态，重视互联网带来的信息传播变革，避免互联网的负面效应。

在对新闻舆论的认识方面，江泽民认为"我们国家的报纸、广播、电视等，是党、政府和人民的喉舌"⑥，强调"舆论导向正确，是党和人民之福；舆论导

---

① 江泽民：《高举邓小平理论伟大旗帜，把建设有中国特色社会主义事业全面推向二十一世纪》，人民出版社 1997 年版，第 30 页。
② 江泽民：《论科学技术》，中央文献出版社 2001 年版，第 182 页。
③ 江泽民：《论中国信息技术产业发展》，上海交通大学出版社 2009 年版。
④ 《邓小平文选（第 3 卷）》，人民出版社 1993 年版，第 545、559 页。
⑤ 《邓小平文选（第 3 卷）》，人民出版社 1993 年版，第 162 页。
⑥ 中共中央文献研究室编：《江泽民思想年编（1989—2008）》，中央文献出版社 2010 年版，第 14 页。

向错误,是党和人民之祸"①。因此,面对互联网这一新兴技术的到来,江泽民指出要加强网络意识形态,积极利用互联网扩大外宣。一方面,他强调互联网使得"信息传播业面临深刻革命","我们必须适应这一趋势,加强信息传播手段的更新和改造,积极掌握和运用现代传播手段"②,"信息的增值作用体现在它的'共享性'和'开放性'上……应该充分利用互联网和其他一切交流手段"③。另一方面,他提到,要尽可能避免互联网给信息传播带来的负面效应,"关注确保人们不受互联网的负面信息的影响,能健康成长"④,并"努力掌握网上斗争的主动权"⑤。

其三,江泽民创新性地提出了互联网管理的"十六字方针",具体指导网络空间治理实践。

这一思想理念最早是对信息网络化所带来的问题提出的解决方针。2000 年 3 月,江泽民发表《加快发展我国的信息技术和网络技术》的讲话,指出了信息网络化具有的双重效应,进一步强调信息网络化"对政治、经济、军事、科技、文化、社会等领域产生了深刻的影响",也带来了严峻挑战,"形成了一个新的思想文化阵地和思想政治斗争阵地"。对此,他指出,"对信息网络化问题,我们的基本方针是积极发展,加强管理,趋利避害,为我所用,努力在全球信息网络化发展中占据主动地位"⑥。2001 年 1 月,江泽民在全国宣传部长会议上进一步指出,"要高度重视互联网的舆论宣传,积极发展,充分运用,加强管理,趋利避害,不断增强网上宣传的影响力和战斗力,使之成为思想政治工作的新阵地,对外宣传的新渠道"⑦。这体现了"十六字方针"对网

---

① 《江泽民文选(第 1 卷)》,人民出版社 2006 年版,第 564 页。
② 《江泽民在全国对外宣传工作会议上强调:站在更高起点上把外宣工作做得更好,要在国际上形成同我国地位和声望相称的强大宣传舆论力量,更好地为改革开放和现代化建设服务》,人民网,1999 年 2 月 27 日,http://www.people.com.cn/item/ldhd/Jiangzm/1999/huiyi/hy0002.html。
③ 江泽民:《论科学技术》,中央文献出版社 2001 年版,第 185 页。
④ 江泽民:《论科学技术》,中央文献出版社 2001 年版,第 186 页。
⑤ 《江泽民文选(第 3 卷)》,人民出版社 2006 年版,第 94 页。
⑥ 《江泽民论有中国特色社会主义(专题摘编)》,中央文献出版社 2002 年版,第 413 页。
⑦ 《江泽民在全国宣传部长座谈会上的讲话》,《人民日报》2001 年 1 月 11 日。

络舆论阵地建设和网络意识形态斗争的具体指导。此外，在信息化建设、网络社会管理等领域，江泽民也多次提到"十六字方针"。

总体来看，"积极发展，充分运用，加强管理，趋利避害"的"十六字方针"基于这一时期中国的国情和实际发展情况，辩证阐述了网络空间发展和管理之间的关系，即在趋利避害、重视安全前提下，以互联网、信息化等网络空间发展议题为先，但对网络犯罪、网络信息内容尤其是网络意识形态的管理是必要保障，这体现了我们党和政府对这一阶段网络空间治理核心议题的科学把握和深刻总结。[①]

四、互联网管理"新十六字方针"

互联网被引入中国发展一段时间后，中国的信息化建设有了飞速的发展，也带来了一系列关系到国内国外的复杂新问题。在此背景下，以胡锦涛同志为总书记的党中央以科学发展观指导互联网管理，完善形成了网络空间治理的"新十六字方针"——"积极利用、科学发展、依法管理、确保安全"。这一治理理念，在辩证处理发展和安全关系的同时，更加强调"科学"和"依法"，明确了这一时期的网络空间治理导向。

一方面，胡锦涛强化了网络舆论导向，加强网络文化建设，重视对互联网新媒体的管理。

这一时期，以胡锦涛同志为总书记的党中央高度重视互联网的利用和管理，将"能否积极利用和有效管理互联网"提升至"关系到中国特色社会主义事业的全局"[②]的高度。在网络舆论宣传和网络意识形态斗争上，胡锦涛将互联网定位为"传播社会主义先进文化的前沿阵地、提供公共文化服务的有效平台、促进人们精神文化生活健康发展的广阔空间"[③]；明确指出"必须以

---

① 郑振宇：《改革开放以来我国互联网治理的演变历程与基本经验》，《马克思主义研究》2019 年第 1 期，第 65 页。
② 胡锦涛：《以创新的精神加强网络文化建设和管理　满足人民群众日益增长的精神文化需要》，《光明日报》2007 年 1 月 25 日。
③ 胡锦涛：《在人民日报社考察工作时的讲话》，人民出版社 2008 年版，第 7 页。

积极的态度、创新的精神,大力发展和传播健康向上的网络文化"①。与此同时,在信息内容治理上,他指出要"趋利避害,充分运用高技术手段,不断拓展宣传思想工作的渠道和空间,充分发挥互联网的作用,加强网上舆论引导,治理有害信息,掌握网上宣传的主导权"②。

另一方面,胡锦涛创新治理理念,加强互联网管理体制建设,完善网络空间治理的"新十六字方针"。

互联网管理体制上,2004 年,以胡锦涛同志为总书记的党中央明确提出了要"高度重视互联网等新型传媒对社会舆论的影响,加快建立法律规范、行政监管、行业自律、技术保障相结合的管理体制,加强互联网宣传队伍建设,形成网上正面舆论的强势"③。这是我国在传媒领域首次公开提出建立互联网管理体制。2006 年 10 月发布的《中共中央关于构建社会主义和谐社会若干重大问题的决定》提出"加强对互联网等的应用和管理,理顺管理体制"④,进一步明确了要理顺互联网管理体制,并把范围扩大到了互联网应用的各个领域。而后,建设"法律规范、行政监管、行业自律、技术保障、公众监督、社会教育相结合的互联网管理体系",形成"党委统一领导、政府严格管理、企业依法运营、行业加强自律、全社会共同监督的互联网综合管理格局"⑤的具体要求被进一步细化提出。

治理方针和治理理念的完善上,2010 年 6 月,国务院新闻办公室发布《中国互联网状况》白皮书,明确了中国政府关于互联网的基本政策,即"积极利用、科学发展、依法管理、确保安全"⑥。这是在公开场合我国对外首次提出

---

① 《胡锦涛文选(第 2 卷)》,人民出版社 2016 年版,第 559 页。

② 《胡锦涛、李长春在全国宣传思想工作会议上强调:宣传思想工作要重视的几个重大问题》,《党建》2004 年第 1 期,第 6 页。

③ 《中共中央关于加强党的执政能力建设的决定(2004 年 9 月 19 日中国共产党第十六届中央委员会第四次全体会议通过)》,《江淮》2004 年第 10 期,第 9 页。

④ 《中共中央关于构建社会主义和谐社会若干重大问题的决定》,人民出版社 2016 年版,第 24 页。

⑤ 《胡锦涛在省部级主要领导干部社会管理及其创新专题研讨班开班式上发表重要讲话强调:扎扎实实提高社会管理科学化水平　建设中国特色社会主义社会管理体系》,《人民日报》2011 年 2 月 20 日。

⑥ 中华人民共和国国务院新闻办公室:《中国互联网状况》,人民出版社 2010 年版,第 2 页。

了互联网管理的"新十六字方针"，在原来的政策基础上强调了"科学"和"依法"，有力地回应了当时国外部分国家所谓我国互联网政策不透明的言论。此后，"新十六字方针"被广泛用于指导科学技术发展、网络文化建设、数字政府建设、社情民意沟通、虚拟社会管理等网络空间核心领域治理工作。例如，2008 年，胡锦涛通过人民网强国论坛同网友们在线交流时指出，"我们强调以人为本、执政为民……通过互联网来了解民情、汇聚民智，也是一个重要的渠道①。当时有评论认为，这表明网络将会成为推动中国政治民主建设的高性能"引擎"②。

　　"积极利用、科学发展、依法管理、确保安全"的"新十六字方针"是以胡锦涛同志为总书记的党中央集体对中国网络空间治理的顶层设计。这一理念把握了当时的国内发展国情和国际发展趋势，指明了我国在互联网快速发展时期网络空间治理的总体方向。"新十六字方针"坚持了历史唯物主义和辩证唯物主义，统筹安全与发展，加强了治理的科学性，推进了依法治理，此后也在《网络安全法》等法规制定中以及世界互联网大会等重要国际场合被多次提及，足可见其强大的生命力。

第三节　习近平总书记关于网络强国的重要思想

　　党的十八大以来，以习近平同志为核心的党中央从进行具有许多新的历史特点的伟大斗争出发，重视互联网、发展互联网、治理互联网，统筹协调涉及政治、经济、文化、社会、军事等领域网络安全和信息化重大问题，作出一系列重大决策、实施一系列重大举措③，提出了一系列关于网络空间治理的新

---

① 《胡锦涛做客人民网强国论坛与网友交流（全文）》，凤凰网，2008 年 6 月 20 日，https://news.ifeng.com/mainland/200806/0620_17_608298.shtml。

② 《胡锦涛总书记上网轰动中国表明了什么》，人民网强国社区，2008 年 12 月 24 日，http://zt.cnnb.com.cn/system/2008/12/24/005933005.shtml。

③ 中共中央党史和文献研究院编：《习近平关于网络强国论述摘编》，中央文献出版社 2021 年版，第 1 页。

思想、新观点和新论断。习近平总书记关于网络强国的重要思想，思想深刻、内涵丰富、体系完备、博大精深，是习近平新时代中国特色社会主义思想的重要组成部分①，是治国理政新理念新思想新战略的有机组成部分，也是新时代中国网络空间治理的价值目标和行动指南，为中国特色社会主义政治、经济和文化提供了重要的保障②。

一、加强顶层设计，提出和实施网络强国战略

"推进建设网络强国"作为国家战略，最早是在 2014 年中央网络安全和信息化领导小组第一次会议上，由习近平总书记在会议讲话中提出的。他指出，"网络安全和信息化是事关国家安全和国家发展、事关广大人民群众工作生活的重大战略问题，要从国际国内大势出发，总体布局，统筹各方，创新发展，努力把我国建设成为网络强国"③。这一战略的提出具有深刻而伟大的意义，其战略内涵和战略体系通过习近平在网络安全和信息化工作座谈会（2016）、全国网络安全和信息化工作会议（2018、2023）等重要会议上的讲话和指示得以深化，并相继被纳入了国家"十三五""十四五"规划等顶层设计之中。

习近平总书记关于网络强国的重要思想是一个逻辑缜密、内涵丰富、高瞻远瞩的思想理论体系，是在总结分析世界历史发展经验教训基础上、结合中国现实需求提出的中国方案，精准设计了网络强国建设的总目标，科学回答了新时代"为什么要建设网络强国、怎么样建设网络强国、建设怎么样的网络强国"这一重大战略问题，是我们党对时代发展和互联网规律深刻认识和准确把握的结果。④ 这一战略思想的科学内涵和核心要义总体上可由"五个

① 中央网络安全和信息化委员会办公室：《习近平总书记关于网络强国的重要思想概论》，人民出版社 2023 年版，第 2—3 页。
② 陈薪：《论习近平关于"一体两翼"网络强国的思想》，《观察与思考》2016 年第 8 期，第 21 页。
③ 中共中央党史和文献研究院编：《习近平关于网络强国论述摘编》，中央文献出版社 2021 年版，第 33 页。
④ 邹吉忠：《习近平网络强国战略思想的脉络嬗变、现实意义及实践路径》，《人民论坛》2019 年第 31 期，第 52 页。

明确"具体概述(如表1-1所示)。

表1-1　网络强国战略思想的"五个明确"内涵

五个明确	相　关　内　涵
明确重要地位	提出"没有网络安全就没有国家安全,没有信息化就没有现代化""过不了互联网这一关,就过不了长期执政这一关""谁掌握了互联网,谁就把握住了时代主动权;谁轻视互联网,谁就会被时代所抛弃""得网络者得天下"等重要论断
明确战略目标	站在实现"两个一百年"奋斗目标和中华民族伟大复兴中国梦的高度,来推进网络强国建设,最终达到技术先进、产业发达、攻防兼备、制网权尽在掌握、网络安全坚不可摧的目标
明确原则要求	坚持创新发展、依法治理、保障安全、兴利除弊、造福人民的原则
明确国际主张	"尊重网络主权""维护和平安全""促进开放合作""构建良好秩序"等全球互联网治理的四项原则,以及"加快全球网络基础设施建设,促进互联互通""打造网上文化交流共享平台,促进交流互鉴""推动网络经济创新发展,促进共同繁荣""保障网络安全,促进有序发展""构建互联网治理体系,促进公平正义"等构建网络空间命运共同体的五点主张
明确基本方法	加强统筹协调、实施综合治理,把握好安全和发展、自由和秩序、开放和自主、管理和服务的辩证关系

资料来源：根据《习近平关于网络强国论述摘编》中的有关内容总结。

　　其一,明确了网络安全和信息化工作在党和国家事业全局中的重要地位①,首次从全局战略视角将网络安全和信息化工作统筹纳入国家战略和顶层设计之中,作出若干重大论断,旗帜鲜明地展现了我国对网络强国建设的信心和决心。同时,这一思想明确提出了"党管互联网"这一重大政治原则,把我们党对网信工作的规律性认识提升到一个新的高度。②

---

① 中共中央党史和文献研究院编：《习近平关于网络强国论述摘编》,中央文献出版社2021年版,第43页。

② 中央网络安全和信息化委员会办公室：《习近平总书记关于网络强国的重要思想概论》,人民出版社2023年版,第19页。

其二，明确了网络强国建设的宏伟战略目标，网络强国建设成为实现"两个一百年"奋斗目标、实现"以中国式现代化全面推进中华民族伟大复兴"的应有之义。与此同时，这一思想勾勒了网络强国建设的基本要素和总体框架，从信息技术、网络内容、网络基础设施建设、网络空间人才、网络空间国际话语权五个方面系统阐述了具体目标。

其三，明确了网络强国建设的原则要求[①]，创新发展、依法治理、保障安全、兴利除弊、造福人民的"新二十字方针"鲜明地指出了网络强国建设的基本原则和总体要求。这既是对"十六字方针"和"新十六字方针"的继承发扬，更进一步强调了创新发展，统筹安全与发展，强化了依法治理网络空间的理念与方式，并将以"人民为中心"的根本要求纳入其中。

其四，明确了互联网发展治理的国际主张[②]，"四项原则"和"五点主张"系统阐述了我国构建网络空间命运共同体的目标，也是我国首次系统对外阐述网络空间国际合作的相关立场，为推进全球互联网治理体系变革提供了中国方案、贡献了中国智慧[③]。

其五，明确了做好网络安全和信息化工作的基本方法[④]，其核心是运用马克思主义的基本方法和观点，处理各类辩证关系，并从局部到整体，全面推进各项工作。这一方法论具有很强的现实针对性和科学指导性[⑤]，为推进新时代网络强国建设提供了实施指南。

习近平总书记关于网络强国的重要思想提出的"五个明确"，全面概述了网络强国的重要地位、战略目标、原则要求、国际主张和基本方法，揭示了建设网络强国的内在规律，缜密制定并部署从国内建设到国际合作的空间演进、从宏观到中观再到微观的逐层推进、从总体性目标到基础性保障再到现

[①②] 中共中央党史和文献研究院编：《习近平关于网络强国论述摘编》，中央文献出版社 2021 年版，第 44 页。

[③] 中央网络安全和信息化委员会办公室：《习近平总书记关于网络强国的重要思想概论》，人民出版社 2023 年版，第 21 页。

[④] 中共中央党史和文献研究院编：《习近平关于网络强国论述摘编》，中央文献出版社 2021 年版，第 45 页。

[⑤] 中央网络安全和信息化委员会办公室：《习近平总书记关于网络强国的重要思想概论》，人民出版社 2023 年版，第 22 页。

实性依托的一系列政策和举措①，深刻回答了新的历史条件下以及新一轮技术革命和产业变革下网络空间发展和治理的重大理论和现实问题。这体现了以习近平同志为核心的党中央站在历史高度，准确把握信息时代的"时"与"势"，遵循客观规律，结合世情、国情和党情，根据网络安全和信息化工作的特点和规律，强化理论创新与高效实践相统一，将网络强国作为党和国家的一项长期任务，进行系统部署和科学统筹。

二、明确关键领域，统筹布局网络安全和信息化工作

在 2023 年网络安全和信息化工作会议上，习近平总书记对网络安全和信息化工作作出重要指示，强调要坚持党管互联网，坚持网信为民，坚持走中国特色治网之道，坚持统筹发展和安全，坚持正能量是总要求、管得住是硬道理、用得好是真本事，坚持筑牢国家网络安全屏障，坚持发挥信息化驱动引领作用，坚持依法管网、依法办网、依法上网，坚持推动构建网络空间命运共同体，坚持建设忠诚干净担当的网信工作队伍，大力推动网信事业高质量发展，以网络强国建设新成效为全面建设社会主义现代化国家、全面推进中华民族伟大复兴作出新贡献。② 这"十个坚持"对新时代新征程的网信工作提出了新要求，对信息化和网络安全工作的关键领域作出了战略部署，强化了信息化、网络安全、网络内容治理等重大议题的统筹推进。

其一，从总体上看，习近平总书记非常重视对于网络安全和信息化工作的统筹布局。

早在 2014 年中央网络安全和信息化领导小组（后改名为中央网络安全和信息化委员会）成立时，习近平总书记就指出，"网络安全和信息化对一个

① 杨嵘均：《习近平网络强国思想的战略定位、实践向度与理论特色》，《扬州大学学报（人文社会科学版）》2019 年第 3 期，第 10 页。
② 新华社：《习近平对网络安全和信息化工作作出重要指示强调：深入贯彻党中央关于网络强国的重要思想　大力推动网信事业高质量发展》，中国政府网，2023 年 7 月 15 日，https://www.gov.cn/yaowen/liebiao/202307/content_6892161.htm。

国家很多领域都是牵一发而动全身的"，"网络安全和信息化是一体之两翼、驱动之双轮，必须统一谋划、统一部署、统一推进、统一实施"。① 此后，在历次网络安全和信息化工作座谈会等重要会议上，习近平总书记多次提及"网络安全和信息化是相辅相成的""安全是发展的前提，发展是安全的保障，安全和发展要同步推进"②的建设要求。

在这些论述中，习近平总书记直接点明了做好网络安全和信息化工作最为关键的要点，阐释了国家网络安全和信息化发展之间的辩证关系，强化了网络安全和信息化工作的总体布局、统筹各方和综合协调，明确指出了网络安全和信息化工作"一体两翼、双轮驱动"的本质特点。也正是有了这一先进的指导思想和发展理念，这一阶段中国网络空间的治理体系和治理能力取得了重大飞跃，也有了更为明确的战略方向和发展对策，即治理是为了更好地服务和发展、发展也为治理提供了有力的支撑。

其二，对于信息化工作，习近平总书记高度重视信息化对经济社会发展的驱动引领作用。

当前新一轮科技革命和产业变革正在来临，掌握关键核心技术、加速推进信息化建设已经成为决定一个国家竞争力强弱、能否在国际上赢得发展权的重要因素。对此，习近平总书记深刻地认识到信息化为中华民族带来了千载难逢的机遇，研判分析了互联网新技术对中华民族伟大复兴的重大意义，用"四个前所未有"深刻阐述了互联网发展的重大影响和作用："互联网快速发展的影响范围之广、程度之深是其他科技成果所难以比拟的。互联网发展给生产力和生产关系带来的变革是前所未有的，给世界政治经济格局带来的深刻调整是前所未有的，给国家主权和国家安全带来的冲击是前所未有的，给不同文化和价值观念交流交融交锋产生的影响也是前所未有的。"③这些论述揭示了互联网对生产力和生产关系、世界政治经济

---

① 《习近平谈治国理政（第一卷）》，外文出版社 2018 年版，第 197—198 页。
② 习近平：《论党的宣传思想工作》，中央文献出版社 2020 年版，第 201—202 页。
③ 中央网络安全和信息化委员会办公室：《习近平总书记关于网络强国的重要思想概论》，人民出版社 2023 年版，第 1 页。

格局、国家主权和国家安全、文化和价值观念交流交融交锋①的重大影响，明确指出"面对信息化潮流，只有积极抢占制高点，才能赢得发展先机"②，在研判发展规律和历史潮流的前提下，提出了以信息化驱动中国式现代化的本质要求，将网络空间的繁荣发展提高至国家战略层面进行系统化、科学化部署，以信息流带动技术流、资金流、物资流，促进资源配置优化，促进全要素生产率提升，为推动创新发展、转变经济发展方式、调整经济结构发挥积极作用。③

而作为网络空间中的"后起之秀"，中国在大数据、人工智能、区块链等信息技术上有了重要的突破，关键信息基础设施全球领先，数字经济规模巨大，信息化便民惠民成效显著，成为举世瞩目的互联网大国。但与网络强国的战略目标相比，与具有先发优势的发达国家相比，与党中央的要求相比，与人民群众的期待相比，仍存在一定差距。网络核心技术受制于人、互联网创新能力不足等成为制约我国网络空间崛起的瓶颈问题。

习近平总书记运用辩证唯物主义的世界观和方法论，在核心技术突破等薄弱环节，对照网络强国建设的总体要求和目标，强调我们现有的差距和面临的风险，既强化了战略指导和问题意识，又提出了对策分析。

一方面，以习近平同志为核心的党中央非常重视互联网等核心技术发展，将大数据、人工智能、区块链、量子计算等先进技术发展和数字经济健康发展等网络空间治理主要议题纳入了中共中央政治局学习和国家发展的重要议程之中（如表 1-2 所示），紧抓新一代信息技术带来的发展机遇，强化对关键核心技术的学习和把握。

---

① 任贤良：《扎实推动网络空间治理体系和治理能力现代化》，《中国发展观察》2019 年第 24 期，第 10 页。

② 中共中央党史和文献研究院编：《习近平关于网络强国论述摘编》，中央文献出版社 2021 年版，第 129 页。

③ 安钰峰：《学习习近平网络强国战略思想　建设中国特色网络强国》，《学校党建与思想教育》2021 年第 15 期，第 7 页。

表1-2　党的十八大以来中共中央政治局
集体学习中与信息化相关的议题

时间	学习议题	习近平总书记讲话主题	讲话主旨
2013年9月	实施创新驱动发展战略	敏锐把握世界科技创新发展趋势　切实把创新驱动发展战略实施好	科技兴则民族兴,科技强则国家强。党的十八大作出了实施创新驱动发展战略的重大部署,强调科技创新是提高社会生产力和综合国力的战略支撑,必须摆在国家发展全局的核心位置。这是党中央综合分析国内外大势、立足国家发展全局作出的重大战略抉择,具有十分重大的意义
2016年10月	实施网络强国战略	加快推进网络信息技术自主创新　朝着建设网络强国目标不懈努力	加快推进网络信息技术自主创新,加快数字经济对经济发展的推动,加快提高网络管理水平,加快增强网络空间安全防御能力,加快用网络信息技术推进社会治理,加快提升我国对网络空间的国际话语权和规则制定权,朝着建设网络强国目标不懈努力
2017年12月	实施国家大数据战略	审时度势精心谋划超前布局力争主动　实施国家大数据战略加快建设数字中国	大数据发展日新月异,我们应该审时度势、精心谋划、超前布局、力争主动,深入了解大数据发展现状和趋势及其对经济社会发展的影响,分析我国大数据发展取得的成绩和存在的问题,推动实施国家大数据战略,加快完善数字基础设施,推进数据资源整合和开放共享,保障数据安全,加快建设数字中国,更好服务我国经济社会发展和人民生活改善
2018年10月	人工智能发展现状和趋势	加强领导做好规划明确任务夯实基础　推动我国新一代人工智能健康发展	人工智能是新一轮科技革命和产业变革的重要驱动力量,加快发展新一代人工智能是事关我国能否抓住新一轮科技革命和产业变革机遇的战略问题。要深刻认识加快发展新一代人工智能的重大意义,加强领导,做好规划,明确任务,夯实基础,促进其同经济社会发展深度融合,推动我国新一代人工智能健康发展
2019年10月	区块链技术发展现状和趋势	把区块链作为核心技术自主创新重要突破口　加快推动区块链技术和产业创新发展	区块链技术的集成应用在新的技术革新和产业变革中起着重要作用。我们要把区块链作为核心技术自主创新的重要突破口,明确主攻方向,加大投入力度,着力攻克一批关键核心技术,加快推动区块链技术和产业创新发展

续表

时　间	学习议题	习近平总书记讲话主题	讲　话　主　旨
2020年10月	量子科技研究和应用前景	深刻认识推进量子科技发展重大意义　加强量子科技发展战略谋划和系统布局	当今世界正经历百年未有之大变局，科技创新是其中一个关键变量。我们要于危机中育先机、于变局中开新局，必须向科技创新要答案。要充分认识推动量子科技发展的重要性和紧迫性，加强量子科技发展战略谋划和系统布局，把握大趋势，下好先手棋
2021年10月	推动我国数字经济健康发展	把握数字经济发展趋势和规律　推动我国数字经济健康发展	近年来，互联网、大数据、云计算、人工智能、区块链等技术加速创新，日益融入经济社会发展各领域全过程，数字经济发展速度之快、辐射范围之广、影响程度之深前所未有，正在成为重组全球要素资源、重塑全球经济结构、改变全球竞争格局的关键力量。要站在统筹中华民族伟大复兴战略全局和世界百年未有之大变局的高度，统筹国内国际两个大局、发展安全两件大事，充分发挥海量数据和丰富应用场景优势，促进数字技术与实体经济深度融合，赋能传统产业转型升级，催生新产业新业态新模式，不断做强做优做大我国数字经济
2023年2月	加强基础研究	切实加强基础研究　夯实科技自立自强根基	加强基础研究，是实现高水平科技自立自强的迫切要求，是建设世界科技强国的必由之路。各级党委和政府要把加强基础研究纳入科技工作重要日程，加强统筹协调，加大政策支持，推动基础研究实现高质量发展

资料来源：根据中国共产党新闻网资料综合整理。

另一方面，在具体如何开展实践上，习近平总书记有着清醒而敏锐的认识，指出"互联网核心技术是我们最大的'命门'，核心技术受制于人是我们最大的隐患"[1]。他将核心技术分为"基础技术""非对称技术""颠覆性技术"等[2]，在厘清基本概念的同时明确了工作重点和亟待发力的主攻方向；深刻

---

[1] 中共中央党史和文献研究院编：《习近平关于网络强国论述摘编》，中央文献出版社2021年版，第108页。

[2] 中共中央党史和文献研究院编：《习近平关于网络强国论述摘编》，中央文献出版社2021年版，第110页。

地指出,应该加强"自主创新""自立自强",同时"坚持开放创新","不能夜郎自大"①,在把握时代条件和实践发展的基础上,推动核心技术的成果转化,通过强强联合的方式,实现在关键技术上的协同攻关②。

其三,在网络安全工作方面,随着信息化的深入推进,其也给网络空间带来了诸多风险挑战,网络安全的重要性日益凸显。

党的十八大以来,以习近平同志为核心的党中央研判了国际风云诡谲的安全形势和我国网络安全的现实情况,从保障公民权利、维护社会稳定、提升国家战略等层面深刻分析网络安全的重要性③,运用系统论思想④,把网络安全纳入了总体国家安全观之中,认为其事关国家安全和国家发展,并将网络安全作为实现网络强国目标的基础性保障,系统性指出"没有网络安全就没有国家安全,就没有经济社会稳定运行,广大人民群众利益也难以得到保障"⑤。

与此同时,习近平总书记把握了网络安全的发展规律,明确指出"网络安全是整体的而不是割裂的""网络安全是动态的而不是静态的""网络安全是开放的而不是封闭的""网络安全是相对的而不是绝对的""网络安全是共同的而不是孤立的"⑥等五大发展特点。在此基础上,习近平总书记从中国国情出发,在关键基础设施防护、应急指挥能力建设、打击网络违法犯罪行为、开展网络安全宣传教育⑦等方面提出了具体的发展和保障要求,以筑牢网络安全屏障。

其四,在网络内容治理工作方面,互联网已经成为意识形态斗争的主阵

① 中共中央党史和文献研究院编:《习近平关于网络强国论述摘编》,中央文献出版社 2021 年版,第 111 页。

② 王艳:《习近平总书记关于网络强国重要思想研究》,《学理论》2021 年第 5 期,第 1 页。

③ 孙会岩:《习近平网络安全思想论析》,《党的文献》2018 年第 1 期,第 30 页。

④ 郝保权:《习近平网络战略思想论析》,《理论探索》2017 年第 6 期,第 63 页。

⑤ 中共中央党史和文献研究院编:《习近平关于网络强国论述摘编》,中央文献出版社 2021 年版,第 95 页。

⑥ 中共中央党史和文献研究院编:《习近平关于网络强国论述摘编》,中央文献出版社 2021 年版,第 92 页。

⑦ 中共中央党史和文献研究院编:《习近平关于网络强国论述摘编》,中央文献出版社 2021 年版,第 101 页。

地、主战场、最前沿①，以习近平同志为核心的党中央继承和发扬了马克思主义新闻舆论观、马克思主义群众观和马克思主义统一战线理论，并强调网络内容建设和治理在网络强国中的重要地位。

一方面，习近平总书记高度重视健康向上的网络文化在社会主义先进文化建设上发挥的积极作用，全面系统地构建完善了新时代的网络内容建设体系。在中央全面深化改革领导小组会议、全国文艺工作座谈会、党的新闻舆论工作座谈会、全国哲学社会科学工作座谈会、全国高校思想政治工作会议、全国宣传思想工作会议等重要工作会议上（表 1－3 所示），习近平总书记发表重要讲话、作出重要指示，提出了新时代党的新闻舆论工作的重要地位、职责使命、党性原则、全方位导向、基本方针、创新路径、人才培养、组织领导②，多次强调加强网上宣传引导，做大做强主流思想舆论，积极利用互联网等新媒体，推进媒体融合，创新传播渠道，不断提高党领导网络宣传思想工作能力和水平，形成同我国综合国力和国际地位相匹配的国际话语权。

表 1－3　习近平在重要会议上强调做好网络意识形态工作

时 间	会 议	主 要 内 容
2014 年 8 月	中央全面深化改革领导小组第四次会议	推动传统媒体和新兴媒体融合发展，要遵循新闻传播规律和新兴媒体发展规律，强化互联网思维，坚持传统媒体和新兴媒体优势互补、一体发展，坚持先进技术为支撑、内容建设为根本，推动传统媒体和新兴媒体在内容、渠道、平台、经营、管理等方面的深度融合，着力打造一批形态多样、手段先进、具有竞争力的新型主流媒体，建成几家拥有强大实力和传播力、公信力、影响力的新型媒体集团，形成立体多样、融合发展的现代传播体系
2014 年 10 月	全国文艺工作座谈会	互联网技术和新媒体改变了文艺形态，催生了一大批新的文艺类型，也带来文艺观念和文艺实践的深刻变化……要适应形势发展，抓好网络文艺创作生产，加强正面引导力度

① 中央网络安全和信息化委员会办公室：《习近平总书记关于网络强国的重要思想概论》，人民出版社 2023 年版，第 44 页。
② 罗昕：《习近平网络舆论观的思想来源、现实逻辑和贯彻路径》，《暨南学报（哲学社会科学版）》2017 年第 7 期，第 26 页。

续表

时　间	会　议	主　要　内　容
2016 年 2 月	党的新闻舆论 工作座谈会	党的新闻舆论工作必须创新理念、内容、体裁、形式、方法、手段、业态、体制、机制,增强针对性和实效性;要适应分众化、差异化传播趋势,加快构建舆论引导新格局;要推动融合发展,主动借助新媒体传播优势;要抓住时机、把握节奏、讲究策略,从时度效着力,体现时度效要求
2016 年 6 月	全国哲学社会 科学工作座谈 会	提出要运用互联网和大数据技术,加强哲学社会科学图书文献、网络、数据库等基础设施和信息化建设,加快国家哲学社会科学文献中心建设,构建方便快捷、资源共享的哲学社会科学研究信息化平台
2016 年 12 月	全国高校思想 政治工作会议	要运用新媒体新技术使工作活起来,推动思想政治工作传统优势同信息技术高度融合,增强时代感和吸引力
2018 年 8 月	全国宣传思想 工作会议	坚持党对意识形态工作的领导权……坚持营造风清气正的网络空间,坚持讲好中国故事、传播好中国声音……必须科学认识网络传播规律,提高用网治网水平,使互联网这个最大变量变成事业发展的最大增量
2019 年 1 月	十九届中央政 治局第十二次 集体学习	要运用信息革命成果,推动媒体融合向纵深发展,做大做强主流舆论,巩固全党全国人民团结奋斗的共同思想基础,为实现"两个一百年"奋斗目标、实现中华民族伟大复兴的中国梦提供强大精神力量和舆论支持
2021 年 6 月	十九届中央政 治局第三十次 集体学习	讲好中国故事,传播好中国声音,展示真实、立体、全面的中国,是加强我国国际传播能力建设的重要任务。要深刻认识新形势下加强和改进国际传播工作的重要性和必要性,下大气力加强国际传播能力建设,形成同我国综合国力和国际地位相匹配的国际话语权,为我国改革发展稳定营造有利外部舆论环境,为推动构建人类命运共同体作出积极贡献

资料来源：根据新华社等的相关新闻报道综合整理。

　　另一方面,网络文化的多元主体参与、多种新型网络载体传播、多种价值取向交织共存等使得治理难度大大增加,加之国际社会中存在一些国家通过网络文化形成垄断优势,开展权力控制、和平演变和文化渗透①的情况,我国

---

① 吴赞儿、马建青：《习近平网络意识形态安全观研究述评》,《中共云南省委党校学报》2020 年第 3 期,第 39 页。

网络意识形态工作面临严峻考验。对此，习近平总书记高度重视网络文化建设和网络意识形态治理，提出了"互联网过关论"这一重要论断，将网络空间作为意识形态斗争的主阵地之一，要求牢牢掌握网络意识形态工作领导权，打赢网络意识形态斗争。由此，网络空间治理也提升到国家治理的重要地位，网络空间治理的现代化直接关系国家治理体系和治理能力现代化。

在网络内容治理的具体策略方面，习近平总书记将复杂交错和思想多元的网络空间具体划分为"三个地带"，即宣传党和国家主流意识形态、呼应社会主义核心价值观，传播正能量的"红色地带"，宣传非主流意识形态、对应多元利益诉求与各种社会思潮，但不直接威胁主流意识形态的"灰色地带"，和宣扬西方敌对势力借以攻击我们党和国家基本制度的意识形态、放大制度缺陷和社会阴暗面，甚至制造传播谣言的"黑色地带"。① "三个地带论"强化了分类施策，避免了网络空间内容治理的"一刀切"模式，科学划分了网络内容监管的重点范围，进一步明确了网络意识形态工作的重心，大大增强了治理效果。

三、加强开放合作，推动构建网络空间命运共同体

网络空间治理是世界各国共同的责任，网络空间治理的国际合作是加强和推进全球网络空间治理的必由之路。② 而构建网络空间命运共同体的主张，是马克思和恩格斯的共同体思想在当代的创新发展③，是构建人类命运共同体倡议在互联网领域的具体落实④。这一主张回应了全球互联网迅猛发展所带来的发展不平衡、规则不健全、秩序不合理、网络霸权威胁和平发

---

① 中共中央党史和文献研究院编：《习近平关于网络强国论述摘编》，中央文献出版社 2021 年版，第 52 页。
② 杨怀中：《习近平网络空间治理思想论析》，《武汉理工大学学报（社会科学版）》2019 年第 2 期，第 8 页。
③ 王建静：《习近平网络空间命运共同体理念研究》，硕士学位论文，大连理工大学，2021 年。
④ 郑保卫、谢建东：《论邓小平、江泽民、胡锦涛、习近平互联网思想的主要观点及理论贡献》，《国际新闻界》2018 年第 12 期，第 62 页。

展①等关键问题，是我国首次系统对外阐述在网络空间国际治理方面的相关立场，最早由习近平总书记在世界互联网大会上提出和深化的。

2014年11月，习近平总书记在首届世界互联网大会致贺词，他指出，"互联网真正让世界变成了地球村，让国际社会越来越成为你中有我、我中有你的命运共同体"；"互联网发展对国家主权、安全、发展利益提出了新的挑战，迫切需要国际社会认真应对、谋求共治、实现共赢"②。

2015年12月，在第二届世界互联网大会上，习近平总书记丰富了构建网络空间命运功能共同体的内涵，他指出，各国应该加强沟通、扩大共识、深化合作，共同构建网络空间命运共同体，并提出了"尊重网络主权""维护和平安全""促进开放合作""构建良好秩序"四项原则，以及"加快全球网络基础设施建设，促进互联互通""打造网上文化交流共享平台，促进交流互鉴""推动网络经济创新发展，促进共同繁荣""保障网络安全，促进有序发展""构建互联网治理体系，促进公平正义"五点主张。③

2017年12月，习近平总书记在给第四届世界互联网大会的贺信中提出，"我们倡导'四项原则''五点主张'，就是希望与国际社会一道，尊重网络主权，发扬伙伴精神，大家的事由大家商量着办，做到发展共同推进、安全共同维护、治理共同参与、成果共同分享"④。

而在此后的世界互联网大会、全国网络安全和信息化工作会议、中国国际大数据产业博览会、世界人工智能大会、国际智能产业博览会、工业互联网全球峰会、二十国集团领导人峰会、上海合作组织成员国元首理事会会议等国内外重要会议和治理机制上，我国倡导"共同构建网络空间命运共同体"这一理念，并将其纳入重要的合作议程之中。

---

① 国务院新闻办公室：《携手构建网络空间命运共同体》白皮书，2022年11月7日。
② 中共中央党史和文献研究院编：《习近平关于网络强国论述摘编》，中央文献出版社2021年版，第150页。
③ 中共中央党史和文献研究院编：《习近平关于网络强国论述摘编》，中央文献出版社2021年版，第153页。
④ 中共中央党史和文献研究院编：《习近平关于网络强国论述摘编》，中央文献出版社2021年版，第163页。

　　综上可见，站在全球网络空间治理的高度，依据人类社会发展的历史走向①，着力于人类社会的核心关切和共同福祉，发挥中国在国际网络空间和平的建设者、发展的贡献者、秩序的维护者②的重要作用，习近平总书记提出了网络空间命运共同体理念。这一理念富有"兼收并蓄是前提""合作共赢是核心""安全秩序是目的"等价值意蕴③，准确把握了近年来国内国际发展形势，有力地破解了发展和安全难题，提供了高效的国际合作路径。

　　一方面，习近平总书记提出的建设网络强国旗帜鲜明地反对网络霸权，主张在网络空间构建发展、安全、责任、利益共同体。这既是一种把网络强国思想与网络空间命运共同体理念有机结合的网络治理观，也体现了中华文化中责任伦理、和平精神、天下观念等博大深邃的中国智慧。但反观国际社会，"棱镜门"事件暴露了原先网络空间国际治理中的不公平、不合理的秩序安排。"尊重网络主权""维护和平安全""促进开放合作""构建良好秩序"四项原则为推进全球互联网治理体系变革提供了根本路径。在这一理念指引下，主权国家特别是发展中国家（以中国、俄罗斯为代表）提出了网络主权，在明确网络空间成为国家治理的新"疆域"的基础上，倡导在联合国机制下开展网络空间国际治理与国际合作。

　　另一方面，网络空间命运共同体理念顺应了时代发展的必然趋势。当前，国际社会普遍达成一个共识，随着互联网全球化普及进程的推进，未来网络空间发展与建设将呈现"大南移"趋势，即网络基础设施的发展与网民数量增长将主要出现在广大新兴国家与发展中国家。与此同时，这些国家参与治理进程的诉求也日益突出。如何满足发展中国家的实际诉求，提升它们网络空间治理能力的建设，避免其成为网络空间整体发展与安全的"短板"，将成为未来的重要治理目标。因此，网络空间命运共同体的提出，势所必然，也是

①　杨怀中：《习近平网络空间治理思想论析》，《武汉理工大学学报（社会科学版）》2019 年第 2 期，第 9 页。

②　中央网络安全和信息化委员会办公室：《习近平总书记关于网络强国的重要思想概论》，人民出版社 2023 年版，第 152 页。

③　阙天舒、李虹：《网络空间命运共同体：构建全球网络治理新秩序的中国方案》，《当代世界与社会主义》2019 年第 3 期，第 176 页。

我国向世界提供的构建网络空间国际治理新秩序、推进国际网络空间良性变革的中国方案。

本 章 小 结

马克思主义是科学的思想理论，它以辩证唯物主义和历史唯物主义为哲学基础，为人类认识和改造世界提供了科学世界观和方法论。[①] 中国网络空间治理理论渊源，既有马克思主义相关理论，也有国内外网络空间治理的经典理论，同时也包括中华文化和中国传统治理经验。党的二十大报告深刻地指出，实践告诉我们，中国共产党为什么能，中国特色社会主义为什么好，归根到底是马克思主义行，是中国化时代化的马克思主义行。[②] 在此背景下，本章主要从马克思主义中国化的理论脉络来回答导言中提出的"中国网络空间治理的理论指导是什么"这一问题。

在互联网尚未出现的年代，马克思主义经典作家虽未有关于网络空间治理的论述，但他们对于科学技术、新闻舆论、社会治理等议题的论述，对当前日益与现实社会深度交融的网络空间治理同样具有指导意义。梳理发现，马克思、恩格斯、列宁等早期马克思主义经典作家认为科学技术是一种构成生产力的重要方式，并指出了其可能带来的负面效应；在遵循信息传播规律的基础上，强调新闻报刊的人民性、新闻自由、党性原则；并指出了社会管理中重视国家和政府的主导作用，突出和弘扬了人本价值。

沿着马克思主义中国化的发展路径，毛泽东进一步强化党性原则，提出或强调了"科技突破要有理论研究""党报是人民的喉舌""全心全意为人民服务"等重要论断，对我国在新时期开展网络空间关键核心技术突破、抢占网络舆论主阵地、深化互联网的普惠性等网络空间治理核心领域的相关工作有着

---

① 胡树祥、韩建旭：《论习近平总书记关于网络强国的重要思想的思想品格》，《高校马克思主义理论教育研究》2021 年第 5 期，第 33 页。

② 习近平：《高举中国特色社会主义伟大旗帜　为全面建设社会主义现代化国家而团结奋斗——在中国共产党第二十次全国代表大会上的报告》，《人民日报》2022 年 10 月 26 日。

启示意义。邓小平结合世情、国情和党情，作出了"科学技术是第一生产力"这一重大论断，强调发展高科技技术、培养科技人才等，为中国形成信息化建设环境提供了思想基础，推动了互联网等先进信息技术的"引进来"。在互联网引入中国后，江泽民对互联网的"双刃剑"发展特性作出了精准研判，又辩证思考了发展与安全的关系，创新性地提出了"积极发展，充分运用，加强管理，趋利避害"的互联网管理"十六字方针"。胡锦涛完善形成了网络空间治理的"新十六字方针"——"积极利用、科学发展、依法管理、确保安全"，在辩证处理发展和安全关系的同时，更加强调"科学"和"依法"。

党的十八大以来，以习近平同志为核心的党中央从进行具有许多新的历史特点的伟大斗争出发，重视互联网、发展互联网、治理互联网，形成了习近平总书记关于网络强国的重要思想。可以看到，从来没有一个国家的执政党像中国共产党一样如此敏锐地把握信息时代历史潮流，从来没有一个国家的领袖如此高瞻远瞩、系统深入地回应网络安全和信息化事业发展的时代命题。[1]

习近平总书记关于网络强国的重要思想有着充实的理论体系和具体的行动方针，是理论与实践、目标与方法、内政和外交的统一[2]，是马克思主义时代化、中国化的最新成果，是马克思主义基本原理同互联网时代相结合的产物，是运用马克思主义立场、观点、方法科学阐释中国网络空间发展和治理实践的结果[3]，是党中央治国理政新理念新思想新战略的重要组成部分[4]。具体来看，在顶层设计上，网络强国重要思想的内涵即"五个明确"，全面概述了网络强国的重要地位、战略目标、原则要求、国际主张和基本方法；在工作统筹上，网络强国重要思想有着重要的现实依据，其紧紧围绕信息化、网络安

---

① 《万山磅礴看主峰——习近平总书记掌舵领航网信事业发展纪实》，《中国产经》2022 年第 7 期，第 9 页。
② 温丽华：《习近平网络强国战略思想研究》，《求实》2017 年第 11 期，第 7 页。
③ 《学习习近平网络强国战略思想，走中国特色治网之道》，央广网，2016 年 4 月 24 日，http://news.cnr.cn/native/gd/20160424/t20160424_521967859.shtml。
④ 中央网信办理论学习中心组：《深入贯彻习近平总书记网络强国战略思想　扎实推进网络安全和信息化工作》，人民网，2017 年 9 月 18 日，http://theory.people.com.cn/n1/2017/0918/c40531-29542387.html。

全、网络意识形态斗争等网络空间治理的关键领域开展战略布局；在对外立场上，网络主权和网络空间命运共同体是我国开展网络空间国际治理和国际合作的中国方案。这充分呈现了中国网络空间治理的理论脉络。

　　那么，在上述思想理论的指导下，中国是如何开展网络空间治理实践的，其经历了哪些重要的变革，具有怎样的特点，取得了什么成就，又面临何种挑战，本书将在下一章进行系统论述。

第二章　实践考察：中国网络
空间治理变革与现状

自 1994 年中国全功能接入国际互联网，中国网络空间治理已历经了近三十年的变革演进，基本形成了网络空间治理的中国道路。从网络空间治理的治理主体、治理对象、治理方式、治理理念等关键要素来看，中国网络空间治理的实践经历了诸多历史沿革，在取得瞩目成就的同时也存在一系列的问题和挑战。前文对中国网络空间治理的理论指导作了梳理总结，一定程度上反映了中国网络空间治理的治理理念发展沿革。本章以马克思主义唯物史观为指导，尊重和梳理客观事实，科学划分中国网络空间治理的历史阶段，重点分析每个阶段的治理对象、治理主体、治理方式，全面总结当前我国网络空间治理取得的成就与存在的问题，回答中国网络空间治理在实践层面是"怎么来的"这一重要议题，为本书揭示中国网络空间治理规律和治理特点提供事实依据和可信的基础支撑。

第一节　治理阶段划分：多重
要素的综合考量

网络空间是技术、商业、社会、战略、政策创新的产物，当前，已有研究从技术史、商业史、媒体史、社会史等角度出发划分了网络空间治理的历史阶段。本书基于全局和综合视角，从网络空间治理范式和框架出发，明确网络空间的治理理念、治理主体、治理对象、治理方式是划分治理阶段的关键要素（如图 2-1 所示）。

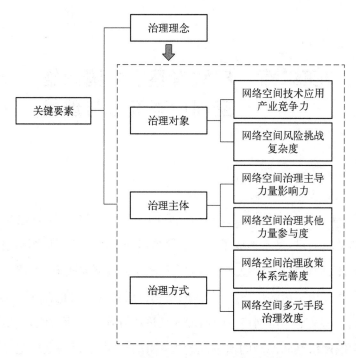

图 2 - 1 网络空间治理的关键要素

其中,中国网络空间的治理理念主要来自马克思主义经典理论以及党和国家发展的历史经验;治理主体维度主要是衡量参与中国网络空间治理的政府、社会、企业、网民等各个主体在不同阶段的影响力和参与度情况;治理对象主要针对网络空间安全与发展的"一体两面",发展方面主要关注不同阶段信息技术、互联网应用和相关产业的发展和国内外竞争力,以及对现实社会的渗透力,而安全方面考虑不同阶段的风险嬗变和治理议题转向;治理方式则从法律政策、经济手段、行业自律、技术治理等发挥的重要作用来观察。此外,特定时间发生的关键事件往往会使这些关键因素发生变化,推动网络空间治理变革。

需要关注的是,在上述四项关键因素中,治理理念是划分中国网络空间治理阶段的最核心因素,其深受一个国家的政治体制、意识形态、治理传统和社会文化等影响,具象体现在历届党和国家领导人的思想理论以及其对于网络空间治理的一系列重要论述中,并直接作用于治理主体、治理对象和治理方式。因此，本书以治理理念为主要影响因素，并基于前文总结的中国网络空间治理理论发展情况，将中国网络空间治理划分为四个阶段，分别为中国网络空间治理的预备期（1978—1994）、起步期（1994—2003）、发展期（2003—2013）、深化期（2013 年至今）。值得注意的是，对于阶段划分的准确时间点，由于指导思想和治理理念的延续、技术变迁的过渡、产业裂变的过程、国际国内环境等多维因素综合影响，本书大致划分归纳了几个重要的发展阶段，非绝对精准。

第二节　四阶段演进：治理实践的历史沿革

一、改革开放背景下开展互联网技术"引进来"（1978—1994）

1994 年是中国正式连入国际互联网的年份，也是中国真正开展网络空间治理的起点。而此前，早期互联网由于国际政治等原因拒绝了一些国家实质性介入参与，中国因此长期未能接入国际互联网，也就无从谈起网络空间治理。即使国内有人使用了互联网，由于其初期的技术门槛较高，资源极为紧缺，仅有科技工作者、科研技术人员等很少的人群使用，而且使用的范围也被限制在科学研究、学术交流等较窄领域①。但这一局面随着国际形势的变化而得到根本性改变。特别是改革开放以来，党和国家已经基本形成了对科学技术的发展和治理思想，提出了"科学技术是第一生产力"等重要论断，加快信息技术等先进科技"引进来"，为全功能接入互联网及之后开展网络空间治理在体制机制、政策规划、基础设施、国际交流等方面作了充足的准备。因此，本书将改革开放至1994 年中国实现全功能连接国际互联网前后这段时间作为中国网络空间的预备期。

在体制机制层面，彼时的中国尚未全功能接入国际互联网。但与此同

---

① 方兴东、潘可武、李志敏、张静：《中国互联网 20 年：三次浪潮和三大创新》，《新闻记者》2014 第 4 期，第 5 页。

时,除了原邮电部①主管通信行业的基础设施建设,这一时期国务院成立、合并或整合了多个与信息化工作密切相关的机构(如表 2-1 所示),国家电子计算机工业总局(1979)、电子工业部(1982)、国务院计算机与大规模集成电路领导小组(1982)、国务院电子振兴领导小组(1984)、国家经济信息管理领导小组(1986)、国家经济信息中心(1987)、国家经济信息化联席会议(1993)等机构相继成立,形成了多部门依据各自条线和职责管理早期网络空间的局面。

表 2-1 网络空间治理预备期国务院成立的
负责信息化工作的机构(部分)

成立时间	机 构 名 称	在互联网领域的重点工作
1979 年	国家电子计算机工业总局	加强对电子计算机事业的领导
1982 年	电子工业部(国家电子计算机工业总局并入该部门)	作为电子信息产业的主管部门,履行相关职责
1982 年	国务院计算机与大规模集成电路领导小组	确定了我国发展大中型计算机、小型机系列机的选型依据
1984 年	国务院电子振兴领导小组(原国务院计算机与大规模集成电路领导小组)	在"七五"(1986—1990)期间,重点抓了十二项应用系统工程,支持应用电子信息技术改造传统产业
1986 年	国家经济信息管理领导小组(时任国家计委主任宋平任组长)	统一领导国家经济信息系统建设,加强经济信息管理
1987 年	国家经济信息中心(委托国家计委代管)	加强经济信息管理工作
1993 年	国家经济信息化联席会议(时任国务院副总理邹家华担任联席会议主席)	统一领导和组织协调政府经济领域信息化建设工作

资料来源:根据相关年鉴、政策发布官网信息以及新闻报道等综合整理。

---

① 1954 年 9 月,中华人民共和国邮电部正式成立;1998 年 3 月,根据第九届全国人民代表大会第一次会议批准,在邮电部和电子工业部的基础上建立信息产业部,邮电部被撤销。

　　其中,1993 年成立的国家经济信息化联席会议,相关人员组成基本上涵盖了国务院各主要经济部门,时任国务院副总理邹家华担任联席会议主席①。这一横跨国务院各部门的联席机制既在人员配置规格和有关职能等方面"升级"了原国家经济信息管理领导小组,将经济信息化工作领域的重要性提到了新的发展高度,直接推动了一系列重大信息化工程的决策和实施;同时国务院层级的高级别联席会议模式适应了信息化工作内容涵盖领域广、涉及垂直部门多等发展特征,强化了统一领导、统筹规划、多方协调、组织协同等功能,提高了这一时期我国信息化工作的效率和质量,为今后互联网等领域的信息化管理工作等积累了宝贵的经验。

　　在政策规划层面,这一时期,党和国家高度重视新兴科技规划,为信息技术发展指明方向。80 年代初期,为了在军事战略上防御苏联、抢占尖端科技制高点,美国于 1983 年率先推出"星球大战"计划,苏联针锋相对地制定了"科技进步综合纲领",西欧各国、日本等都纷纷出台类似计划。② 与此同时,我国也加强了对尖端科技的研发。1978 年 10 月,我国出台《1978—1985 年全国科学技术发展规划纲要》,并提出了"经济建设必须依靠科学技术,科学技术工作必须面向经济建设"的科学发展战略方针。③ 这一政策使得电子计算机成为重点发展的、影响全局的八个高科技领域之一。1986 年,我国制定了《高技术研究发展计划纲要》(简称"863"计划)④,并在之后选定了生物、信息、自动化、新材料、新能源、航天、激光⑤等七个重点发展领域。此后,我国先后发布星火计划(1986)、火炬计划(1988)、国家重点新产品计划(1988)、国家科技成果重点推广计划(1991)、国家基础性研究重大关键项目

① 《国家经济信息化联席会议》,《电子科技导报》1994 年第 2 期,第 39 页。
② 郑保卫、谢建东:《论邓小平、江泽民、胡锦涛、习近平互联网思想的主要观点及理论贡献》,《国际新闻界》2018 年第 12 期,第 53 页。
③ 谭文华:《科技政策与科技管理研究》,人民出版社 2011 年版,第 35 页。
④ 1986 年 3 月,四位中国科学院院士、著名科学家王大珩、王淦昌、杨嘉墀和陈芳允联名向中共中央提出了"关于跟踪世界战略性高技术发展"的建议,邓小平同志为此特别指示:"此事宜速作决断,不可拖延。"这个计划的提出和邓小平的批示都是在 1986 年 3 月,所以这个计划被命名为"863"计划,计划的全称为《高技术研究发展计划纲要》。
⑤ 《中国高技术发展的第一面旗帜——"863 计划"》,光明网,2004 年 1 月 29 日,https://www.gmw.cn/03zhuanti/2004-00/jinian/50zn/50kj/kj-02.htm。

计划/攀登计划(1991)，国家工程技术研究中心计划(1991)和国家工程研究中心计划(1992)等①。上述国家级科技发展计划将电子计算机、信息技术等纳入了重点研究领域，对后续我国互联网等信息技术的快速发展有着重要意义。

在基础设施建设层面，这一时期，一系列国家级重大信息化工程启动，为早期互联网的物理接入提供了重要基础。中关村地区教育与科研示范网络(1989)②、国家公用经济信息通信网——金桥工程(1993)、国家经济贸易信息网络工程——金关工程(1993)以及货币电子化工程——金卡工程(1993)③陆续实施。其中，"三金工程"④以建成中国版的"信息高速国道"为主旨，从而更好为经济社会发展服务。此外，一批与计算机相关的科技发明研制成功也对互联网之后在中国的普及起到了巨大推动作用。例如，汉字激光照排技术等发明和应用，大大推进了汉字的计算机化和电子化，使得中华文明真正连接并进入互联网，为未来中国网络空间的蓬勃发展奠定了重要基础。

---

① 张平编：《中国改革开放：1978—2008·综合篇(下)》，人民出版社 2009 年版，第 750 页。

② 1989 年 10 月，原国家计委基于世界银行贷款重点学科项目推进中关村地区教育与科研示范网络(NCFC)。1992 年 12 月底，NCFC 工程的院校网，即中国科学院院网(CASNET，连接了中关村地区三十多个研究所及三里河中国科学院院部)、清华大学校园网(TUNET)和北京大学校园网(PUNET)全部完成建设。1993 年 12 月，NCFC 主干网工程完工，采用高速光缆和路由器将三个院校网互联。

③ 1993 年 3 月，朱镕基副总理主持会议，提出和部署建设国家公用经济信息通信网(又称金桥工程)；1993 年 8 月，李鹏总理批准使用 300 万美元总理预备费支持启动金桥前期工程建设；1993 年底，中国提出建设三金工程。

④ "三金工程"即金桥工程、金关工程和金卡工程。其中与老百姓享受互联网带来的体验关联最强的是金桥工程。金桥网是国家经济信息网，目标是通过该网，中央与地方政府、城市、大中型企业、单列的重要企业集团以及国家重点工程联结，最终形成电子信息高速公路大干线，并与全球信息高速公路互联。它以光纤、微波、程控、卫星、无线移动等多种方式形成空、地一体的网络结构，建立起国家公用信息平台。也就是说，只有部分机关事业单位、部分行业企业的内部人员才能利用和使用该网。金关工程主要服务于进出口贸易部门，属于国家经济贸易信息网络工程，借助计算机对整个国家的物资市场流动实施高效管理。网络的互联互通消除了进出口统计不及时、不准确，以及在许可证、产地证、税额、收汇结汇、出口退税等方面存在的弊端，达到减少损失，实现通关自动化，并与国际电子数据交换(EDI)通关业务接轨的目的。金卡工程计划用 10 年时间，以电子货币工程为切入口，在全国 3 亿城市人口中推广普及金融交易卡，从而促进跨入电子货币时代。参见国家互联网办公室、北京市互联网信息办公室编著：《中国互联网 20 年·网络大事记篇》，电子工业出版社 2014 年版。

在国际交流层面，中国学术界和科学界人士持续不断地与国际社会有关机构保持接触，为中国顺利接入国际互联网起到了关键"桥梁"性作用。一是探索与国外科研网络相连接。1987 年 9 月 20 日，中国兵器工业计算机应用技术研究所发出中国第一封电子邮件，内容为："Across the Great Wall we can reach every corner in the world."（越过长城，走向世界。）①这封邮件经由德国中转，揭开了中国人使用互联网的序幕。② 此后的几年内，中国研究网（CRN）、中国科学院高能物理研究所分别与德国研究网（DFN）、美国斯坦福线性加速器中心（SLAC）实现了科研专线的连接。二是一些科学家、工程师等科研人员积极展开国际交流合作，为中国积极争取连接国际互联网。例如，.CN 的顶级域名由中国科学家钱天白在国际网络信息中心（Inter NIC）登记注册③；中国科学院钱华林研究员等科学家在国际网络会议（INET）等重要场合积极发声④，多次讨论中国全功能接入国际互联网等议题，要求淡化政治意图，强调公平连接。

1994 年 4 月 20 日，中关村地区教育与科研示范网络工程通过美国 Sprint 公司接入国际互联网的 64K 专线开通，中国实现了与国际互联网的全功能连接。⑤ 这也预示着中国网络空间治理真正拉开了帷幕。

---

① 光明网评论员：《翻过长城，我们就能到世界任何地方》，《作文与考试》2017 年第 35 期，第 6 页。

② 当时，中国尚未成为国际计算机数据通信网（CSNET）的成员，因此计算机先通过德国卡尔斯鲁厄大学"中转"，再与国际网络进行连接。

③ 由于当时中国尚未实现与国际互联网的全功能连接，中国.CN 顶级域名服务器暂时建在了德国卡尔斯鲁厄大学。

④ 例如，1992 年 6 月，中国科学院钱华林研究员在日本举行的 INET'92 年会上约见美国国家科学基金会国际联网部的负责人，第一次正式讨论中国连入国际互联网的问题，但被告知存在政治障碍。1993 年 6 月，中关村地区教育与科研示范网络的专家们在 INET'93 会议上利用各种机会重申了中国连入国际互联网的要求，且就此问题与国际互联网界人士进行商议。INET'93 会议后，钱华林研究员参加了洲际研究网络协调委员会（Coordinating Committee for Intercontinental Research Networking, CCIRN）会议，其中一项议程专门讨论中国连入国际互联网的问题，获得大部分到会人员的支持。这次会议对中国能够最终真正连入国际互联网起到了很大的推动作用。

⑤ 《1994 年中国首次接入互联网》，《创新科技》2009 年第 10 期，第 54 页。

二、有组织、有计划的行政主导型治理(1994—2003)

随着中国成为全功能接入互联网的第 77 个国家,这一技术的普及和快速发展使得风险挑战急剧上升,互联网的"双刃剑"效应逐步凸显。在此背景下,以江泽民同志为核心的党中央形成了互联网管治理的"十六字方针"——"积极发展,充分运用,加强管理,趋利避害"①,在网络空间治理的组织机构完善、政策法规创新等方面提出了多项开创性举措,形成了以政府行政力量为核心主导的治理模式。因此,本书将 1994 年至 2003 年前后作为中国网络空间治理的起步阶段。

(一) 治理对象:互联网"双刃剑"效应开始显现

在中国网络空间治理的起步期,互联网蓬勃发展的同时,也带来了一些问题。

一方面,互联网技术快速"落地生根",形成了第一波商业化浪潮。伴随着中国 1994 年全功能连接国际互联网,"三金工程"建设完工,科研网络、国内主干网络实现互联互通,互联网交换中心的建立,中国电信、中国移动、中国联通等各大运营商争相建网②,中国互联网基础设施大幅完善,促进了科技、商业与教育应用的信息交流,提高了互联网普及率。这主要表现在三个方面:第一,面向公共服务的政府网站、主流媒体网站相继出现,典型的如政府上网工程主站点 www.gov.cn 在 1999 年开通试运行③,首都之窗开通,人民网、强国论坛、国际在线、千龙网等媒体网站纷纷上线。第二,BBS、电子邮

① 江泽民:《论"三个代表"》,中央文献出版社 2001 年版,第 138 页。

② 1995 年,中国科学院百所联网工程完成;1996 年,中国金桥信息网(CHINAGBN)连入美国的 256K 专线正式开通,提供专线集团用户的接入和个人用户的单点上网服务;1997 年,中国公用计算机互联网(CHINANET)实现了与中国其他三个互联网络即中国科技网(CSTNET)、中国教育和科研计算机网(CERNET)、中国金桥信息网的互联互通;2000 年,中国移动互联网(CMNET)投入运行,中国移动正式推出"全球通 WAP(无线应用协议)"服务;2001 年,中国十大骨干网签署互联互通协议,促进互联网跨区域流量,上海、广东国家级互联网交换中心正式运行;2002 年,中国移动通信进入全球移动通信系统(GSM)与码分多址(CDMA)相互竞争、共同发展的新阶段。

③ 中国互联网络信息中心:《1997 年~1999 年互联网大事记》,中国互联网络信息中心网站,2009年 5 月 26 日,https://www3.cnnic.cn/n4/2022/0401/c87-913.html。

件、网络游戏、电子商务、网上银行、网络文学等互联网服务和应用逐渐进入中国网民日常生活，互联网也成为网民表达观点、开展行动的重要工具。例如，因印尼排华事件、中国驻南斯拉夫大使馆被炸、李登辉"两国论"、南京大屠杀在日本庭审败诉事件等，中国网民开展了数次"网络卫国"①，通过互联网表达立场和不满。第三，互联网商业化的浪潮带来了一批门户网站的涌现，阿里巴巴、腾讯、百度等一批互联网公司崛起。与此同时，互联网经历了第一次商业化浪潮，中华网在纳斯达克首发上市，成为中国网络概念第一股②，新浪、搜狐、网易相继上市，但不久互联网泡沫破灭，中国互联网企业在历经蛰伏后重新焕发活力。

但另一方面，正如"一个硬币具有两面"，刚被引入中国的互联网也具有典型的"双刃剑"效应。在这一时期，由于互联网的匿名性、广连接和快速传播等特点，互联网的负面效应开始溢出，一些非法、不良和有害内容冲击着中国网民的精神生活，甚至有部分国家以"互联网自由"之名，利用互联网这一平台来危害中国社会稳定。例如，网络色情、暴力、诈骗等违法行为日益突出，敌对势力利用网络空间进行意识形态渗透以及其他有害信息传播等问题显现。③ 因此，这一时期的治理议题多集中于网络内容和行为的引导。此外，鉴于互联网技术尚处于新兴发展阶段，互联网基础设施建设标准、网络域名的规划统一等也被纳入了重要的治理议程之中。

在此背景下，以江泽民同志为核心的党中央敏锐地提出了"积极发展，充分运用，加强管理，趋利避害"④的治理理念，对中国网络空间治理，尤其对网络舆论宣传和网络内容治理形成了重要指导。这一理念既指出了要积极充

---

① 1998 年 12 月，印尼排华事件引发中国黑客活动，被称为"第一次网络卫国"。1999 年 5 月，中国驻南斯拉夫大使馆被炸，天涯网友反应激烈，科索沃战争、北约声称误炸中国大使馆，引发中国黑客活动，被称为"第二次网络卫国"。1999 年 7 月，李登辉"两国论"，置国家大义和民族感情于不顾，引发中国黑客活动，被称为"第三次网络卫国"。2000 年 1 月，南京大屠杀在日本庭审败诉，引发中国黑客活动，被称为"第四次网络卫国"。
② 许金晶：《中华网第一只登陆纳斯达克的中国概念网络股》，《网络传播》2004 年第 4 期，第 1 页。
③ 郑振宇：《改革开放以来我国互联网治理的演变历程与基本经验》，《马克思主义研究》2019 年第 1 期，第 60 页。
④ 江泽民：《论"三个代表"》，中央文献出版社 2001 年版，第 138 页。

分利用互联网这一新兴技术提升经济、生活、社会水平的发展思路，又明确了要趋利避害、加强管理的安全理念，进一步体现了这一治理思想在不断变化的复杂矛盾中寻求辩证统一性。

（二）治理主体：以党和政府为主体的治理体系搭建完成

治理主体方面，这一时期，政府成为网络空间治理的重要主体，国家逐步建立了网络空间发展和管理的组织体系。这一管理体系以党和政府为主导力量，国家从上至下建立了层次较为分明、条线较为清晰的治理结构，主要体现为：成立国家高级别领导机构，在垂直条线建立和整合网络空间发展和治理部门，支持成立一批相关服务型机构（如表 2 - 2 所示）。

表 2 - 2 　网络空间治理起步期成立的负责互联网工作的机构（部分）

成立时间	机 构 名 称	机构类型	在互联网领域的重点工作
1996 年	国务院信息化工作领导小组（原国家经济信息化联席会议办公室改为国务院信息化工作领导小组办公室，时任国务院副总理邹家华任领导小组组长）	网络空间治理领导机构	加强对信息化工作的统一领导
1996 年	国务院信息化工作办公室	网络空间治理领导机构	承担国务院信息化工作领导小组的具体工作
1996 年	外经贸部中国国际电子商务中心	网络空间治理服务型机构	为外经贸企事业单位及中介机构提供一个适应国际贸易电子商务技术应用的网络环境
1997 年	中国互联网络信息中心（CNNIC）	网络空间治理服务型机构	行使国家互联网络信息中心的职责
1998 年	信息产业部（后于 2008 年被合并组建工业和信息化部）	网络空间治理国家部门	主管全国电子信息产品制造业、通信业和软件业，推进国民经济和社会服务信息化

续表

成立时间	机 构 名 称	机构类型	在互联网领域的重点工作
1998 年	公安部公共信息网络安全监察局	网络空间治理国家部门	负责组织实施维护计算机网络安全,打击网上犯罪,对计算机信息系统安全保护情况进行监督管理
1999 年	国家信息化工作领导小组(时任国务院副总理吴邦国任组长,不再另设办公室,由原信息产业部承担具体工作)	网络空间治理领导机构	组织协调国家计算机网络与信息安全管理方面的重大问题;组织协调跨部门、跨行业的重大信息技术开发和信息化工程的有关问题;组织协调解决计算机2000 年问题,负责组织拟定并在必要时组织实施计算机 2000 年问题应急方案等
2000 年	国务院新闻办公室网络新闻管理局	网络空间治理国家部门	负责规划国家互联网络新闻宣传事业建设的总体布局与实施、组织开展互联网重大新闻宣传活动与开发重点信息资源、研究网络发展动态、把握网络新闻宣传的正确舆论导向、拟定有关政策和法律法规、对开办新闻宣传网站或栏目进行资格审核、组织搜索互联网重要信息、抵御互联网有害信息的思想文化渗透
2001 年	国家信息化领导小组(时任国务院总理朱镕基担任领导小组组长)	网络空间治理领导机构	进一步加强对推进我国信息化建设和维护国家信息安全工作的领导
2001 年	国务院信息化工作办公室	网络空间治理领导机构	该机构为新组建的国家信息化领导小组的办事机构,具体承担领导小组的日常工作
2001 年	国家信息化领导小组国家信息化专家咨询委员会	网络空间治理领导机构	负责就我国信息化发展中的重大问题向国家信息化领导小组提出建议
2001 年	中国信息安全产品测评认证中心(CNISTEC)	网络空间治理服务型机构	主要负责对信息安全产品、信息系统安全、信息安全服务和信息安全专业人员进行国家认证

续表

成立时间	机构名称	机构类型	在互联网领域的重点工作
2001 年	国家计算机网络应急技术处理协调中心(CNCERT/CC)	网络空间治理服务型机构	承担国家网络信息安全管理技术支撑保障职能
2001 年	中国互联网协会	网络空间治理服务型机构	我国互联网行业首家全国性、非营利性社会组织，服务互联网行业发展

资料来源：根据相关年鉴、政策发布官网信息以及新闻报道等综合整理。

具体来看，其一，国家层面成立了高级别的信息化工作领导机构，有效加强了国家层面对互联网等信息化工作的强有力领导。这一时期，在历经国务院信息化工作领导小组及其办公室、国家信息化工作领导小组等多种组织模式后，2001 年，国家信息化领导小组正式成立。[①] 与 1999 年成立的国家信息化工作领导小组相比，新组建的领导小组规格更高，组长由国务院总理担任，副组长包括两位政治局常委和两位政治局委员。[②] 2001 年 12 月，时任中共中央政治局常委、国务院总理、国家信息化领导小组组长朱镕基主持召开了国家信息化领导小组第一次会议，提出推进国家信息化必须遵循的五项方针：坚持面向市场，需求主导；政府先行，带动信息化发展；信息化建设要与产业结构调整相结合；既要培育竞争机制，又要加强统筹协调；既要重视对外开放与合作，又要加强自主科研开发。[③] 与此同时，伴随着国务院信息化办公室、国家信息化专家咨询委员会的成立，我国国家层级的信息化工作组织

[①] 1996 年 1 月，国务院信息化工作领导小组及其办公室成立，时任国务院副总理邹家华任领导小组组长，原国家经济信息化联席会议办公室改为国务院信息化工作领导小组办公室；1999 年 12 月，国家信息化工作领导小组成立，时任国务院副总理吴邦国任组长，领导小组不单设办事机构，具体工作由原信息产业部承担；2001 年 8 月，中央决定重新组建国家信息化领导小组，时任国务院总理朱镕基担任领导小组组长。

[②] 汪玉凯：《中央网络安全和信息化领导小组的由来及其影响》，《中国信息安全》2014 年第 3 期，第 24 页。

[③] 《国家信息化领导小组第一次会议召开 朱镕基强调：推进国家信息化必须遵循五大方针》，《信息网络安全》2002 年第 1 期，第 9 页。

机构基本完成。这样的顶层设计进一步体现了党和国家领导对信息化工作的重视，也强化了统筹协调，一定程度上可规避当时存在的信息化重复建设等问题。

其二，在垂直条线上，围绕互联网发展和管理的一系列机构部门相继设立。互联网相关产业的行业主管部门信息产业部、打击网络犯罪的公安部公共信息网络安全监察局、负责互联网新闻传播管理的国务院新闻办公室网络新闻管理局等部门机构①在这一时期相继成立。随后地方政府也对照国家部门的有关设置成立了相应机构，互联网等信息化工作管理体制基本完善。值得注意的是，这些新的涉及互联网管理的机构设置与原先现实社会的垂直部门职责高度相关，因此多为在原先部门衍生出新的互联网管理相关的职责机构或者整合原有部门成立新的机构。这也导致了信息产业部虽然是互联网行业的主管部门，但对部门间的统筹协调较为困难。可以说，这种在网络空间功能延伸的机构模式在之后的很长一段时间影响着中国网络空间治理的组织方式，一定程度上形成了条块化、层级化的治理架构，并在特定时期发挥了重要作用。

其三，一批与网络空间治理相关的服务型机构相继成立，开启了专业化服务支撑的发展路径。相较于国家和部门层面的互联网行业主管部门，这些服务型机构往往支撑和服务上级主管部门的具体工作，直接参与到网络空间治理的"第一线"，涵盖网络基础设施、电子商务等互联网应用与业态、网络安全检测与认证、行业组织和联盟等。例如，原外经贸部中国国际电子商务中心（1996）、中国互联网络信息中心（1997）、中国信息安全产品测评认证中心

---

① 1998年3月，第九届全国人民代表大会第一次会议批准成立信息产业部，主管全国电子信息产品制造业、通信业和软件业，推进国民经济和社会服务信息化。1998年8月，公安部正式成立公共信息网络安全监察局，负责组织实施维护计算机网络安全，打击网上犯罪，对计算机信息系统安全保护情况进行监督管理。2000年4月，国务院新闻办公室网络新闻管理局成立，负责规划国家互联网络新闻宣传事业建设的总体布局与实施、组织开展互联网重大新闻宣传活动与开发重点信息资源、研究网络发展动态、把握网络新闻宣传的正确舆论导向、拟定有关政策和法律法规、对开办新闻宣传网站或栏目进行资格审核、组织搜索互联网重要信息、抵御互联网有害信息的思想文化渗透。

(2001)、国家计算机网络应急技术处理协调中心(2001)①等机构在国家有关部委的指导下相继成立，服务于垂直条线相关工作。此外，这一时期成立的中文域名协调联合会、中国电子商务协会、中国互联网协会等一些网络社会组织，至今在互联网产业发展和管理上发挥重要的行业协调和引导作用。

（三）治理方式：相关政策法规逐步发布，行业自律发挥作用

治理方式上，伴随着网络空间中一系列问题的产生，这一时期国家逐步出台了相应的法律法规与政策规范，同时结合一系列的执法行动，形成了以问题为导向的治理路径。此外，行业自律在这个过程中参与发挥一定的作用。

在政策层面，我国相继出台了有关网络空间发展和治理的一系列文件（表2-3所示）。从政策取向看，这些政策既涵盖互联网的发展主题，又包括如何加强安全管理的议题。一方面，这些"积极发展型"的政策，强调通过积极利用互联网推进社会生产生活的各个方面。如国家信息化领导小组《关于我国电子政务建设的指导意见》把电子政务建设作为我国信息化工作的重点，明确提出"建设和整合统一的电子政务网络"②。另一方面，在总体鼓励的前提下，"加强管理型"政策积极回应了互联网发展带来的现实安全风险。例如，2000年12月，第九届全国人大常委会第十九次会议表决通过的《全国人民代表大会常务委员会关于维护互联网安全的决定》，对维护网络空间安全作出了明确规定。这是我国国家立法机关的常设机构首次针对互联网通过的立法性文件，它标志着规范互联网的全国性法律初露端倪，

---

① 1996年2月，原外经贸部中国国际电子商务中心正式成立，主要为外经贸企事业单位及中介机构提供一个适应国际贸易电子商务技术应用的网络环境；1997年6月，受国务院信息化工作领导小组办公室的委托，中国科学院在中国科学院计算机网络信息中心组建了中国互联网络信息中心，行使国家互联网络信息中心的职责；2001年5月，经中央编制委员会批准，中国信息安全产品测评认证中心成立，主要负责对信息安全产品、信息系统安全、信息安全服务和信息安全专业人员进行国家认证。2001年8月，国家计算机网络与信息安全管理中心组建国家计算机网络应急技术处理协调中心。

② 《中共中央办公厅、国务院办公厅关于转发〈国家信息化领导小组关于我国电子政务建设指导意见〉的通知》，《浙江政报》2002年第26期，第13页。

是我国在网络法制方面迈出的重要一步。① 从政策层级看,其涉及法律、行政法规、部门规章、规范性文件、政策文件战略规划等方面,由此对不同治理议题实施不同效力的政策以达到治理效果。从政策范围看,无论是国家信息化领导小组,还是各个垂直条线的管理部门,均出台了政策文件,具体涵盖国家信息化与互联网产业发展、政府信息化与电子政务、网络安全、域名与联网规范、电信行业管理、网络传播管理、网络支付、上网服务营业场所管理等议题。此外,为适应网络空间的发展,这些政策多在后续根据网络空间发展和治理的实际情况,进行了不同程度的修订,体现出实事求是和与时俱进的治理思路。总体来看,我国早期网络空间发展环境较为宽松,在"重创新发展后规范治理"的逻辑下,政策法律法规的出台和实施具有较强的问题导向。②

表 2 - 3　网络空间治理起步期我国发布的主要法律法规与政策规范

时 间	组织机构	政策法规名称	文件类型	与网络空间治理相关的内容
"积极发展"型				
1996 年	国家信息化工作会议	《国家信息化"九五"规划和 2010 年远景目标》	战略规划	将中国互联网列入国家信息基础设施建设,并提出建立国家互联网信息中心和互联网交换中心
1999 年	中央宣传部、中央对外宣传办公室	《关于加强国际互联网络新闻宣传工作的意见》	政策文件	提出"适应世界信息化趋势,抓住当前有利的时机,开展和加强国际互联网络上的新闻宣传,努力建设有中国特色社会主义的网络新闻宣传体系"
2000 年	中央宣传部、国务院新闻办公室	《国际互联网新闻宣传事业发展纲要(2000—2002 年)》	政策文件	提出互联网新闻宣传事业建设的指导原则是"积极发展,加强管理,趋利避害,为我所用"

① 《全国人民代表大会常务委员会关于维护互联网安全的决定》,《中华人民共和国国务院公报》2001 年第 5 期,第 21 页。

② 侯伟鹏、徐敬宏、胡世明:《中国互联网治理研究 25 年:学术场域与研究脉络》,《郑州大学学报(哲学社会科学版)》2020 年第 1 期,第 36 页。

续表

时间	组织机构	政策法规名称	文件类型	与网络空间治理相关的内容
2000年	国务院信息化工作办公室	《中共中央关于制定国民经济和社会发展第十个五年计划的建议》	战略规划	大力推进国民经济和社会信息化，是覆盖现代化建设全局的战略举措。以信息化带动工业化，发挥后发优势，实现社会生产力的跨越式发展，具体包括广泛应用信息技术、建设信息基础设施、发展电子信息产品制造业
2001年	国家信息化领导小组	《国民经济和社会发展第十个五年计划信息化重点专项规划》	战略规划	该规划是我国编制的第一个国家信息化规划，提出"发展以下一代互联网为代表的高速宽带信息网"，并指出在外经贸、科技教育等领域加强互联网应用
2002年	国家信息化领导小组	《关于我国电子政务建设的指导意见》	政策文件	把电子政务建设作为我国信息化工作的重点，政府先行，带动国民经济和社会发展信息化，明确提出"建设和整合统一的电子政务网络"
"加强管理"型				
1997年	公安部	《计算机信息系统安全保护条例》	行政法规	保护计算机信息系统的安全，促进计算机的应用和发展
1998年	国务院	《计算机信息网络国际联网管理暂行规定》	行政法规	加强对计算机信息网络国际联网的管理，保障国际计算机信息交流的健康发展
1998年	国务院信息化工作领导小组办公室	《计算机信息网络国际联网管理暂行规定实施办法》	规范性文件	落实《计算机信息网络国际联网管理暂行规定》的相关要求，加强对计算机信息网络国际联网的管理，保障国际计算机信息交流的健康发展
2000年	全国人民代表大会常务委员会	《关于维护互联网安全的决定》	法律	这是我国国家立法机关的常设机构首次针对互联网通过的立法性文件，是我国在网络法制方面迈出的重要一步

续表

时 间	组织机构	政策法规名称	文件类型	与网络空间治理相关的内容
2000 年	国务院	《电信条例》（分别于 2014 年、2016 年进行修订）	行政法规	规范电信市场秩序，维护电信用户和电信业务经营者的合法权益，保障电信网络和信息的安全，促进电信业的健康发展
2000 年	国务院	《互联网信息服务管理办法》（分别于 2011 年、2021 年进行修订）	行政法规	规范互联网信息服务活动，促进互联网信息服务健康有序发展
2000 年	国务院新闻办公室、信息产业部	《互联网站从事登载新闻业务管理暂行规定》	规范性文件	促进我国互联网新闻传播事业的发展，规范互联网站登载新闻的业务，维护互联网新闻的真实性、准确性、合法性
2000 年	信息产业部	《关于互联网中文域名管理的通告》	规范性文件	进一步完善我国中文域名体系，规范中文域名注册服务，促进互联网健康发展，维护用户权益
2001 年	信息产业部	《互联网骨干网间互联管理暂行规定》	规范性文件	促进我国互联网的发展，保护互联网运营者之间的公平、有效竞争，保障互联网骨干网间及时、合理的互联
2001 年	信息产业部、公安部、文化部、国家工商行政管理局	《互联网上网服务营业场所管理办法》	规范性文件	加强互联网上网服务营业场所的管理，促进互联网上网服务活动健康发展，保护上网用户的合法权益
2003 年	文化部	《互联网文化管理暂行规定》（分别于 2011 年、2017 年进行修订）	部门规章	加强对互联网文化的管理，保障互联网文化单位的合法权益，促进我国互联网文化健康、有序地发展
2001 年	中国人民银行	《网上银行业务管理暂行办法》	部门规章	规范和引导我国网上银行业健康发展，有效防范银行业务经营风险

续表

时 间	组织机构	政策法规名称	文件类型	与网络空间治理相关的内容
2001 年	卫生部	《互联网医疗卫生信息服务管理办法》(已废止)	部门规章	对互联网医疗卫生信息服务的概念界定、服务内容以及如何开展服务等作出明确规定

资料来源：根据相关年鉴、政策发布官网信息以及新闻报道等综合整理。

在部门执法上，网络空间领域的垂直管理部门开展了一系列常态化的治理活动，例如信息产业部依据《关于互联网中文域名管理的通告》依法依规开展了针对互联网中文域名的管理工作。同时，这一时期也出现了由于一些突发事件而形成的多部门联合治理行动。例如，因"蓝极速网吧"特大纵火案等影响，2002 年，文化部、公安部、信息产业部、国家工商行政管理总局等多部门联合开展对"网吧"等互联网上网服务营业场所的专项治理行动。① 此后，这种多部委联手行动开始成为应对网络重大问题和事件的重要治理方式。② 此外，随着行业自律性文件相继发布，相关行业活动陆续开展（如表 2－4 所示）。这些自律性治理行动，多数由政府指导，协会、联盟等社会功能性机构牵头，企业积极参与，在电子邮件安全应用、网络媒体自律等领域发挥了重要的补充作用。

表 2－4　网络空间治理起步期发起的自律性
文件或行业重大活动(部分)

时 间	机 构 或 组 织	自律性文件或活动	主 要 内 容
1999 年	《人民日报》、新华社等 23 家新闻网络媒体	《中国新闻界网络媒体公约》	呼吁网上媒体应尊重信息产权和知识产权，坚决反对和抵制任何相关侵权行为

---

① 《文化部、公安部、信息产业部、国家工商行政管理总局关于开展"网吧"等互联网上网服务营业场所专项治理的通知》，《北京市人民政府公报》2002 年第 15 期，第 10 页。

② 方兴东、陈帅：《中国互联网 25 年》，《现代传播（中国传媒大学学报）》2019 年第 4 期，第 2 页。

续表

时　间	机　构　或　组　织	自律性文件或活动	主　要　内　容
2000 年	文化部、团中央、广电总局、全国学联、《光明日报》、中国电信、中国移动等	"网络文明工程"	号召社会"文明上网、文明建网、文明网络"
2001 年	团中央、教育部、文化部、国务院新闻办公室、全国青联、全国学联、全国少工委、中国青少年网络协会	《全国青少年网络文明公约》	增强青少年网络安全防范意识和网络道德意识，倡导全社会关注青少年网络环境
2002 年	中国互联网协会	《中国互联网行业自律公约》	建立我国互联网行业自律机制，规范行业从业者行为，依法促进和保障互联网行业健康发展
2002 年	中国互联网协会、263 网络集团、新浪等公司	成立中国互联网协会反垃圾邮件协调小组	保护中国互联网用户和电子邮件服务商的正当利益，公平使用互联网资源，同时规范中国电子邮件服务秩序

资料来源：根据相关年鉴、政策发布官网信息以及新闻报道等综合整理。

三、重科学发展、强安全管理的事件驱动型治理（2003—2013）

2003 年至 2013 年是中国网络空间治理的发展期。这一时期，以胡锦涛同志为总书记的党中央提出了对互联网要采取"积极利用、科学发展、依法管理、确保安全"[1]的治理方针。伴随着网络空间迅速发展以及其带来的渗透至现实空间的诸多安全问题，网络空间中出现的突发性事件迅速增加，这一治理思想的指导路径从网络空间内容治理领域延伸至网络空间治理的其他领域。相较于起步时期，"新十六字方针"在强调发展和安全的同时，更加强调"科学"和"依法"，并体现在具体治理活动上。例如，治理主体层面，这一阶段党和政府仍然占据主导治理地位，但多元主体参与度明显提升；治理方式

---

[1]　中共中央文献研究室编：《十七大以来重要文献选编（中）》，中央文献出版社 2011 年版，第 397 页。

层面,相关的法律法规陆续出台,而网络空间治理手段也日益多元化。此外,这一时期的有关治理路径往往是事件驱动型,即在网络空间突发事件中,由于事件的突发性、相关立法尚未完善等,治理主体往往在现有框架体系下以灵活的方式采取措施并形成治理经验,随后推进后续相关法律法规的制定和完善。

(一)治理对象:社会化治理议题日益凸显

在中国网络空间治理的发展期,伴随互联网技术的进步、信息基础设施的建设、互联网应用服务的兴起等,中国网络空间的物理网络层、传输网络层、应用网络层日益发展完善,网络空间逐渐从商业化转向社会化发展。

其一,技术发展和基础设施建设方面,国内骨干网日益互联互通。下一代互联网示范工程(CNGI)启动,海底光缆建设[①]和三网融合工程[②]有序推进,互联网协议第 6 版(IPv6)的接入[③],以及以 2G、3G[④] 为代表的互联网通信技术的进步和使用,加之智能手机、平板电脑等智能终端进入日常生活,直接推进中国进入移动互联网时代。由此,中国网络触达率与普及率大幅提升,2008 年,中国网民超过美国成为全球网民最多的国家,首次跃居世界第

[①] 例如,2004 年 12 月,中国第一个下一代互联网示范工程核心网之一——CERNET2 主干网正式开通。2006 年 12 月,中国电信、中国网通、中国联通、中华电信、韩国电信和美国 Verizon 公司六家运营商在北京宣布,共同建设跨太平洋直达光缆系统。

[②] 2010 年 1 月,时任国务院总理温家宝主持召开国务院常务会议,决定加快推进电信网、广播电视网和互联网三网融合。2010 年 6 月,国务院三网融合工作协调小组审议批准,确定了第一批三网融合试点地区(城市)名单。2011 年 12 月,国家再次公布第二批三网融合试点名单,试点城市共有 42 个地区(城市),分别有 2 个直辖市、1 个计划单列市和 22 个省会、首府城市以及 17 个其他城市。国家三网融合试点工作有序进行。

[③] 2004 年 12 月,我国国家顶级域名.CN 服务器的 IPv6 地址成功登到全球域名根服务器,标志着.CN 域名服务器接入 IPv6 网络,支持 IPv6 网络用户的.CN 域名解析,这表明我国国家域名系统进入下一代互联网。

[④] 2008 年 5 月 24 日,工业和信息化部、国家发展和改革委员会、财政部发布《关于深化电信体制改革的通告》,鼓励中国电信收购中国联通 CDMA 网,中国联通与中国网通合并,中国卫通的基础电信业务并入中国电信,中国铁通并入中国移动。改革重组将与发放第三代移动通信即 3G 牌照相结合。2009 年 1 月,工业和信息化部为中国移动通信集团、中国电信集团公司和中国联合网络通信有限公司发放 3 张第三代移动通信牌照,这标志着我国中国正式进入 3G 时代,移动互联网的大潮就此来临。

一①，.CN 域名注册量首次成为全球第一大国家顶级域名②。

其二，产业发展和应用服务发展方面，互联网公司崛起，电子商务、电子政务、社交媒体等进入大众视野，成为日常生活重要的互联网应用。互联网产业方面，巨大的用户数量和市场规模推动了经历资本寒冬后的中国互联网产业快速崛起，百度、阿里巴巴、腾讯③等为代表的互联网平台型企业雏形开始形成，改变了以往的运营模式和组织方式，成为互联网产业的"支柱"。电子政务领域，国家政务网络不断完善，伴随着国家和各级政府门户网站的陆续开通④，政府信息化水平提升，网上信息公开、网上便民服务等政务服务陆续推出。电子商务领域，电商及其基础配套产业发展迅速，淘宝网、网络团购⑤等迅速兴起，支付宝、网上银行等网络支付手段进一步普及。社交媒体领域，Web2.0 兴起，博客、播客、微博、微信⑥等一系列社会化新媒体涌现，信息由单向传播逐渐转变为双向流通，用户在线交流成为常态，网民话语权有了历史性提升。

伴随着互联网技术、应用和产业迎来了高速发展，一系列社会化议题与互联网相互融合，给中国网络空间治理带来了复杂挑战。一方面，社会化议

---

① 《中国网民数量达 2.53 亿　远超美国跃居世界第一》，《计算机与网络》2008 年第 14 期，第 1 页。

② 吴辰光：《.CN 域名成全球第一大国家域名》，《北京商报》2008 年 12 月 31 日。

③ 2007 年，腾讯、百度、阿里巴巴市值先后超过 100 亿美元，这些互联网平台企业并在 2011 年前后，纷纷宣布开放平台战略。

④ 2006 年 1 月，中华人民共和国中央人民政府门户网站（www.gov.cn）正式开通，该网站是国务院和国务院各部门，以及各省、自治区、直辖市人民政府在国际互联网上发布政务信息和提供在线服务的综合平台。2007 年 9 月，国家电子政务网络中央级传输骨干网络正式开通，统一的电子政务网络初具规模。

⑤ 2003 年 10 月，淘宝网首次推出支付宝服务，2004 年支付宝分拆独立，逐渐发展成为中国最大的第三方支付平台。2009 年 11 月，淘宝商城（后改名"天猫"）推出"双十一"网络促销活动，营业额远超预想的效果，并成为此后中国电子商务行业的年度盛事。2010 年 3 月起，团购网站在中国逐渐兴起，糯米团、美团等企业入局，开启了"百团大战"。

⑥ 2005 年被称为"博客元年"，以博客为代表的 Web2.0 概念推动了中国互联网的发展。2008 年 5 月开始，开心网、校内网等社交网络服务（Social Networking Service，SNS）网站迅速传播。2009 年，新浪网、搜狐网、网易网、人民网等门户网站纷纷开启或测试微博功能，微博吸引了社会名人、娱乐明星、企业机构和众多网民加入，新浪微博成为重要的网络舆论场。2011 年，腾讯公司推出即时通信服务的免费应用程序微信，凭借语音、视频、朋友圈等功能，逐步发展成为用户最多的国产即时通信软件。

题逐步渗入网络空间。现实社会事件在互联网上传播发酵后成为网络舆论事件，改变了政府治理方式和治理进程。其中，孙志刚事件①成为"网络舆论年"的标志性事件②，其在收容所的死亡在网络上引起广泛关注，并在后续直接推动了国家对收容管理制度的改革。此后发生的温州动车事件、大头娃娃事件、华南虎照片事件、三鹿毒奶粉事件、杭州飙车案、微博打拐事件、抢盐事件、郭美美炫富事件、李刚之子醉驾撞人事件等一系列重大网络舆论事件表明了互联网开始成为社会信息传播的主要渠道和社会舆情的风向标③，其在舆论监督和推动社会变革中发挥了突出作用。而另一方面，网络黑客、网络病毒、网络攻击等带来越发严峻的网络安全威胁，直接影响现实社会。例如，一款"熊猫烧香"病毒④在短时间内感染了诸多个人、企业、政府的电脑系统，从而直接影响社会正常的生产生活。

（二）治理主体：党和政府扮演主要角色，多元主体加快参与

这一时期，党和政府仍然在中国网络空间治理中扮演着最重要的角色，与此同时，多元主体加快参与治理的趋势开始凸显。

其一，党和国家领导人在这一时期，越发将网络空间作为反映社情民意的重要公共空间，并通过互联网开展国家治理。例如，2008年6月，时任国家主席胡锦涛通过人民网强国论坛同网友在线交流⑤；2009年2月，在十一届全国人大二次会议和全国政协十一届二次会议召开前夕，时任国务院总理温家宝与网友在线交流⑥；2010年9月，人民网、中国共产党新闻网正式推出

---

① 2003年，湖北青年孙志刚在广州被收容并遭殴打致死。该事件首先被地方报纸媒体曝光后，我国各大网络媒体积极介入，引起社会广泛关注，互联网发挥了强大的媒体舆论监督作用，促使有关部门侦破此案。随后，国务院发布《城市生活无着的流浪乞讨人员救助管理办法》，同时废止《城市流浪乞讨人员收容遣送办法》。

② 闵大洪：《2003年的中国网络媒体与网络传播　孙志刚事件掀起"网络舆论年"》，人民网，2014年4月15日，http://media.people.com.cn/n/2014/0415/c40606-24898329.html。

③ 方兴东、陈帅：《中国互联网25年》，《现代传播（中国传媒大学学报）》2019年第4期，第6页。

④ 2006年12月，一种名为"熊猫烧香"的计算机蠕虫病毒感染数百万台计算机，被感染者系统中所有的".exe"可执行文件全部被改成熊猫举着香火的模样。此后这一病毒的变种数量累计超过30种，互联网用户系统的安全性受到极大威胁。

⑤ 《胡锦涛总书记同网友在线交流》，《共产党员》2008年第13期，第28页。

⑥ 《温家宝总理到中国政府网与网友在线交流》，《中国传媒科技》2009年第3期，第12页。

"直通中南海——中央领导人和中央机构留言板"①。通过在网络空间这种虚实融合的空间上"面对面"的交流方式，中国民众的心声可直接反映给中央高层和相关决策机构，进一步提高了国家治理的水平和效率。

其二，通过新设机构或机构改革等方式，适时调整相关机构及其职能（如表2-5所示），网络空间治理的重要部门及其职责分工进一步得到明确，顶层设计得以完善。在强化统筹协调功能方面，国家信息化领导小组新增网络与信息安全协调小组②，意在统筹协调网络空间安全相关议题的治理，以适应信息化和网络安全工作的多部门协同态势；工业和信息化部基于原信息产业部和国务院信息化工作办公室这两个部门③重新组建，体现了国家对互联网行业管理的统筹；而国家互联网信息办公室④的成立有效强化了对互联网信息事务协调管理的统筹协调，以补充行业主管部门对互联网信息内容缺乏有效协调监管的局面，同时这也标志着网络空间内容监管朝专门化的方向迈进⑤。在明确职责方面，在现实社会中，由于文化部、国家广播电影电视总局、国家新闻出版总署在文化市场上的管理长期存在一定的职能交叉，而延伸到网络空间中，这种权责不清使得网络文化市场的管理与综合执法效果不佳。因此，国家在这一阶段重新划分调整了上述部门监管职责，通过出台具体文件明确了责任分工⑥，进一步推进和优化网络文化市

---

① 《网民可"直通"中南海》，《国际新闻界》2010年第9期，第42页。

② 2003年国务院换届后，成立了新一届国家信息化领导小组，时任中央政治局常委、国务院总理温家宝担任组长。为了应对日益严峻的网络与信息安全形势，同年在国家信息化领导小组之下成立了国家网络与信息安全协调小组，组长由时任中央政治局常委、国务院副总理黄菊担任。

③ 2008年3月，根据第十一届全国人民代表大会第一次会议批准的国务院机构改革方案，整合原信息产业部和国务院信息化工作办公室的职能，设立工业和信息化部，为国务院组成部门，工业和信息化部成为我国互联网的行业主管部门。

④ 2011年，我国设立互联网信息办公室，与国务院新闻办公室合署办公。时任国务院新闻办公室主任王晨任国家互联网信息办公室主任，时任国务院新闻办公室副主任钱小芊任国家互联网信息办公室副主任，时任工业和信息化部副部长奚国华、时任公安部副部长张新枫任国家互联网信息办公室兼职副主任。

⑤ 杨秀：《依法治国背景下的网络内容监管》，电子工业出版社2017年版，第169页。

⑥ 2009年9月，中央机构编制委员会办公室发布《中央编办对文化部、广电总局、新闻出版总署〈"三定"规定〉中有关动漫、网络游戏和文化市场综合执法的部分条文的解释》，进一步明确了网络文化市场治理中相关部门的监管职责。

场管理的管理。可以说，这一阶段网络空间治理的机构设置和完善体现了灵活务实和有机创新的特点，既继承了网络空间治理起步期的总体架构（如对国家信息化领导小组的延续），又根据发展变化设立了新的部门（如新设网络与信息安全协调小组、国家互联网信息办公室），同时进一步明确了相关管理部门的职责。

表 2-5　网络空间治理发展期调整的相关主管部门情况

时 间	调整的机构	主 要 职 能
2003 年	在国家信息化领导小组下设立国家网络与信息安全协调小组	统筹应对网络与信息安全问题
2008 年	工业和信息化部	整合原信息产业部和国务院信息化工作办公室的职能，是互联网行业主管部门
2009 年	文化部（明确其在网络文化市场中的职能）	负责动漫和网络游戏相关产业规划、产业基地、项目建设、会展交易和市场监管
2009 年	国家广播电影电视总局（明确其在网络文化市场中的职能）	负责对影视动漫和网络视听中的动漫节目进行管理
2009 年	国家新闻出版总署（明确其在网络文化市场中的职能）	负责在出版环节对动漫进行管理，对游戏出版物的网上出版发行进行前置审批
2011 年	国家互联网信息办公室（与国务院新闻办公室合署办公）	落实互联网信息传播方针政策和推动互联网信息传播法制建设，指导、协调、督促有关部门加强互联网信息内容管理，负责网络新闻业务及其他相关业务的审批和日常监管，指导有关部门做好网络游戏、网络视听、网络出版等网络文化领域业务布局规划，协调有关部门做好网络文化阵地建设的规划和实施工作，负责重点新闻网站的规划建设，组织、协调网上宣传工作，依法查处违法违规网站，指导有关部门督促电信运营企业、接入服务企业、域名注册管理和服务机构等做好域名注册、互联网地址（IP 地址）分配、网站登记备案、接入等互联网基础管理工作，在职责范围内指导各地互联网有关部门开展工作

资料来源：根据相关年鉴、政策发布官网信息以及新闻报道等综合整理。

其三,尽管这一时期党和政府仍在网络空间治理中扮演主导角色,但多元主体发挥的重要作用日益凸显。例如,行业自律方面,这一时期中国网络社会组织逐步增多,自治功能逐渐增强,密集发布多份自律公约和行业标准,典型的如中国互联网协会等机构发起的一系列行业自律活动(如表2-6所示)。

表2-6 网络空间治理发展期中国互联网协会发布的自律公约或标准

时 间	行业自律文件	主 要 内 容
2003年	《反垃圾邮件规范》	保护我国电子邮件用户的正当权益,促进电子邮件服务业的健康发展,推动互联网资源和信息系统的合理利用
2003年	《互联网新闻信息服务自律公约》	进一步规范互联网新闻信息服务行为,维护良好的互联网发展环境,促进我国互联网的快速健康发展,更好地为社会主义现代化建设服务
2004年	《互联网站禁止传播淫秽、色情等不良信息自律规范》	促进互联网信息服务提供商加强自律,遏制淫秽、色情等不良信息通过互联网传播,推动互联网行业的持续健康发展
2004年	《互联网公共电子邮件服务规范》	包括电子邮件服务过程规范、系统运营维护和客户服务规范以及系统运营维护和客户服务质量指标
2004年	《搜索引擎服务商抵制违法和不良信息自律规范》	促进互联网搜索引擎行业的健康发展,遏制淫秽、色情等违法和不良信息通过搜索引擎传播
2005年	《中国互联网网络版权自律公约》	维护网络著作权,规范互联网从业者行为,促进网络信息资源开发利用,推动互联网信息行业发展
2006年	《文明上网自律公约》	提出自觉遵纪守法、提倡先进文化、提倡自主创新、提倡互相尊重、提倡诚实守信、提倡社会关爱、提倡公平竞争、提倡人人受益
2007年	《博客服务自律公约》	规范互联网博客服务,促进博客服务有序发展
2007年	《绿色网络文化产品评价标准(试行)》	打造一批品位高雅的网络文化品牌,营造健康的绿色网络文化
2009年	《反网络病毒自律公约》	防范、治理网络病毒,打击制造、销售、传播恶意软件工具的地下黑客产业链,构筑良好互联网环境,维护广大互联网用户利益

续表

时　间	行业自律文件	主　要　内　容
2011 年	《互联网终端软件服务行业自律公约》	规范互联网终端软件服务，保障互联网用户的合法权益，维护公平和谐的市场竞争环境，促进互联网行业的健康发展
2012 年	《抵制网络谣言倡议书》	抵制网络谣言，营造健康文明的网络环境，推动互联网行业健康可持续发展
2012 年	《互联网搜索引擎服务自律公约》	规范互联网搜索引擎服务，保护互联网用户的合法权益，维护公平竞争、合理有序的市场环境，促进我国互联网搜索引擎行业健康可持续发展

资料来源：根据中国互联网协会官网信息以及相关新闻报道等综合整理。

（三）治理方式：法律、专项行动、技术等手段并举

与起步阶段类似，这一时期我国发布了一批有关网络空间治理和发展的重要政策法规，开展了一系列行政执法和专项行动，并在涉及领域、政策集中度等的方面有了进一步深化。与此同时，这一阶段的治理活动还将技术治理作为重要手段纳入整体的治理体系之中。

在政策法规层面，我国在网络空间发展期发布的相关文件（如表 2－7 所示）呈现以下特点：一方面，有关的政策取向与"新十六字方针"的治理理念高度相关，兼顾发展与安全，同时强化了"依法治理"，相关政策法规的数量有了显著增加，涵盖互联网技术产业发展、互联网信息服务治理、网络文化治理、重点互联网应用治理、保障信息安全等领域。另一方面，从政策法规的集中度看，形成了以信息化发展与网络空间信息内容管理为重点的制度体系。这一时期，除了在国家战略规划中强化了互联网技术和产业的规划，各垂直部门也在职能范围内发布了与网络信息内容监管相关的多项政策法规，实现了网络空间治理从加强接入管理阶段向加强内容管理阶段的转变。[①]

---

① 郑振宇：《改革开放以来我国互联网治理的演变历程与基本经验》，《马克思主义研究》2019 年第1 期，第 61 页。

表 2-7　网络空间治理发展期发布的重要政策法规

发布时间	组织机构	政策法规名称	文件类型	与网络空间治理相关的内容
2005 年	中共中央办公厅、国务院办公厅	《2006—2020 年国家信息化发展战略》	战略规划	战略提出,加强互联网治理,即坚持积极发展、加强管理的原则,参与互联网治理的国际对话、交流和磋商,推动建立主权公平的互联网国际治理机制;加强行业自律,引导企业依法经营;理顺管理体制,明确管理责任,完善管理制度,正确处理好发展与管理之间的关系,形成适应互联网发展规律和特点的运行机制;坚持法律、经济、技术手段与必要的行政手段相结合,构建政府、企业、行业协会和公民相互配合、相互协作、权利与义务对等的治理机制,营造积极健康的互联网发展环境;依法打击利用互联网进行的各种违法犯罪活动,推动网络信息服务健康发展
2006 年	国务院	《国家中长期科学和技术发展规划纲要(2006—2020 年)》	战略规划	该纲要明确未来十五年科技工作的指导方针"自主创新,重点跨越,支撑发展,引领未来",并将包括网络技术在内的信息技术纳入前沿技术方向
2007 年	中共中央办公厅、国务院办公厅	《国民经济和社会发展信息化"十一五"规划》	战略规划	提出了"十一五"时期国家信息化和互联网发展的总体目标,部署了主要任务、重大工程,提出做好信息化的四大原则,即统筹规划、资源共享;需求主导、实用高效;自主创新、安全可控;协调发展、产用结合
2007 年	国家发展和改革委员会、国务院信息化工作办公室	《电子商务发展"十一五"规划》	战略规划	这是我国首部电子商务发展规划,首次在国家政策层面确立了"十一五"期间发展电子商务的目标、任务、工程、保障措施等

续表

发布时间	组织机构	政策法规名称	文件类型	与网络空间治理相关的内容
2012 年	工业和信息化部	《物联网"十二五"发展规划》	战略规划	提出"十二五"期间物联网发展目标，明确到 2015 年，在核心技术研发与产业化、关键标准研究与制定、产业链条建立与完善、重大应用示范与推广等方面取得显著成效
2004 年（分别于 2015 年、2019 年修订）	全国人民代表大会常务委员会	《电子签名法》	法律	规范电子签名行为，确立电子签名的法律效力，维护有关各方的合法权益
2009 年（于 2020 年废止）	十一届全国人大常委会	《侵权责任法》	法律	首次规定了网络侵权问题及其处理原则
2004 年	最高人民法院、最高人民检察院	《关于办理利用互联网、移动通信终端、声讯台制作、复制、出版、贩卖、传播淫秽电子信息刑事案件具体应用法律若干问题的解释》	司法解释	依法惩治利用互联网、移动通信终端制作、复制、出版、贩卖、传播淫秽电子信息，通过声讯台传播淫秽语音信息等犯罪活动，维护公共网络、通信的正常秩序，保障公众的合法权益
2006 年	国务院	《信息网络传播权保护条例》	行政法规	保护著作权人、表演者、录音录像制作者（以下统称权利人）的信息网络传播权，鼓励有益于社会主义精神文明、物质文明建设的作品的创作和传播
2003 年（分别于 2004 年、2011 年修订）	文化部	《互联网文化管理暂行规定》	部门规章	规定提出加强对互联网文化的管理，保障互联网文化单位的合法权益，促进我国互联网文化健康、有序地发展，明确了文化部在互联网文化发展与管理方面的职责
2005 年	信息产业部	《非经营性互联网信息服务备案管理办法》	部门规章	规范非经营性互联网信息服务备案及备案管理，促进互联网信息服务业的健康发展

续表

发布时间	组织机构	政策法规名称	文件类型	与网络空间治理相关的内容
2005 年（于2009 年修订）	信息产业部	《电子认证服务管理办法》	部门规章	规范电子认证服务行为，对电子认证服务提供者实施监督管理
2005 年	国务院新闻办公室、信息产业部	《互联网新闻信息服务管理规定》	部门规章	明确了互联网新闻信息服务单位登载、发送的新闻信息或者提供的时政类电子公告服务不得含有的十一项内容
2006 年	信息产业部	《互联网电子邮件服务管理办法》	部门规章	规范互联网电子邮件服务，保障互联网电子邮件服务使用者的合法权利
2007 年	国家广播电影电视总局、信息产业部	《互联网视听节目服务管理规定》	部门规章	保护公众和互联网视听节目服务单位的合法权益，规范互联网视听节目服务秩序，促进健康有序发展
2010 年（已于 2019 年废止）	文化部	《网络游戏管理暂行办法》	部门规章	我国第一部专门对网络游戏进行管理的部门规章，旨在规范网络游戏经营秩序，维护网络游戏行业的健康发展
2010 年	国家工商行政管理总局	《网络商品交易及有关服务行为管理暂行办法》	部门规章	规范网络商品交易及有关服务行为，保护消费者和经营者的合法权益，促进网络经济持续健康发展
2010 年	中国人民银行	《非金融机构支付服务管理办法》	部门规章	将网络支付纳入监管，促进支付服务市场健康发展，规范非金融机构支付服务行为
2008 年	国家测绘局、外交部、公安部、信息产业部、国家工商行政管理总局、新闻出版总署、国务院新闻办公室、国家保密局	《关于加强互联网地图和地理信息服务网站监管的意见》	规范性文件	加强互联网地图和地理信息服务网站的监督管理，强调互联网地图和地理信息服务网站监管的重要性，执行互联网地图和地理信息服务活动的市场准入制度，查处互联网地图和地理信息服务违法违规行为，开展国家版图和安全保密意识的宣传教育活动，推进互联网地图和地理信息服务管理的法制建设

续表

发布时间	组织机构	政策法规名称	文件类型	与网络空间治理相关的内容
2009 年	文化部	《关于加强和改进网络音乐内容审查工作的通知》	规范性文件	推动网络音乐发展，规范网络音乐经营，规定"经营单位经营网络音乐产品，须报文化部进行内容审查或备案"
2010 年	国家新闻出版总署	《关于发展电子书产业的意见》	规范性文件	提出要依法依规建立电子书行业准入制度，依法对从事电子书相关业务的企业实施分类审批和管理
2012 年	国务院	《关于大力推进信息化发展和切实保障信息安全的若干意见》	规范性文件	该意见是网络空间治理领域的一份综合性文件，除了在信息化领域提出要实施"宽带中国"工程、推动信息化和工业化深度融合、加快社会领域信息化、推进农业农村信息化，还提出了健全安全防护和管理，保障重点领域信息安全，提升网络与信息安全保障水平

资料来源：根据相关年鉴、政策发布官网信息以及新闻报道等综合整理。

在专项行动层面，行动主要集中在网络信息内容治理和互联网基础服务的治理上，涵盖打击淫秽色情信息①、开展"阳光绿色网络工程"②、整治互联网低俗之风③、规范网络文化市场④、强化互联网信息服务备

---

① 例如，2004 年，中央宣传部、公安部、中央对外宣传办公室、最高人民法院、最高人民检察院、信息产业部等 14 个部门联合发布《关于依法开展打击淫秽色情网站专项行动有关工作的通知》；2009 年 11 月，全国"扫黄打非"办公室下发了《关于严厉打击手机网站制作、传播淫秽色情信息活动的紧急通知》，多部门就此开展多项联合行动。

② 例如，2006 年，信息产业部启动了"阳光绿色网络工程"系列活动。包括清除垃圾电子信息，畅享清洁网络空间；治理违法不良信息，倡导绿色手机文化；打击非法网上服务，引导绿色上网行为等活动。

③ 例如，2009 年，国务院新闻办公室、工业和信息化部、公安部、文化部、工商行政管理总局、广播电影电视总局、新闻出版总署七部委在北京召开电视电话会议，部署在全国开展整治互联网低俗之风专项行动。

④ 例如，2006 年，文化部开展打击非法经营网络音乐专项行动，重点打击不具备《网络文化经营许可证》擅自从事网络音乐经营活动，以及未经文化部内容审查擅自从事进口网络音乐节目经营活动等违法违规行为；2010 年，文化部发布《全国文化市场知识产权保护专项执法行动方案》，强化网络文化市场知识产权保护。

案①、基础电信服务管理②等领域。这些行政执法活动与政策法规的出台密切联系，且往往由主管部门牵头，并联合多部门开展。此外，技术治理的手段在这一时期被纳入网络空间治理之中，但在部分场景中的实际效果差强人意。典型的如绿坝事件③，其主要通过行政手段强制开展技术治理，但遭到了当时社会和广大网民的质疑，最后效果甚微。

四、强法治、多主体参与、多手段结合的综合治理（2013 年至今）

2013 年以来，中国网络空间治理进入深化治理阶段。这一时期，网络化、数字化、信息化、智能化等技术突飞猛进的发展对人类在政治、经济、社会、文化等各个领域的渗透和影响日益显著④，网络空间跃升为虚实融合的"第五空间"。而这种发展趋势同时也带来了诸多风险挑战，全球网络空间战略冲突加剧，各国政策法规壁垒加深，网络安全威胁日益严峻，网络内容生态环境日趋复杂，网络空间"巴尔干化"的风险剧增。在此背景下，以习近平同志为核心的党中央从进行具有许多新的历史特点的伟大斗争出发，提出网络强国战略思想，重视互联网、发展互联网、治理互联网，统筹协调涉及政治、经济、文化、社会、军事等领域的网络安全和信息化重大问题，作出一系列重大决策、实施一系列重大举措，推动我国网信事业取得历史性成就，走出了一条中国特色治网之道⑤。

① 例如，2005 年，根据《非经营性互联网信息服务备案管理办法》，信息产业部会同中宣部、国务院新闻办公室、教育部、公安部等 13 个部门，联合开展了全国互联网站集中备案工作。

② 例如，2006 年 6 月，信息产业部决定在全国范围内开展治理和规范移动信息服务业务资费和收费行为专项活动，当年 9 月，各省级通信管理局共查处违规移动增值服务商至少 245 家。

③ 2009 年 5 月 19 日，工业和信息化部发布《关于计算机预装绿色上网过滤软件的通知》，要求在中国境内生产销售的计算机出厂前将预装一款名为"绿坝-花季护航"（软件下载）的绿色上网过滤软件，而进口计算机在中国销售前也将预装该软件。根据报道，这款软件具备拦截色情内容、过滤不良网站、控制上网时间、查看上网记录等功能。对此，舆论认为文件违反相关法律，缺乏科学性和合理性。另外，行政行为涉及重大公共利益，与人民群众切身利益密切相关，相关决策出台的过程缺乏法律依据与公开辩论。随后，工信部决定暂停安装该软件。

④ 杨嵘均：《习近平网络强国思想的战略定位、实践向度与理论特色》，《扬州大学学报（人文社会科学版）》2019 年第 3 期，第 11 页。

⑤ 中共中央党史和文献研究院编：《习近平关于网络强国论述摘编》，中央文献出版社 2021 年版，第 1 页。

（一）治理对象：网络空间跃升成为"第五空间"

这一时期，中国互联网快速发展，网络空间发展迎来了极大跃升。

技术和基础设施层面，与中国在全球创新指数的排名上升趋势类似①，我国网络空间技术创新大幅提升，2022 年，我国信息领域相关《专利合作条约》（Patent Cooperation Treaty，PCT）国际专利申请近 3.2 万件，全球占比达 37％，数字经济核心产业发明专利授权量 33.5 万件，同比增长 17.5％②。以移动通信技术为例，在经历了"1G 全盘引进""2G 跟随发展""3G 部分引进"之后，我国新一代移动通信技术凭借国家战略前瞻部署和以运营商、华为为代表的电信龙头企业为发力载体③，在标准制定、专利研发、基站部署、商用推进、消费终端等方面呈现明显的发展优势，不仅与国际同步竞赛，甚至出现了 5G"领跑全球"的趋势。这种发展势头同样体现在人工智能④、大数据⑤等新一代信息技术上。

与此同时，伴随着信息技术的发展，我国新一代信息基础设施建设规模全球领先⑥，移动互联网迅速普及，网民数量、国家顶级域名数量等保持全球第一位⑦。可以看到，这一时期是中国网络空间创新技术和新基建"大跨步、大发

---

① 世界知识产权组织发布的全球创新指数排名显示，我国排名从 2015 年的第 29 位跃升至 2020 年的第 14 位。

② 国家互联网信息办公室：《数字中国发展报告（2022 年）》，2023 年。

③ 2013 年 12 月，工业和信息化部正式向中国移动、中国联通和中国电信三大运营商颁发了"LTE/第四代数字蜂窝移动通信业务（TD-LTE）"经营许可，国内 4G 网络迎来快速建设期；2018 年 12 月 10 日，工业和信息化部向中国电信、中国移动、中国联通发放了 5G 系统中低频段试验频率使用许可，进一步推动我国 5G 产业链的成熟与发展；2019 年 6 月，工业和信息化部向中国移动、中国电信、中国联通和中国广电颁发了 5G 商用牌照，我国正式进入 5G 商用元年，成为继韩国、美国、瑞士、英国之后，全球第五个正式商用 5G 的国家。

④ 《2022 全球人工智能创新指数报告》显示，目前中美两国引领世界人工智能发展，呈梯次分布的总体格局保持不变。其中，中国人工智能发展成效显著，人工智能创新指数近三年一直保持全球第二水平，在人才、教育、专利产出等方面均有所进步。

⑤ 《大数据白皮书（2020 年）》的数据指出，中国和美国是大数据相关论文发表最多的国家，占论文总量的 28.14％和 25.09％，遥遥领先于其他国家；从受理专利申请的国家和地区来看，美国受理的专利数量位居首位，占比近 50％，中国为第二大专利受理国，占比约为 19.25％。

⑥ 根据《数字中国发展报告（2023 年）》，截至 2022 年底，我国开通 5G 基站 231.2 万个，5G 用户达 5.61 亿户，全球占比超 60％；移动物联网终端用户数达 18.45 亿户，中国成为全球主要经济体中首个实现"物超人"的国家；千兆光网具备覆盖超过 5 亿户家庭能力。

⑦ 国家互联网信息办公室：《数字中国发展报告（2020 年）》，2021 年。

展"的关键阶段，并在部分领域呈现美国和中国之间的"G2 竞争"，甚至出现 5G 等信息技术"改超引领、弯道超车"的态势。但总体上，中国仍与世界一流强国存在差距，芯片、操作系统等关键核心技术"卡脖子"的境地未得到根本性转变。

　　而在数字经济和产业发展层面，这一阶段我国数字经济规模和增速全球领先，2022 年，我国数字经济规模为 50.2 万亿元，同比名义增长 10.3%，已连续 11 年显著高于同期国内生产总值（GDP）名义增速。① 我国电子商务交易②、信息消费③等细分领域发展势头迅猛。而随着 2013 年以来中国互联网企业的并购和上市热潮，以 BAT（阿里巴巴、腾讯、百度）等为代表的超大互联网平台形成，一批以微信、抖音等为代表的现象级应用涌现，平台经济体对数字经济发展贡献进一步提升④。此外，"互联网＋教育"⑤"互联网＋医疗"⑥、网络扶贫⑦、数字抗疫⑧等在提升信息便民惠民的同时，助力实现国家

① 中国信息通信研究院：《中国数字经济发展研究报告（2023 年）》，2023 年。
② 根据商务部相关数据，我国电子商务交易额由 2015 年的 21.8 万亿元增长到 2020 年的 37.2 万亿元，自 2013 年起已连续 8 年成为全球第一大网络零售市场。
③ 根据《数字中国发展报告（2020 年）》，2015 年至 2020 年，我国信息消费规模由 3.4 万亿元增长到 5.8 万亿元。
④ 根据中国互联网协会、工信部信息中心联合发布的《2019 年中国互联网企业 100 强发展报告》，2019 年互联网百强企业互联网业务收入高达 2.75 万亿元，比 2018 年互联网百强企业互联网业务收入增长超过 1 万亿元，占我国数字经济的比重达 8.8%，对数字经济的贡献率达 14%，带动数字经济增长近 2 个百分点；2020 年中国互联网企业 100 强榜单发布，百强企业总体营收规模创历史新高，互联网业务收入达 3.5 万亿元，整体规模较上年增长 28.2%。
⑤ 根据《数字中国发展报告（2022 年）》，随着国家教育数字化战略行动全面实施，99.89% 的中小学（含教学点）学校带宽达到 100 M 以上，超过四分之三的学校实现无线网络覆盖，99.5% 的中小学拥有多媒体教室。国家智慧教育公共服务平台正式开通，建成世界第一大教育教学资源库。
⑥ 根据《数字中国发展报告（2022 年）》，截至 2022 年 10 月，全国设置超过 2700 家互联网医院，开展互联网诊疗服务超过 2 590 万人次。全国统一的医保信息平台全面建成，接入约 40 万家定点医疗机构和 40 万家定点零售药店，有效覆盖全体参保人。国家医保服务平台实名用户达 2.8 亿，涵盖 100 余项服务功能。
⑦ 根据《数字中国发展报告（2020 年）》，全国统一的扶贫开发大数据平台、一县一平台（电商扶贫平台或频道）、一乡（镇）一节点、一村一带头人、一户一终端、一户一档案、一支网络扶贫队伍的"七个一"网络扶贫信息服务体系基本建立，截至 2020 年底，贫困村通光纤比例提高到 98%，深度贫困地区贫困村通宽带比例提升到 98%，电子商务进农村综合示范已累计支持 1 338 个县，实现对 832 个国家级贫困县全覆盖，农村网络零售额由 2014 年的 1 800 亿元增长到 2020 年的 1.79 万亿元。
⑧ 根据《数字中国发展报告（2020 年）》，国办电子政务办推动全国"健康码"互通互认，累计使用访问量 600 亿余次，工业和信息化部组织中国信息通信研究院和三家基础电信企业推出"通信行程卡"，"通信行程卡"累计提供查询服务 54 亿余次。

和社会治理现代化。

另一方面，网络空间形势日趋严峻，国内国际多重威胁复杂交融。

国际层面，全球网络安全战略升级，大国加强国际规则制定主导权，数字地缘政治冲突加剧。"棱镜门"事件使得欧盟、中国、加拿大、日本、新加坡、俄罗斯、印度、越南等主要国家和地区进一步明确了网络安全战略和政策体系，各国加强在关键核心技术、网络意识形态、数据安全、治理模式等层面的规则制定。而这种战略规则的不一致往往会与数字保护主义相融合，在网络空间形成冲突，并显著反映在"中兴事件""孟晚舟事件""封禁TikTok事件""清洁网络"计划等西方国家对华开展的一系列科技打击行动之中。在此背景下，积极参与网络空间国际治理，加强国际规则与标准制定，已迫在眉睫。

国内层面，新兴信息技术"双刃剑"效应凸显，网络安全形势不容乐观，网络空间治理面临复杂态势。当前，互联网核心技术仍是我们最大的"命门"①，网络空间领域关键核心技术亟待实现"从 0 到 1"的突破。与此同时，中国的网络安全指数仍与美国、英国等发达国家差距较大②，网络空间的不稳定因素引发了网络攻击③、数据泄露④、隐私侵犯、算法歧视、权责不明、数字鸿沟、公平正义、社会就业等一系列问题，甚至触发政治、金融、文化等方面的系统性风险。这些问题成为互联网时代人们何以在社会上生存和发展的

---

① 中共中央党史和文献研究院编：《习近平关于网络强国论述摘编》，中央文献出版社 2021 年版，第 108 页。

② ITU, Global Cybersecurity Index 2020，New York：International Telecommunication Union，2020.

③ 根据《2020 年中国互联网网络安全报告》，2020 年，高级长期威胁（APT）组织利用社会热点、供应链攻击等方式持续对我国重要行业实施攻击，特别是在新冠疫情背景下，以远程办公为代表的应用需求的增长扩大了 APT 攻击面；"永恒之蓝"等历史重大漏洞利用风险仍然较大；终端安全响应（EDR）系统、堡垒机、防火墙、入侵防御系统、威胁发现系统等网络安全防护产品多次被披露存在安全漏洞；此外，因社会热点容易被黑色产业链利用开展网页仿冒诈骗，以社会热点为标题的仿冒页面骤增。

④ 《2020 年中国互联网网络安全报告》报告显示，2020 年全年仅国家计算机网络应急技术处理协调中心就监测并通报联网信息系统数据库存在安全漏洞、遭受入侵控制以及个人信息遭盗取和非法售卖等重要数据安全事件 3 000 余起，涉及电子商务、互联网企业、医疗卫生、校外培训等诸多行业机构。

核心议题。

如何在国内国际环境发生巨大变化的情况下，制定有效的监管政策、创新监管方式，成为这一时期我国网络空间治理的难点。对此，以习近平同志为核心的党中央强化顶层设计，形成了一系列关于网络强国的论述和思想，构建了党委领导、政府管理、企业履责、社会监督、网民自律等多主体参与，经济、法律、技术等多种手段相结合的综合治网格局①。

（二）治理主体：破解"九龙治水"，多主体参与治理

经历了一定阶段的发展，中国网络空间治理架构日益明晰，即以党和政府为主导，多种社会力量参与治理。但原先多头管理、职能交叉、权责不一、效率不高②的"九龙治水"式的网络空间管理体制问题日渐凸显。由此，在网络空间治理深化期，2013 年 11 月，《中共中央关于全面深化改革若干重大问题的决定》提出加大依法管理网络力度，完善互联网管理领导体制，目的是整合相关机构职能，形成从技术到内容、从日常安全到打击犯罪的互联网管理合力，确保网络正确运用和安全③。2014 年 2 月，中央网络安全和信息化领导小组成立，中共中央总书记习近平亲自担任组长，强调要坚持总体布局、统筹各方、创新发展，"努力把我国建设成为网络强国"④。

中央网络安全和信息化领导小组建立后，与原先的国家信息化领导小组的组织架构和相关职能既有联系，又有很大的区别。其一，这两个机构虽然均是国家层面的机构，但中央网络安全和信息化领导小组是党中央层面上的一个高层领导和议事协调机构，出任组长的是党的总书记；而国家信息化领导小组则是国务院层面上的高层议事小组，担任组长的是政府总理，机构配置的升级可从根本上改变以往难以协调党中央、军委、人大等的

---

① 中共中央宣传部编：《习近平新时代中国特色社会主义思想学习纲要》，学习出版社 2009 年版，第 153 页。

② 《中国共产党第十八届中央委员会第三次全体会议文件汇编》，人民出版社 2013 年版，第108 页。

③ 《习近平谈治国理政（第一卷）》，外文出版社 2018 年版，第 126 页。

④ 《习近平主持召开中央网络安全和信息化领导小组第一次会议》，人民网，2014 年 2 月 27 日，http://jhsjk.people.cn/article/24486402。

一些弊端,大大提高新成立的小组总揽全局的整体规划能力和高层协调能力。① 其二,在职能设置上,新设立的中央网络安全和信息化领导小组将着眼国家安全和长远发展,统筹协调涉及经济、政治、文化、社会及军事等各个领域的网络安全和信息化重大问题,研究制定网络安全和信息化发展战略、宏观规划和重大政策,推动国家网络安全和信息化法治建设,不断增强安全保障能力。② 因此,中央网络安全和信息化领导小组扩展了原先国家信息化领导小组的职能,统筹安全与发展,将网络安全与信息化放在整体战略中一并考虑,充分体现出中央进一步加强党对网信工作的集中统一领导。

在具体执行上,中央网络安全和信息化领导小组的办事机构为中央网络安全和信息化领导小组办公室,由国家互联网信息办公室承担具体职责,国家互联网信息办公室主任兼任中央网络安全和信息化领导小组办公室主任。此前,2011 年 5 月,我国设立了国家互联网信息办公室,但不另设机构,在国务院新闻办公室加挂国家互联网信息办公室牌子。2014 年 8 月,国务院授权国家互联网信息办公室负责全国互联网信息内容管理工作,并负责监督管理执法。③ 这就意味着,国家互联网信息办公室从国务院新闻办公室分离出来,成为独立的网络空间主要监管机构。由此,地方各级互联网信息办公室对口成立,全国网络空间治理的统筹协调体系日益完善,多个垂直部门进行"九龙治水"的治理局面得到有效改善。2018 年 3 月,根据中共中央印发的《深化党和国家机构改革方案》,将中央网络安全和信息化领导小组改为中国共产党中央网络安全和信息化委员会,国家互联网信息办公室与中央网络安全和信息化委员会办公室(统称为"网信办"),一个机构、两块牌子,列入中共中央直属机构序列,国务院新闻办公

---

① 汪玉凯:《中央网络安全和信息化领导小组的由来及其影响》,《中国信息安全》2014 年第 3 期,第 28 页。

② 《中央网络安全和信息化领导小组成立》,国务院新闻办公室网站,2014 年 2 月 28 日,http://www.scio.gov.cn/ztk/hlwxx/zywlaqhxxhldxzdychyzk/30595/Document/1365615/1365615.htm。

③ 《国务院关于授权国家互联网信息办公室负责互联网信息内容管理工作的通知》,《辽宁省人民政府公报》2014 年第 18 期,第 21 页。

室在中央宣传部加挂牌子①。

　　伴随着网络空间管理体制的完善，这一时期，企业、社会、网民等其他网络空间治理主体的参与度进一步提升，网络空间的社会多元主体共治格局已基本形成。其中，企业是网络空间治理的重要参与主体，当前在网络空间治理中，仅依靠政府一个角色难以应对错综复杂的各类问题，特别是在网络内容治理、网络攻击应对②、电子商务纠纷等方面，而以互联网平台为代表的企业扮演着类似"守门人"的角色，落实企业履责越发成为治理的关键环节。社会监督和网民自律则成为这一时期我国网络空间治理的重要基础，无论是从设立的互联网行业组织数量③、举办网络安全周等大型活动④，还是从网民自发参与的监督举报⑤，均可明显看到，相关治理行动取得了明显成效。以国

---

①　《国务院关于机构设置的通知》，中国政府网，2018 年 3 月 24 日，http://www.gov.cn/zhengce/content/2018-03/24/content_5277121.htm。

②　例如，2017 年 5 月，勒索病毒 WannaCry 席卷全球，波及了 150 多个国家和 30 多万用户，国内大量行业企业内网遭到感染，包括教育、企业、医疗、电力、能源、银行、交通等多个行业受到不同程度的影响，以 360、安天、安恒等为代表的网络安全企业迅速开展研究，主动提供安全服务和防范工具，有效遏制了病毒传播，将损失降到了最低，让各企业和高校重回正常工作轨道。

③　根据国家网信办相关统计，截至 2015 年 8 月，我国已有 546 家各类网络社会组织，近百家网络社会组织将促进信息化发展、培养信息化人才等作为主要业务；各地互联网协会发挥地域性、综合性优势，为网民提供综合服务；百余家网络社会组织着眼于快速发展的互联网金融、电子商务、移动互联网等领域，倡导网络诚信、加强行业自律；文化类网络社会组织数量最多、分布最广，主要通过举办文化活动、生产文化产品、倡导网络公益等形式在网上传递正能量。参见《全国现有 546 家网络社会组织》，中央网信办网站，2015 年 8 月 27 日，http://www.cac.gov.cn/2015-08/27/c_1116395525.htm。

④　2016 年，我国举办网络安全宣传周，规定每年的网络安全宣传周于 9 月份第三周举办，并形成了公益广告和专题节目、有奖征集和竞赛、技术研讨交流、科普材料和表彰奖励等丰富的活动形式。2019 年 9 月，习近平总书记对国家网络安全宣传周作出重要指示强调，举办网络安全宣传周、提升全民网络安全意识和技能，是国家网络安全工作的重要内容。国家网络安全工作要坚持网络安全为人民、网络安全靠人民，保障个人信息安全，维护公民在网络空间的合法权益。参见《习近平对国家网络安全宣传周作出重要指示》，中央网信办网站，2019 年 9 月 16 日，http://www.gov.cn/xinwen/2019-09/16/content_5430185.htm。

⑤　当前，我国设立了互联网违法和不良信息举报中心、网络不良与垃圾信息举报受理中心、全国"扫黄打非"办公室举报中心、网络违法犯罪举报网站等多个监督举报机构，其中离不开网民的广泛监督。以网络违法和不良信息举报为例，仅 2021 年 9 月，全国各级网络举报部门受理举报 1 524.6 万件。参见《2021 年 9 月全国受理网络违法和不良信息举报 1 524.6 万件》，中央网信办违法和不良信息举报中心网站，2021 年 10 月 8 日，https://www.12377.cn/wxxx/2021/2ff58e14_web.html。

家网络宣传安全周为例,这一活动由政府部门发起组织,企业、社会组织和广大网民也是其中重要的参与主体,通过网络普法宣传、数字素养提升专项行动、"网络安全进楼宇""网络安全进小区""网络安全进校园"等一系列宣传教育活动,大大提升了全民网络安全意识。

(三) 治理方式: 经济、法律、技术等多种手段相结合

这一时期,我国将法律、经济、技术等多种治理手段融合,被广泛纳入网络空间治理之中。

习近平总书记指出,网络空间不是"法外之地"。我国的《宪法》以及其他层级的法律法规在网络空间同样适用。与此同时,互联网的发展特性又要求我们根据新的形势推出专项立法和相关政策。在此背景下,网络空间治理法治化全面推进,依法治网成为依法治国的基础工程和时代课题。[1] 2013 年以来,在习近平新时代中国特色社会主义思想的指引下,我国将法治作为网络强国战略的关键环节、价值目标、必要保障和重要举措[2],努力构建完备的网络法律规范体系、高效的网络法治实施体系、严密的网络法治监督体系、有力的网络法治保障体系,网络法治建设取得历史性成就[3]。由此,网络空间治理有关的政策文件数量、议题范围、具体要求、政策精细度等较前面的发展阶段有了很大的提升(如表 2-8 所示)。

表 2-8　2013 年以来我国发布或修订的
网络空间治理相关政策法规

发 布 单 位	发布/修订时间	文 件 名 称	涉及网络空间治理领域	类型
全国人大常委会	2016 年 11 月	《网络安全法》	网络安全	法律
全国人大常委会	2018 年 8 月	《电子商务法》	电子商务	法律
全国人大常委会	2019 年 4 月	《电子签名法》(2019 年修订)	电子签名	法律

① 张鹢:《依法治网是依法治国的时代课题》,《思想政治工作研究》2015 年第 1 期,第 20 页。
② 杨馥萌、刘亚娜:《习近平网络强国战略的法治意蕴》,《社会科学家》2021 年第 7 期,第 129 页。
③ 国务院新闻办公室:《新时代的中国网络法治建设》白皮书,2023 年。

续表

发 布 单 位	发布/修订时间	文 件 名 称	涉及网络空间治理领域	类型
全国人大常委会	2019 年 10 月	《密码法》	密码管理	法律
全国人大常委会	2021 年 6 月	《数据安全法》	数据安全	法律
全国人大常委会	2021 年 8 月	《个人信息保护法》	个人信息保护	法律
全国人大常委会	2022 年 9 月	《电信网络诈骗法》	电信网络诈骗治理	法律
国务院	2013 年 1 月	《信息网络传播权保护条例》（2013 年修订）	网络版权	行政法规
国务院	2013 年 1 月	《计算机软件保护条例》（2013 年修订）	计算机软件保护	行政法规
国务院	2013 年 2 月	《关于推进物联网有序健康发展的指导意见》	物联网发展	政策文件
国务院	2013 年 1 月	《计算机软件保护条例》（2013 年修订）	网络版权	行政法规
国务院	2014 年 8 月	《国务院关于授权国家网信办负责互联网信息内容管理工作的通知》	网络信息内容管理	行政法规
国务院	2015 年 7 月	《关于积极推进"互联网＋"行动的指导意见》	互联网＋	政策文件
国务院	2016 年 2 月	《电信条例》（2016 年修订）	电信服务	行政法规
国务院	2016 年 2 月	《互联网上网服务营业场所管理条例》（2016 年修订）	上网服务营业场所管理	行政法规
国务院	2017 年 7 月	《新一代人工智能发展规划》	人工智能规划	政策文件
国务院	2019 年 3 月	《互联网上网服务营业场所管理条例》（2019 年修订）	上网服务营业场所规范	行政法规
国务院	2019 年 4 月	《关于在线政务服务的若干规定》	电子政务	行政法规

续表

发 布 单 位	发布/修订时间	文 件 名 称	涉及网络空间治理领域	类型
国务院	2021 年 7 月	《关键信息基础设施安全保护条例》	网络安全、关键信息基础设施保护	行政法规
国务院	2023 年 5 月	《商用密码管理条例》（2023年修订）	商用密码管理	行政法规
国务院	2023 年 10 月	《未成年人网络保护条例》	未成年人网络保护	行政法规
国务院办公厅	2019 年 8 月	《关于促进平台经济规范健康发展的指导意见》	平台经济	政策文件
国务院办公厅	2020 年 11 月	《关于切实解决老年人运用智能技术困难的实施方案》	信息无障碍、缩小数字鸿沟	政策文件
国务院反垄断委员会	2021 年 7 月	《关于平台经济领域的反垄断指南》	平台经济、平台经济反垄断	规范性文件
最高人民法院、最高人民检察院	2013 年 9 月	《关于办理利用信息网络实施诽谤等刑事案件适用法律若干问题的解释》	涉及利用信息网络实施诽谤等刑事案件管理	司法解释
最高人民法院	2014 年 8 月	《关于审理利用信息网络侵害人身权益民事纠纷案件适用法律若干问题的规定》	涉及利用信息网络侵害人身权益民事纠纷案件管理	司法解释
最高人民法院、最高人民检察院、公安部	2016 年 12 月	《关于办理电信网络诈骗等刑事案件适用法律若干问题的意见》	网络违法犯罪治理、办理电信网络诈骗等刑事案件	司法解释
最高人民法院、最高人民检察院	2017 年 5 月	《关于办理侵犯公民个人信息刑事案件适用法律若干问题的解释》	个人信息保护	司法解释
最高人民法院、最高人民检察院	2019 年 10 月	《关于办理非法利用信息网络、帮助信息网络犯罪活动等刑事案件适用法律若干问题的解释》	网络违法犯罪治理	司法解释

续表

发布单位	发布/修订时间	文件名称	涉及网络空间治理领域	类型
最高人民法院、最高人民检察院、公安部	2021年6月	《关于办理电信网络诈骗等刑事案件适用法律若干问题的意见(二)》	网络违法犯罪治理、办理电信网络诈骗等刑事案件	司法解释
最高人民法院、最高人民检察院、公安部	2022年8月	《关于办理信息网络犯罪案件适用刑事诉讼程序若干问题的意见》	信息网络犯罪	司法解释
中央网络安全和信息化委员会	2021年11月	《提升全民数字素养与技能行动纲要》	提升全民数字素养与技能、缩小数字鸿沟	政策文件
中央网信办	2014年5月	《关于加强党政机关网站安全管理的通知》	网络安全、党政机关网站安全管理	政策文件
国家网信办	2014年8月	《即时通信工具公众信息服务发展管理暂行规定》	网络内容治理、即时通信工具公众信息服务发展管理	规范性文件
国家网信办	2015年2月	《互联网用户账号名称管理规定》	网络内容治理、互联网用户账号名称管理	规范性文件
国家网信办	2015年4月	《互联网新闻信息服务单位约谈工作规定》	网络内容治理、互联网新闻信息服务单位约谈工作管理	规范性文件
国家网信办	2016年6月	《互联网信息搜索服务管理规定》	网络内容治理、信息搜索服务管理	规范性文件
中央网信办、国家发改委、教育部、科学技术部、工信部、人力资源和社会保障部	2016年7月	《关于加强网络安全学科建设和人才培养的意见》	网络安全、学科建设、人才培养	政策文件

续表

发 布 单 位	发布/修订时间	文 件 名 称	涉及网络空间治理领域	类型
中央网信办、国家质量监督检验检疫总局、国家标准化管理委员会	2016 年 8 月	《关于加强国家网络安全标准化工作的若干意见》	网络安全、网络安全标准化	政策文件
国家网信办	2016 年 11 月	《互联网直播服务管理规定》	网络内容治理、互联网直播服务管理	规范性文件
国家网信办	2016 年 12 月	《国家网络空间安全战略》	网络安全、网络安全战略	政策文件
国家网信办	2017 年 1 月	《国家网络安全事件应急预案》	网络安全、网络安全事件应急	政策文件
国家网信办	2017 年 5 月	《互联网信息内容管理行政执法程序规定》	网络内容治理、互联网信息服务管理	部门规章
国家网信办	2017 年 5 月	《互联网新闻信息服务管理规定》	网络内容治理、互联网信息服务管理	部门规章
国家网信办	2017 年 5 月	《互联网新闻信息服务许可管理实施细则》	网络内容治理、互联网新闻信息服务许可管理	规范性文件
国家网信办	2017 年 8 月	《互联网论坛社区服务管理规定》	网络内容治理、论坛社区服务管理	规范性文件
国家网信办	2017 年 8 月	《互联网跟帖评论服务管理规定》	网络内容治理、跟帖评论服务管理	规范性文件
国家网信办	2017 年 9 月	《互联网群组信息服务管理规定》	网络内容治理、组信息服务管理	规范性文件

续表

发 布 单 位	发布/修订时间	文 件 名 称	涉及网络空间治理领域	类型
国家网信办	2017 年 10 月	《互联网新闻信息服务新技术新应用安全评估管理规定》	网络内容治理、互联网新闻信息服务新技术新应用安全评估管理	规范性文件
国家网信办	2017 年 10 月	《互联网新闻信息服务单位内容管理从业人员管理办法》	网络内容治理、互联网新闻信息服务单位内容管理从业人员管理	规范性文件
国家网信办	2018 年 2 月	《微博客信息服务管理规定》	网络内容治理、微博客信息服务管理	规范性文件
中央网信办、中国证券监督管理委员会	2018 年 3 月	《关于推动资本市场服务网络强国建设的指导意见》	网络强国、资本市场服务网络强国	政策文件
国家网信办、公安部	2018 年 11 月	《具有舆论属性或社会动员能力的互联网信息服务安全评估规定》	网络内容治理、互联网信息服务安全评估	规范性文件
国家网信办	2019 年 1 月	《区块链信息服务管理规定》	网络内容治理、区块链信息服务管理	部门规章
国家网信办秘书局、工信部办公厅、公安部办公厅、市场监管总局办公厅	2019 年 3 月	《App 违法违规收集使用个人信息行为认定方法》	个人信息保护	政策文件
国家网信办、发改委、工信部、财政部	2019 年 7 月	《云计算服务安全评估办法》	网络安全、云安全评估	规范性文件
国家网信办	2019 年 8 月	《儿童个人信息网络保护规定》	儿童个人信息保护	部门规章

续表

发布单位	发布/修订时间	文件名称	涉及网络空间治理领域	类型
国家网信办、文旅部、国家广电总局	2019 年 11 月	《网络音视频信息服务管理规定》	网络内容治理、网络音视频信息服务管理	规范性文件
国家网信办	2019 年 12 月	《网络信息内容生态治理规定》	网络内容治理	部门规章
国家网信办	2021 年 1 月	《互联网用户公众账号信息服务管理规定》	网络内容治理、公众账号信息服务管理	规范性文件
国家网信办、全国"扫黄打非"工作小组办公室、工信部、公安部、文旅部、国家市场监管总局、国家广播电视总局	2021 年 2 月	《关于加强网络直播规范管理工作的指导意见》	网络内容治理、网络直播规范管理	政策文件
国家网信办秘书局、工信部办公厅、公安部办公厅、国家市场监管总局办公厅	2021 年 3 月	《常见类型移动互联网应用程序必要个人信息范围规定》	个人信息保护	规范性文件
国家网信办	2021 年 7 月	《关于开展境内金融信息服务报备工作的通知》	网络内容治理、金融信息服务报备	规范性文件
国家网信办、国家发改委、工信部、公安部、交通运输部	2021 年 8 月	《汽车数据安全管理若干规定(试行)》	数据安全、汽车数据安全	部门规章
国家网信办、宣传部、教育部、科学技术部、工信部、公安部、文旅部、市场监管总局、广电总局	2021 年 9 月	《关于加强互联网信息服务算法综合治理的指导意见》	网络内容治理、互联网信息服务算法综合治理	规范性文件

续表

发 布 单 位	发布/修订时间	文 件 名 称	涉及网络空间治理领域	类型
国家网信办、国家发改委、工信部、公安部、国家安全部、财政部、商务部、中国人民银行、国家市场监管总局、国家广播电视总局、国家保密局、国家密码管理局	2021 年 12 月	《网络安全审查办法》(2021 年修订)	网络安全审查	部门规章
国家网信办、工信部、公安部、国家市场监管总局	2021 年 12 月	《互联网信息服务算法推荐管理规定》	互联网信息服务、算法推荐	部门规章
国家网信办	2022 年 6 月	《互联网用户账号信息管理规定》	互联网用户账号	部门规章
国家网信办	2022 年 6 月	《移动互联网应用程序信息服务管理规定》(2022 年修订)	网络内容治理、应用程序信息服务管理	规范性文件
国家网信办	2022 年 7 月	《数据出境安全评估办法》	数据出境安全	部门规章
国家网信办	2022 年 9 月	《互联网弹窗信息推送服务管理规定》	网络内容治理、互联网弹窗信息推送管理	规范性文件
国家网信办	2022 年 12 月	《互联网跟帖评论服务管理规定》	网络内容治理、互联网跟帖评论服务管理	规范性文件
国家网信办、工信部、公安部	2022 年 12 月	《互联网信息服务深度合成管理规定》	互联网信息服务、深度合成技术管理	部门规章
国家网信办	2023 年 2 月	《网信部门行政执法程序规定》	网信部门行政执法	部门规章
国家网信办	2023 年 2 月	《个人信息出境标准合同办法》	个人信息出境	部门规章

续表

发 布 单 位	发布/修订时间	文 件 名 称	涉及网络空间治理领域	类型
国家网信办、国家发改委、教育部、科技部、工信部、公安部、国家广电总局	2023 年 7 月	《生成式人工智能服务管理暂行办法》	生成式人工智能	部门规章
工信部	2013 年 7 月	《电信和互联网用户个人信息保护规定》	个人信息保护	部门规章
工信部	2013 年 7 月	《电话用户真实身份信息登记规定》	电信服务管理、电话用户真实身份信息登记	部门规章
工信部	2013 年 7 月	《互联网接入服务规范》	互联网接入服务	规范性文件
工信部	2014 年 4 月	《电信设备进网管理法》（2014 年修订）	电信服务管理、电信设备进网管理	部门规章
工信部	2015 年 4 月	《电子认证服务管理办法》（2015 年修订）	电子认证服务	部门规章
工信部	2015 年 5 月	《通信短信息服务管理规定》	通信短信息服务	部门规章
工信部、民政部、国家卫生计生委	2017 年 2 月	《智慧健康养老产业发展行动计划（2017—2020 年）》	智慧健康养老	政策文件
工信部	2017 年 3 月	《云计算发展三年行动计划（2017—2019 年）》	云计算发展	政策文件
工信部	2017 年 7 月	《电信业务经营许可管理办法》（2017 年修订）	电信服务管理、电信业务经营许可管理	部门规章
工信部	2017 年 8 月	《互联网域名管理办法》	互联网基础资源管理、无线电频率划分管理	部门规章

续表

发布单位	发布/修订时间	文件名称	涉及网络空间治理领域	类型
工信部	2017 年 9 月	《工业电子商务发展三年行动计划》	工业电子商务	政策文件
工信部	2017 年 9 月	《公共互联网网络安全威胁监测与处置办法》	网络安全、公共互联网网络安全威胁监测与处置	规范性文件
工信部	2017 年 12 月	《无线电频率划分规定》（2017 年修订）	互联网基础资源管理、域名管理	部门规章
工信部	2017 年 12 月	《公共互联网网络安全突发事件应急预案》	网络安全、公共互联网网络安全突发事件应急	规范性文件
工信部	2017 年 12 月	《工业控制系统信息安全行动计划（2018—2020 年）》	网络安全、工业控制系统信息安全	政策文件
工信部	2018 年 5 月	《关于推进网络扶贫的实施方案（2018—2020 年）》	网络扶贫	政策文件
工信部、国务院扶贫办	2018 年 10 月	《关于持续加大网络精准扶贫工作力度的通知》	网络扶贫	政策文件
工信部	2018 年 12 月	《关于加快推进虚拟现实产业发展的指导意见》	虚拟现实产业发展	政策文件
工信部	2018 年 12 月	《车联网（智能网联汽车）产业发展行动计划》	车联网产业	政策文件
工信部、国资委	2019 年 4 月	《关于开展深入推进宽带网络提速降费　支撑经济高质量发展 2019 专项行动》	宽带网络提速降费管理	政策文件
工信部、教育部、人力资源和社会保障部、生态环境部、国家卫生健康委员会、应急管理部、国务院国有资产监督管理委员会、国家市场监管总局、国家能源局、国家国防科技工业局	2019 年 7 月	《加强工业互联网安全工作的指导意见》	工业互联网	规范性文件

续表

发布单位	发布/修订时间	文件名称	涉及网络空间治理领域	类型
工信部	2019 年 11 月	《"5G＋工业互联网"512 工程推进方案》	5G、工业互联网发展	政策文件
工信部	2019 年 11 月	《关于开展 APP 侵害用户权益专项整治工作的通知》	个人信息保护、App 治理	政策文件
工信部	2019 年 11 月	《携号转网服务管理规定》	电信服务、携号转网服务	规范性文件
工信部	2020 年 3 月	《关于推动工业互联网加快发展的通知》	工业互联网发展	政策文件
工信部	2020 年 7 月	《关于开展纵深推进 APP 侵害用户权益专项整治行动的通知》	个人信息保护、App 治理	政策文件
工信部、中国残疾人联合会	2020 年 9 月	《关于推进信息无障碍的指导意见》	信息无障碍	政策文件
工信部	2020 年 12 月	《互联网应用适老化及无障碍改造专项行动方案》	信息无障碍	政策文件
工信部	2020 年 12 月	《工业互联网创新发展行动计划（2021—2023 年）》	工业互联网	政策文件
工信部	2020 年 12 月	《工业互联网标识管理办法》	工业互联网、工业互联网标识管理	规范性文件
工信部	2021 年 3 月	《"双千兆"网络协同发展行动计划（2021—2023 年）》	"双千兆"网络发展	政策文件
工信部、中央网信办	2021 年 6 月	《关于加快推动区块链技术应用和产业发展的指导意见》	区块链发展	政策文件
工信部	2021 年 7 月	《新型数据中心发展三年行动计划（2021—2023 年）》	新型数据中心发展	政策文件

续表

发　布　单　位	发布/修订时间	文　件　名　称	涉及网络空间治理领域	类型
工信部、中央网信办、国家发改委、教育部、财政部、住房和城乡建设部、文旅部、国家卫健委、国务院国资委、国家能源局	2021 年 7 月	《5G 应用"扬帆"行动计划（2021—2023 年)》	5G 应用	政策文件
工信部、国家网信办、公安部	2021 年 7 月	《网络产品安全漏洞管理规定》	网络安全、网络产品安全漏洞管理	规范性文件
工信部、公安部、交通运输部	2021 年 7 月	《智能网联汽车道路测试与示范应用管理规范(试行)》	智能网联汽车、道路测试与示范应用管理	规范性文件
工信部、中央网信办	2021 年 7 月	《IPv6 流量提升三年专项行动计划(2021—2023 年)》	互联网基础资源管理、IPv6 管理	政策文件
工信部	2021 年 11 月	《"十四五"信息通信行业发展规划》	信息通信行业发展	政策文件
工信部、中央网信办	2022 年 11 月	《关于进一步规范移动智能终端应用软件预置行为的通告》	规范移动智能终端应用软件预置行为	规范性文件
工信部	2022 年 12 月	《工业和信息化领域数据安全管理办法(试行)》	数据安全	规范性文件
工信部、中央网信办、国家发改委、教育部、交通运输部、中国人民银行、国务院国资委、国家能源局	2023 年 4 月	《关于推进 IPv6 技术演进和应用创新发展的实施意见》	IPv6 技术演进和应用创新	政策文件
工信部、国家金融监管总局	2023 年 7 月	《关于促进网络安全保险规范健康发展的意见》	网络安全保险	政策文件

续表

发 布 单 位	发布/修订时间	文 件 名 称	涉及网络空间治理领域	类型
公安部、国家网信办、工信部、环保部、国家工商行政管理总局、国家安全生产监督管理总局	2015 年 2 月	《互联网危险物品信息发布管理规定》	网络内容自理、危险物品信息发布管理	规范性文件
国家新闻出版广电总局（现国家广电总局）、工信部	2016 年 2 月	《网络出版服务管理规定》	网络出版服务	部门规章
国家新闻出版广电总局（现国家广电总局）	2016 年 7 月	《关于促进主流媒体发展网络广播电视台的意见》	媒体融合	政策文件
国家广电总局	2019 年 8 月	《关于推动广播电视和网络视听产业高质量发展的意见》	网络视听产业	政策文件
国家广电总局	2021 年 3 月	《专网及定向传播视听节目服务管理规定（2021 年修订）》	网络视听节目管理	部门规章
国家版权局	2016 年 11 月	《关于加强网络文学作品版权管理的通知》	网络内容治理、网络版权、网络文学版权	规范性文件
国家新闻出版署	2021 年 8 月	《关于进一步严格管理 切实防止未成年人沉迷网络游戏的通知》	网络内容治理、防止未成年人沉迷网络游戏	政策文件
外交部、国家网信办	2017 年 3 月	《网络空间国际合作战略》	网络空间国际合作	政策文件
国家发改委、中央网信办、工信部、人力资源社会保障部、税务总局、工商总局、质检总局、国家统计局	2017 年 3 月	《关于促进分享经济发展的指导性意见》	新经济、分享经济	政策文件

续表

发 布 单 位	发布/修订时间	文 件 名 称	涉及网络空间治理领域	类型
国家发改委、中央网信办	2020 年 4 月	《关于推进"上云用数赋智"行动　培育新经济发展实施方案》	新经济、数字经济	政策文件
国家发改委、科技部	2021 年 4 月	《关于深入推进全面创新改革工作的通知》	创新改革、关键核心技术攻坚	政策文件
国家发改委、市场监管总局、中央网信办、工信部、人力资源和社会保障部、农业农村部、商务部、中国人民银行、税务总局	2021 年 12 月	《关于推动平台经济规范健康持续发展的若干意见》	平台经济	政策文件
科技部、发展改革委、教育部、中国科学院、自然科学基金委	2020 年 1 月	《加强"从 0 到 1"基础研究工作方案》	基础研究、关键核心技术突破	政策文件
商务部	2014 年 12 月	《网络零售第三方平台交易规则制定程序规定（试行）》	电子商务	部门规章
商务部、科技部、工信部、财政部、自然资源部、住房城乡建设部、中国人民银行、海关总署、税务总局、市场监督管理总局、银保监会、证监会	2019 年 2 月	《关于推进商品交易市场发展平台经济的指导意见》	平台经济、电子商务	政策文件
国家市场监管总局	2018 年 12 月	《关于做好电子商务经营者登记工作的意见》	电子商务、电子商务经营者登记管理	政策文件
国家市场监管总局	2021 年 3 月	《网络交易监督管理办法》	网络交易监督管理、电子商务	部门规章
国家市场监管总局、国家网信办	2022 年 11 月	《关于实施个人信息保护认证的公告》	个人信息保护认知	规范性文件

续表

发 布 单 位	发布/修订时间	文 件 名 称	涉及网络空间治理领域	类型
国家市场监管总局、中央网信办、工信部、公安部	2023 年 3 月	《关于开展网络安全服务认证工作的实施意见》	网络安全服务认证	政策文件
国家新一代人工智能治理专业委员会	2019 年 6 月	《新一代人工智能治理原则——发展负责任的人工智能》	人工智能治理	政策文件
国家新一代人工智能治理专业委员会	2021 年 9 月	《新一代人工智能伦理规范》	人工智能治理	政策文件
国家标准化管理委员会、中央网信办、国家发改委、科技部、工信部	2020 年 7 月	《国家新一代人工智能标准体系建设指南》	人工智能标准建设	政策文件
国家文化和旅游部	2020 年 9 月	《在线旅游经营服务管理暂行规定》	在线旅游服务管理	部门规章
文化部（现国家文化和旅游部）	2016 年 12 月	《网络表演经营活动管理办法》	网络内容治理、网络表演经营活动管理	规范性文件
中国人民银行	2015 年 12 月	《非银行支付机构网络支付业务管理办法》	电子商务、网络支付	部门规章
中国人民银行、工信部、公安部、财政部、国家工商总局、国务院法制办、中国银行业监督管理委员会、中国证监会、中国保监会、国家网信办	2015 年 7 月	《关于促进互联网金融健康发展的指导意见》	互联网金融	规范性文件
中国人民银行	2019 年 3 月	《关于进一步加强支付结算管理防范电信网络新型违法犯罪有关事项的通知》	网络支付、支付结算管理防范电信网络新型违法犯罪	规范性文件

续表

发 布 单 位	发布/修订 时间	文 件 名 称	涉及网络空间治理领域	类型
中国银保监会	2020 年 4 月	《商业银行互联网贷款管理暂行办法》	互联网金融	部门规章
中国银保监会	2020 年 12 月	《互联网保险业务监管办法》	互联网金融、互联网保险业务监管	部门规章
国家食品药品监督管理局(现国家药品监督管理局)	2017 年 11 月	《互联网药品信息服务管理办法》(2017 年修订)	网络内容治理、互联网药品信息服务管理	部门规章
国家卫生健康委员会	2018 年 7 月	《国家健康医疗大数据标准、安全和服务管理办法(试行)》	健康医疗大数据管理	规范性文件
国家卫生健康委办公厅	2020 年 2 月	《关于加强信息化支撑新型冠状病毒感染的肺炎疫情防控工作的通知》	信息化支撑疫情防控工作	政策文件
交通运输部、中央宣传部、中央网信办、国家发改委、工信部、公安部、住房城乡建设部、中国人民银行、质检总局、国家旅游局	2017 年 8 月	《关于鼓励和规范互联网租赁自行车发展的指导意见》	互联网租赁自行车管理	政策文件
教育部、中央网信办、工信部、公安部、民政部、市场监管总局、国家新闻出版署、全国"扫黄打非"工作小组办公室	2019 年 8 月	《关于引导规范教育移动互联网应用有序健康发展的意见》	教育移动互联网应用	规范性文件
交通运输部、工信部、公安部、商务部、市场监管总局、国家网信办	2019 年 12 月	《网络预约出租汽车经营服务管理暂行办法》	网约车管理	部门规章

续表

发 布 单 位	发布/修订时间	文 件 名 称	涉及网络空间治理领域	类型
国家宗教事务局、国家网信办、工信部、公安部、国家安全部	2021 年 12 月	《互联网宗教信息服务管理办法》	网络内容治理、互联网宗教信息服务管理	部门规章
中国气象局	2020 年 3 月	《气象信息服务管理办法（2020 年修订）》	气象信息服务管理	部门规章
中国气象局	2023 年 7 月	《人工智能气象应用工作方案（2023—2030 年）》	人工智能气象应用	政策文件

资料来源：根据相关年鉴、部门官网信息以及新闻报道等综合整理。

　　总体来看，我国已形成完善以法律、行政法规、部门规章、规范性文件、政策文件、标准等为代表的政策体系。在立法层面，我国基本形成了以宪法为根本，以法律、行政法规、部门规章和地方性法规、地方政府规章为依托，以传统立法为基础，以网络内容建设与管理、网络安全和信息化等网络专门立法为主干的网络法律体系。[①] 具体而言，在国家层面，2016 年我国颁布的第一部综合性网络空间的治理法律——《网络安全法》，使得我国在互联网基础管理、规范网络信息传播秩序、打击网络违法犯罪、网络安全保障等方面翻开崭新的一页。《电子商务法》《密码法》《数据安全法》《个人信息保护法》等重要法律相继出台，构筑了网络安全、数据安全、密码安全、个人数据保护、电子商务等多领域的网络空间治理防线。与此同时，党中央、国务院、最高人民法院、最高人民检察院等根据各自职责发布了一系列政策法规，在信息内容生态治理、个人信息保护、网络安全保障、数字经济健康发展、网络空间国际合作，以及医疗、卫生、教育、交通各行业各领域的网络社会管理等方面着力推进网络强国建设。在地方层面，上海、广东、浙江

――――――――――

① 中央网络安全和信息化委员会办公室：《习近平总书记关于网络强国的重要思想概论》，人民出版社 2023 年版，第 138 页。

等省市以地方性法规、地方政府规章为依托,对数字经济、数据、人工智能等领域进行规范发展。在标准层面,涉及信息安全、数据安全、智慧城市建设、互联网医院、远程教育等的多项行业标准启动或发布,具体指导我国网络空间治理实践。以全国信息安全标准化技术委员会(TC260)发布的网络安全标准为例,其仅 2013 年以来制定/修订发布了 260 项国家标准,占已发布国家相关标准的 80.5%。①

在执法层面,我国在这一时期的一个重要突破是建立健全网络行政执法体制机制,逐步形成了横向协同、纵向联动的全国网络行政执法工作体系,以实现违法线索互联、执法标准互通、处理结果互认②。我国还依法开展了一系列常态化、高强度的网络空间治理专项行动。自 2014 年 4 月起,网信办、工信部、公安部等互联网监管部门相继组织开展或联合开展"净网""剑网"③"清源""固边""秋风""护苗"等网络专项整治行动。

此外,技术治网、经济治网等多种手段被综合纳入我国网络空间治理之中。技术治网方面,我国积极引入企业、高校等社会力量,进一步加强了新技术前瞻性研发应用,通过联合实验室、新型研发机构等方式构建了网络综合治理的技术支撑体系和技术平台,深化大数据、人工智能、区块链等新一代信息技术在数据共享、态势感知、舆情治理、内容监管、版权保护等方面的聚合应用,促进技术治理向自动化、智能化的方向转变,提高治理的针对性和有效性。经济治网方面,近年来,我国不断完善对互联网平台企业的监管力度,通过约谈、罚款、下架、关闭等方式落实平台责任,推进平台经济规范发展。这

---

① 数据由笔者于 2021 年 10 月 11 日统计整理,来源于全国信安标委官网,2021 年 8 月 16 日,https://www.tc260.org.cn/front/bzcx/yfgbqd.html。

② 中央网络安全和信息化委员会办公室:《习近平总书记关于网络强国的重要思想概论》,人民出版社 2023 年版,第 139—140 页。

③ 例如,2021 年 6 月,国家版权局、工信部、公安部、国家网信办四部门联合启动打击网络侵权盗版"剑网 2021"专项行动,查办网络侵权案件 445 件,关闭侵权盗版网站/App 245 个,处置删除侵权盗版链接 61.83 万条,推动网络视频、网络直播、电子商务等相关网络服务商清理各类侵权链接 846.75 万条,主要短视频平台清理涉东京奥运会赛事节目短视频侵权链接 8.04 万条。

些治理手段显著体现在我国网络信息内容生态治理①、App 个人信息保护治理、互联网反垄断等多项治理工作之中。

第三节　进展与挑战：我国网络空间治理现状分析

一、顶层设计日益完善，大步迈向网络强国

党的十八大以来，在习近平新时代中国特色社会主义思想的指引下，我国网络空间治理体系和治理能力现代化推进完善，我国逐步从网络大国迈入网络强国。

从网络空间治理体系看，历经网络空间治理的准备期、起步期、发展期到深化期的发展过程，我国从互联网的"管理"（management）真正迈入网络空间的"治理"（government）阶段网络空间治理的核心理念、组织机构、体制机制、制度供给等顶层设计日益完善。

其一，网络空间治理理念方面，"治理"作为一个核心理念进入网络空间强国建设之中。2014 年 2 月，习近平总书记在主持召开中央网络安全和信息化领导小组第一次会议时，提出了"依法治理网络空间"的新要求。2014 年 7 月，习近平主席在巴西国会发表《弘扬传统友好　共谱合作新篇》演讲，提出"建立多边、民主、透明的国际互联网治理体系"。2014 年 11 月，习近平总书记在致首届世界互联网大会贺词中，重申了这一愿景。此后，习近平总书记在网络安全和信息化工作座谈会、全国网络安全和信息化工作会议等重要会议上均强调了网络空间治理的重要性。在政策法规层面，2016 年 11 月通过的《网络安全法》将"网络空间治理"正式纳入法律之中，明确了网络空间治理目标和要求。2019 年 10 月通过的《中共中央关于坚持和完善中国特色社会主义制度、推进国家治理体系和治理能力现代化若干重大问题的决定》提出

---

① 例如，2019 年 1 月，国家网信办针对百度部分产品和频道以及搜狐 WAP 网、搜狐新闻客户端传播低俗庸俗信息、严重破坏网上舆论生态等问题，分别约谈百度和搜狐相关负责人，责令立即全面深入整改。

了"建立健全网络综合治理体系，全面提高网络治理能力"。这意味着，网络空间治理已嵌入国家治理的行动逻辑之中。随后出台的《网络信息内容生态治理规定》《关于加强互联网信息服务算法综合治理的指导意见》等文件，则将治理重点放在了网络信息内容、算法治理等领域，进一步落实了治理实践中的相关要求。

其二，网络空间治理领导机制方面，我国网络空间的监管体系（如图2-3所示）已基本形成，党委领导是中国网络空间治理沿着正确方向前进的有力保障，政府管理是推进依法治网、依法办网进程的基本要求。其中，中共中央网络安全和信息化委员会负责决策和统筹协调经济、政治、文化、社会及军事等各个领域的网络安全和信息化重大工作[①]，体现了党中央对涉及党和国家事业全局的重大工作的集中统一领导。作为中共中央网络安全和信息化委员会的办事机构，中央网络安全和信息化委员会办公室承担具体职责，进一步强化网络空间治理统筹协调，与国家互联网信息办公室一个机构、两块牌子[②]，并负责网络空间信息内容监管、网络数据安全管理、网络空间国际合作等具体工作。国务院下属的有关机构则具体负责本行业、本领域中网络安全和信息化监管的职责，例如工业和信息化部管理工业、通信业等行业的规划、产业政策和标准，指导推进信息化建设，协调维护国家信息安全；公安部则在职责范围内负责网络安全保护和监督管理工作，例如开展网络安全等级保护工作、推进关键信息基础设施保护工作、打击网络安全犯罪等；国家发改委下设国家数据局，负责协调推进数据基础制度建设，统筹数据资源整合共享和开发利用，统筹推进数字中国、数字经济、数字社会规划和建设等。[③] 而医疗、交通、教育等部门则负责各自垂直领域的网络安全和信息化监管工作。这样的网络空间监管

---

① 《中央网络安全和信息化领导小组成立》，中央网信办网站，2014年2月28日，http://www.cac.gov.cn/2014-02/28/c_126397488.htm? from＝timeline。

② 《国务院关于机构设置的通知》，中国政府网，2018年3月24日，http://www.gov.cn/zhengce/content/2018-03/24/content_5277121.htm。

③ 《组建国家数据局》，新华网，2023年3月7日，http://www.xinhuanet.com/politics/2023-03/07/c_1129419141.htm。

体系既加强了统筹协调，又明确了职责分工，大大提升了网络空间治理效能。

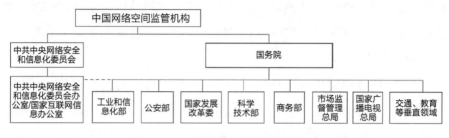

图2-3 中国网络空间治理监管机构

其三，制度体系建设方面，我国网络空间治理的战略思想、法规制度、标准体系日益健全。在战略思想层面，从提出"科学技术是第一生产力""十六字方针""新十六字方针"，到习近平新时代中国特色社会主义思想体系指导下的网络强国战略思想，网络空间治理的"中国特色"日益凸显、不断强化，其与时俱进的理论体系与丰富内涵已然形成。在法律法规层面，我国已建立由法律、行政法规、部门规章、规范性文件、政策文件、标准规范等组成的多层级多领域网络空间治理法制体系。特别是党的十八大以来，党中央、国务院等各部门相继发力，深入贯彻依法治网的理念，不断推进理论创新和实践创新，从数字经济和技术、产业发展，数字生活建设，网络生态内容规范，网络安全保障，网络空间国际合作等方面着力强化网络空间治理创新。

从网络空间治理能力看，在这一系列顶层设计的指引下，中国网络空间治理能力逐步完善，取得了极为丰富的治理成果。

其一，网络空间服务应用和产业发展活力迸发，为网络治理能力提升夯实了基础支撑。网络普及方面，我国网民数量全球第一，截至2022年12月，中国网民规模达10.67亿，互联网普及率达75.6%①，网民在享受便捷的互联网应用和服务的同时带来了庞大的互联网流量。基础设施建设方

---

① 中国互联网络信息中心：《第51次中国互联网络发展状况统计报告》，2023年。

面,新基建①全面部署,带来互联互通、高效泛在的网络环境。数字经济方面,要素资源配置的结构与效率显著改善,我国成功地将超大规模市场和人口红利转化为数据红利,探索出适合新兴市场发展环境、不同于西方发达国家的数字经济发展模式②,数字经济规模跃居世界第二,电子商务市场全球最大。这些既是我国网络空间治理成果的集中体现,也为网络空间治理能力的提升提供了关键基础性保障。

其二,多元主体积极参与网络空间治理,网络空间生态发展环境得到明显改善。随着我国网络空间治理体系和治理能力的完善,以党和政府为主导力量、多元主体积极参与的治理结构营造了良好的发展氛围。企业的积极履责、社会组织的行业协调、网民的持续监督,使得我国网络综合治理能力大幅提升,在应对网络攻击方面取得成效③,网民的获得感、幸福感和安全感显著增强④。

其三,网络空间国际规则制定能力建设取得进展,网络空间命运共同体建设深化。长期以来,无论是在网络空间技术标准制定,还是在网络空间行为主体规范上,西方发达国家往往处于主导地位,相较而言,我国往往处于"被动"局面。而随着我国网络强国思想的提出,构建网络空间命运共同体日益成为国际共识,《网络安全法》《网络空间国际合作战略》的出台明确了强化

---

① 根据工业和信息化部发布的《"十四五"信息通信行业发展规划》,新基建包括 5G、千兆光纤网络、IPv6、移动物联网、卫星通信网络等新一代通信网络基础设施,数据中心、人工智能基础设施、区块链基础设施等数据和算力设施,以及工业互联网、车联网等融合基础设施。

② 陈煜波:《大力发展数字经济》,《人民日报》2021 年 1 月 20 日。

③ 例如,2020 年,国家计算机网络应急技术处理协调中心协调处置各类网络安全事件约 10.3 万起,同比减少 4.2%。据抽样监测发现,我国被植入后门网站、被篡改网站等数量均有所减少。其中被植入后门的网站数量同比减少 37.3%,境内政府网站被植入后门的数量大幅下降,同比减少 64.3%;被篡改的网站数量同比减少 45.9%。国家计算机网络应急技术处理协调中心持续开展对被用于进行分布式拒绝服务(DDoS)攻击的网络资源的治理工作,境内可被利用的攻击资源稳定性降低,被利用发起攻击的境内攻击资源数量持续控制在较低水平,有效降低了自我国境内发起的攻击流量,从源头上持续遏制 DDoS 攻击事件。2020 年我国境内 DDoS 攻击次数减少 16.16%,攻击总流量下降 19.67%;僵尸网络控制端数量在全球的占比稳步下降至 2.05%。

④ 例如,一项调查显示,党的十八大以来,网民普遍肯定网络环境的积极变化,认为政府的网络治理水平提高了,对我国网络健康规范发展充满信心。参见零点调查"网络生态环境调查"项目组:《我国网络空间日益清朗》,《光明日报》2015 年 2 月 28 日。

网络主权、开展网络空间国际合作的中国愿景；世界互联网大会的举办，为世界搭建了一个具有广泛代表性的开放平台，一个让世界倾听、了解中国的分享平台，为构建崭新的国际互联网治理体系作出新贡献①；近年来在联合国、世界移动大会、互联网名称与数字地址分配机构大会、国际电信联盟（ITU）全权代表大会、世界知识产权组织、G20、金砖国家、亚太经济合作组织、世界贸易组织（WTO）等多边机制②下的积极对话合作，切实传播了中国治网原则与实践经验；《二十国集团数字经济发展与合作倡议》《"一带一路"数字经济国际合作倡议》《携手构建网络空间命运共同体行动倡议》《全球数据安全倡议》《中阿数据安全合作倡议》《"中国＋中亚五国"数据安全合作倡议》等国际网络空间合作倡议的提出，为全球数字经济发展和网络空间治理贡献了中国方案③。

二、变量因素复杂交错，治理路径尚待提升

互联网既是最大的增量，也是最大变量。当前，多重变量因素在网络空间交错融合，使得我国在向网络强国迈进的道路上面临诸多挑战。从网络意识形态看，网络舆情生态日趋复杂，网络民粹主义、网络舆论暴力、网络谣言等威胁加剧。从网络安全看，网络攻击、数据泄露事件、电信诈骗、数据灰黑产等事件仍层出不穷，个人隐私保护任重道远。从网络技术发展看，互联网核心技术是"命门"性技术，近年来网络空间大国战略博弈升级，一些国家试图通过科技断供、出口管制、投资审查、限制学术交流、司法长臂管辖等方式全方位、持续性地封堵和限制我国信息技术发展。可以说，在网络空间中，危害中国共产党领导和我国社会主义制度的风险挑战，危害我国主权、安全、发展利益的风险挑战，危害我国核心利益和重大原则的风险挑战，危害我国人民根本利益的风险挑战，危害我国实现"两个一百年"奋斗目标、实现中华民

---

① 《习近平"四项原则""五点主张"成全球共识》，中央网信办网站，2016 年 12 月 29 日，http://www.cac.gov.cn/2016-12/29/c_1120209665.htm。
②③ 国家互联网信息办公室：《数字中国发展报告（2020 年）》，2020 年。

族伟大复兴的风险挑战①，都不同程度地存在。回顾我国网络空间治理变革的历史进程，我国在应对这些严峻的风险挑战中取得了历史性成就，但仍存在一些问题。

其一，存在较大的路径依赖，对于新兴议题应对不足。长期以来，我国网络空间治理的路径多为政府主导型的传统路径，这对网络空间的发展和社会的稳定起到了很大的促进作用。但在面对新兴问题、突发性事件时往往有较强的路径依赖，即过于依赖政府传统治理手段而错过问题解决的最佳时机，反而使得事态扩大，影响政府公信力。这也往往导致对网络空间的治理时常陷入"被动反应式"的循环中，即"问题出现→监管部门重视→出台制度→部门行动"②的治理路径往往"就事论事"，未形成体系性、规律性、全局性的一般性政策和做法，导致在突发事件或者新兴议题上的治理效果不佳。例如，我国面对网络空间各类问题，出台了诸多网络空间治理相关法律法规，形成了较为庞大完备的政策体系。这些政策都有相似之处，如明确政策要实现的目标、主管部门管辖的业务范围、业务许可审批的相关要求、违规处罚措施等。但这种"星图散点式"的具象政策往往在前瞻性和普遍性上存在不足，有一定的滞后性，这使得政府在面对复杂新兴的各类问题时难以形成有力回应。

其二，存在管理机制碎片化问题，"九龙治水"的现象尚未完全得到解决。我国长期以来实行的政府管理逻辑是延续传统业务管理的思路，政府分部门、按条块进行垂直管理，即依据互联网管理的需求和属性，对互联网管理职能进行任务分解，按照"功能等同"和"现实对应"的原则，将互联网及其表现出来的各种社会关系与传统社会关系——对应，将其管理职能在已有政府管理机构之间进行分配和架构，在现有国家行政管理体制中默

---

① 《习近平在中央党校（国家行政学院）中青年干部培训班开班式上发表重要讲话强调：发扬斗争精神增强斗争本领　为实现"两个一百年"奋斗目标而顽强奋斗》，《人民日报》2019 年 9 月 4 日。
② 郑振宇：《改革开放以来我国互联网治理的演变历程与基本经验》，《马克思主义研究》2019 年第 1 期，第 63 页。

认、授权或者指定某些传统的行政管理机构来行使互联网的各种政府管理职能。[①] 因此，我国信息、宣传、文化、执法、安全等传统部门长期在网络空间中行使其在现实社会所对应的部门职能。尽管在后续的治理进程中，我国在国家层面通过合并、调整旧部门或设立新部门，进一步明确了网络空间治理的各部门职责，且强化了统筹协调功能，但由于互联网的快速发展，网络空间与现实社会融合的复杂性，以及部门利益的冲突，加之地方和国家行政的差异性，我国网络空间监管机制碎片化问题依旧显现，既存在多头管理、职能交叉，又存在权责不清、管理漏洞，这使得实际的网络空间治理中很难形成合力。例如，虽然国家网信办已成立，但"多头型"治理、"条块化"分割、主管部门分散式行动的局面并没有得到根本性解决，而多部门发布的政策或者开展的相关行动在数据安全、个人信息保护等领域上存在管理交叉，不同政策的协调性尚待进一步提升。这不仅导致未来治理出现应对乏力现象，还会加重企业合规成本，进而影响互联网产业和数字经济健康发展。

其三，僵化控制的思维尚未完全破除，不利于网络空间治理创新。当前我国的网络空间治理尚未完全摆脱"管理"和"管控"思维，而且治理的精准化程度与网络强国的建设要求尚不适应。例如，对于网络空间内容治理，我国往往采用"过滤""屏蔽""删除"等"一刀切"的消极防守的技术治理方式，而有关的审核机制和审核标准的透明度有待进一步提升，缺乏更多柔性手段，不利于互联网技术的创新与正常的国际交流，也会阻碍互联网产业的发展。[②] 此外，在多元主体参与治理的过程中，当前我国网络空间治理主要采取"代理式"监管模式，强调平台责任是一大特色。对企业平台采取"发包"管理虽具有一定的治理成效，但往往会陷入"既是裁判员，又是运动员"的境地。即互联网企业一方面是网络空间治理的重要主体，另一方面又是网络空间治理的对象之一，破坏了原先的权力结构，这可能导致互联网平台承受较大的

---

① 岳爱武、苑芳江：《从权威管理到共同治理：中国互联网管理体制的演变及趋向——学习习近平关于互联网治理思想的重要论述》，《行政论坛》2017年第5期，第61页。
② 金蕊：《中外互联网治理模式研究》，硕士学位论文，华东政法大学，2016年。

监管责任而形成系统性的"自我规训"或者滥用这种"代理权力"形成平台垄断，不利于网络空间和平台经济的健康发展。而就我国网络空间治理的实践现状来看，虽然互联网企业一直充当互联网创新发展和内部生态规则制定的重要角色，但其作为"治理主体"的社会责任还远未承担起来。①

本 章 小 结

对于导言中提出的"中国网络空间治理经历了什么样的实践探索"这一问题，本章以马克思主义唯物史观为指导，通过科学梳理中国网络空间治理的历史嬗变、成就优势和风险挑战系统性地进行了回答，为本书揭示中国网络空间治理规律和治理特点以及从实践维度探讨中国网络空间治理之道，提供了重要的事实依据和基础支撑。

在如何划分中国网络空间治理阶段方面，本章从网络空间治理的基本框架和范式出发，认为治理理念、治理主体、治理对象、治理方式是关键因素，其中治理理念是最核心的因素，其深受一个国家的政治体制、意识形态、治理传统和社会文化等影响，具象体现在历届党和国家领导人的思想理论以及其对于网络空间治理的一系列重要论述中（第一章已总结），并直接作用于治理主体、治理对象和治理方式。因此，本章将中国网络空间治理划分为四个阶段，分别为中国网络空间治理的预备期（1978—1994）、起步期（1994—2003）、发展期（2003—2013）、深化期（2013 年至今）。

由此，本章基于大量的文献资料、统计数据和实践材料梳理了中国网络空间治理的四阶段演进历程。其中，第一阶段的准备期为改革开放背景下开展互联网技术"引进来"；第二阶段的起步期是有组织、有计划的行政主导型治理；第三阶段的发展期则是重科学发展、强安全管理的事件驱动型治理；第四阶段的深化期为强法治、多主体参与、多手段结合的综合治理。

---

① 侯伟鹏、徐敬宏、胡世明：《中国互联网治理研究 25 年：学术场域与研究脉络》，《郑州大学学报（哲学社会科学版）》2020 年第 1 期，第 38 页。

　　而这一演进过程同时伴随着治理对象从互联网本身的"双刃剑"效应转向网络空间与现实空间交融的政治、经济、文化、社会等多维议题；治理主体从单一的党和政府为绝对管理力量转向互联网领导管理体制的"自适应"调整、多元主体积极参与的治理结构；治理方式则从政策行政主导演变为经济、法律、技术等多手段结合。

　　基于上述基本事实的梳理和分析，本书最后总结了中国网络空间治理的成就与问题。就成就而言，在习近平新时代中国特色社会主义思想的指引下，我国在网络空间治理体系和治理能力现代化方面日益推进，并逐步从网络大国迈入网络强国。从治理体系看，我国网络空间治理的组织机构、体制机制、制度供给等顶层设计日益完善，中国网络空间治理不断强化优化，其与时俱进的理论体系与丰富内涵已然形成。从治理能力看，我国产业和数字经济发展能力、多元主体参与治理的能力、网络空间国际规则制定能力等综合实力有了显著的提升；但另一方面，多重变量因素在网络空间交错融合，形成了诸多风险挑战，而我国网络空间治理中仍然存在一些问题。例如，长期政府主导型的治理模式形成了路径依赖，这导致对于新兴议题应对不足；分部门、按条块进行垂直管理导致管理机制碎片化，"九龙治水"的现象尚未完全得到解决，统筹协调能力待进一步加强；僵化控制的思维尚未完全破除，不利于网络空间治理创新等。

　　综上可见，中国网络空间治理之道在实践探索中已然成形，但同时实践中呈现的问题说明当前的治理模式尚未达到理想状态，仍然需要进一步深化发展，并且延伸出若干值得深入研究的议题。例如，与国外的治理模式相比，中国网络空间治理是否存在普遍性与特殊性？如果存在，国外又是如何看待中国网络空间治理的？我们应如何更好地推进中国网络空间治理？对于上述问题，本书将在后续的章节中详细论述。

第三章 国际观察：比较视野下的中国网络空间治理框架和路径

当前，全球主要国家和地区的网络空间治理已形成了丰富的治理实践，这背后反映的是不同国家治理范式的异同。因此，要在国际比较视野下研究中国网络空间治理，一方面需要从治理范式出发，通过对治理理念、治理主体、治理议题、治理方式等治理框架的比对，从理论层面比较中外的路径选择，进一步分析和揭示中国网络空间治理规律；另一方面，需选取典型治理议题，以点带面，从实践层面探索和比较主要国家和地区（如美国、欧盟、中国）网络空间治理的异同之处。本章将沿着上述研究思路，通过中外对比，系统呈现中国网络空间治理的普遍性和特殊性，为后续全面系统总结中国网络空间治理的特征内涵提供参照。

第一节 范式比较：中外网络空间治理框架对比分析

总体来看，全球网络空间治理范式在宏观视角下经历了多轮变革（如图3-1所示）。

在网络空间发展的不同阶段，存在不同的治理理念、治理主体、治理议题与治理方式。在早期互联网时代，网络空间的战略重要性并未凸显，网络空间"自治论"占据主导地位。这一理念强调互联网应独立于国家政府管制之外，应由各个不同的网络社区中的"网络公民"自己管理自己，由各种代码

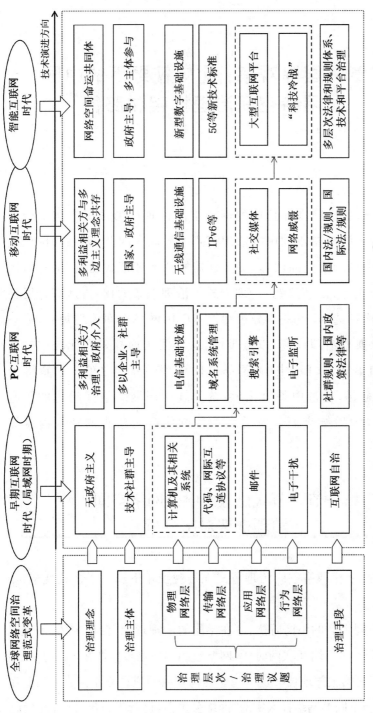

图 3 - 1　全球网络空间治理范式变革示意①

① 不同的网络空间治理理念、治理主体、治理手段在不同发展时期可能交叉重叠。图中呈现的是各个时期的主导性力量；另外，有关网络空间各层次的治理议题，图中仅呈现了部分代表性议题。

规则、软件和硬件实现对网络空间的管理。① 事实上，由于当时互联网尚未普及，这一技术更多是在精英"小圈层"中所使用，许多临时的治理制度和治理方案也为当时的用户所接受。

随着互联网技术的"平民化"发展，互联网使用逐渐从学术界转向政府、企业以及普通个人，网络空间的重要性日渐提升。"网络自治论"的弊端开始显现，逐渐被以技术社群为代表的多利益相关方治理模式（multi-stakeholder governance model）所替代。特别是在 PC 互联网时代，这一主张的影响力很大，伴随着第一次互联网商业化浪潮，以及 I* 治理机构大量涌现，治理议题转向了全球互联网基础资源的管理和控制层面。而随着政府作为多利益相关方代表之一的介入，各国国内陆续出现了网络空间治理相关的法律法规和政策。

在移动互联网时代，互联网开始走入千家百户，日益对政治、经济、文化、社会、外交等产生重大影响，网络空间发展已成为国家的核心战略之一，全球网络空间战略博弈加剧。特别是"棱镜门"事件，成为网络空间国际治理演进的一个重要节点。主权国家对美国政府及其数字科技巨头失去信任，认识到多利益相关方背后所掩藏的网络霸权，纷纷出台网络空间战略法规、加快推进互联网顶级域名管理机构改革、积极在联合国等国际组织发声，日益成为网络空间治理主导力量。这一时期，全球网络空间治理的议题从技术层面转向应用领域，但多利益相关方治理模式仍然在一些互联网基础资源管理等领域发挥重要作用。

在智能联网时代，尽管全球对于技术、产业等领域本身的治理日益成熟，但各国在政策、文化、意识形态等领域的壁垒和冲突却日渐加深，一些国家搞"小圈子""脱钩断链"，促使网络空间"巴尔干化"发展。网络空间治理议题从物理网络层和传输网络层转向应用网络层和行为网络层的趋势明显，网络空间命运共同体理念的出现为全球网络空间治理提供了新路径，并逐渐成为全

---

① 蔡翠红：《国家-市场-社会互动中网络空间的全球治理》，《世界经济与政治》2013 年第 9 期，第 91 页。

球共识。

将视线转回中国的网络空间治理范式，马克思主义理论的基本方法论原则就是"随时随地都要以当时的历史条件为转移"①，一切都要视社会历史条件与现实国情而定②。由此，在马克思主义理论指导下的中国网络空间治理演变大致遵循全球网络空间治理范式变革的一般规律，但其结合了中国的国情与实践，形成区别于西方的独特治理范式。

一、治理理念的本质分歧：网络主权与多利益相关方的路径选择

互联网虽然是美国军用技术的产物，但其最初是在高校、研究机构、技术社群等团体的共同作用下得以真正走向民用。因此，在早期网络空间治理思潮中，自由主义与无政府监管备受推崇，"网络自治论"流行一时，认为网络空间应不受任何权力机关的制约与监管，否则就失去其价值意义。尼古拉·尼葛洛庞帝（Nicholas Negroponte）在《数字化生存》一书中提到，法律是在原子世界里构想并为之服务的，它不应当存在于网络空间，认为"通过法律来禁止使用它，会和殖民时期颁布的清教徒法规一样愚不可及"③。约翰·佩里·巴洛（John Perry Barlow）则在达沃斯经济论坛上发布《网络空间独立宣言》，倡导互联网自由和网络空间独立性，认为互联网本身可以实现自治，政府不能参与其中④。尽管后来的网络空间发展带来了一系列风险，各类主体采取的治理行动和治理实践有力地反驳了提倡纯粹自由的治理理念，但不可否认，这种"乌托邦"式的理想观点至今仍然影响着相当一部分人。

---

① 《马克思恩格斯全集（第 28 卷）》，人民出版社 2018 年版，第 531 页。

② 刘书文、郝凤：《习近平对马克思主义科学技术观的时代创新》，《中共成都市委党校学报》2021 年第 3 期，第 12 页。

③ ［美］尼古拉·尼葛洛庞帝：《数字化生存（20 周年纪念版）》，电子工业出版社 2017 年版，第 35 页。

④ John Perry Barlow, "A Declaration of the Independence of Cyberspace", Feb. 8, 1996, https://www.eff.org/cyberspace-independence.

　　这一时期，也有学者敏锐地察觉到治理的重要性，如布莱恩·洛德(Brian Loader)在网络自由主义思潮蔓延的时代背景下"逆流而上"，指出网络自由主义者将网络空间描述为独立、解放的空间，认为其是脱离权力、地理、历史和政治经济等"真实世界"的这一观点，是不符合发展实际的。① 吴修铭也指出，由于互联网的跨国体系，国家、公司、组织和个人等各类主体参与治理特别是政府参与监管不可避免。② 事实上，当时互联网名称与数字地址分配机构、国际互联网协会、互联网工程任务组、互联网架构委员会、万维网联盟等机构就互联网关键资源的分配和技术方面的协调等开展了治理行动，相关治理的理念已经形成实践，其中尤其具有影响力的即为多利益相关方治理模式的有关理论。

　　由于早期互联网思潮的影响，加之技术社群的实践，多利益相关方治理理念日益发挥作用，并在联合国相关决议中被正式确认③。2003 年，信息社会世界峰会(WSIS)发布《原则声明》，特别指出多利益相关方中各类角色的作用：国家——处理与互联网相关的公共政策问题的政策权威(包括国际方面)；私营部门——在技术和经济领域开发互联网；市民社会——处理互联网事务，特别是社区层面的互联网事务的重要角色；政府间组织——协调与互联网相关的公共政策问题；国际组织——制订与互联网相关的技术标准和政策。④ 多利益相关方的治理模式为西方世界的主流理念所接受，更加强调治理主体的平等性，在早期网络空间治理中，特别在互联网技术与标准层面的治理扮演重要角色。

　　但另一方面，多利益相关方治理模式不是一个普遍适用的价值观，它是

---

① 李艳：《网络空间治理学者推荐》，《汕头大学学报(人文社会科学版)》2017 年第 9 期，第 151 页。

② Timothy S. Wu, "Cyberspace Sovereignty: The Internet and the International System", *Harvard Journal of Law & Technology*, Iss. 10, 1997, pp.665 - 666.

③ 信息社会世界峰会在 2001 年率先提出了多利益相关方治理的新思路，旨在摆脱过去的秘密外交，邀请私营部门和市民社会共同参加国际规则的制定，并由联合国大会第 56/183 号决议(2002)所确认。参见熊澄宇、张虹：《新媒体语境下国家安全问题与治理：范式、议题及趋向》，《现代传播(中国传媒大学学报)》2019 年第 5 期，第 64—69 页。

④ "Declaration of Principles Building the Information Society: A Global Challenge in the New Millennium", Dec. 12, 2003, https://www.itu.int/net/wsis/docs/geneva/official/dop.html.

在一个特定情境中"决定采用什么必要的管理形式时"应运而生的一个理念。① 西方国家和相关企业、学术组织等机构在早期就接入了互联网，具有一定的先发优势，因此，尽管这种多利益相关方治理的模式看似纳入了不同主体参与网络空间治理，但治理话语权往往为强势的私营机构及其背后的强权国家所掌控，在透明度上缺乏强有力的信任机制，多利益相关方治理的理论显得过于理想化。例如，国际顶级域名分配和根服务器管理机构——互联网名称与数字地址分配机构（ICANN）在改革后采用了多利益相关方的治理模式，对 ICANN 施加影响将很大程度上取决于对 ICANN 运作机制的熟悉程度、社群贡献以及认可度②，而这些运作机制仍然是西方国家所擅长的，网络空间传统强国并未交出相关规则制定和引领的主导权。因此有评论指出，这种过分强调自由和平等背后的治理模式完全符合美国百年历史的政策，旨在通过轻松进入外国市场来促进美国公司的主导地位。③

在此背景下，近年来"国家的回归"和"再主权化"成为网络空间治理的发展新趋势④，以中国为代表的发展中国家提出了"网络主权"治理理念。相较于多利益相关方治理，网络主权理论从疆域治理视角出发，认为在数字时代，网络空间与陆地、海洋、天空等现实空间一样具有边界性，更加强调国家和政府力量在网络空间治理中的作用，指出政府应该以主导性力量介入其中，破除了一些国家所营造的"网络空间公域说"。具体来看，网络空间的构成平台、承载数据及其活动受所属国家的司法与行政管辖（管辖权），各国可以在国际网络互联中平等参与治理（平等权），位于本国领土内的信息通信基础设施的运行不能被他国所干预（独立权），国家拥有保护本国网络空间不被侵犯

① ［美］劳拉·德拉迪斯：《互联网治理全球博弈》，中国人民大学出版社 2017 年版，第 253—254 页。
② 惠志斌：《网络空间国际治理形势与中国策略——基于 2017 年上半年标志性事件的分析》，《信息安全与通信保密》2017 年第 10 期，第 47 页。
③ Blayne Haggart, "The Last Gasp of the Internet Hegemon", Dec. 12, 2003, https://www.cigionline.org/articles/last-gasp-internet-hegemon.
④ 郑昌兴、严明：《新形势下我国网络空间治理的新理念新思想新战略探析》，《南京政治学院学报》2016 年第 5 期，第 58 页。

的权力及军事能力(自卫权)①。

表 3-1　疆域视角下网络主权的内涵

时代演变	生 产 要 素	人类活动范围	主 权 内 涵
农业革命	土地、劳动力	陆地	国家主权重在捍卫领土完整
工业时代	土地、劳动力、资本、技术等	陆地、海洋、天空	国家主权重在捍卫领土、领海、领空完整
数字时代	土地、劳动力、资本、技术、数据等	陆地、海洋、天空、太空、网络空间	国家主权衍生扩展至网络空间，网络主权由此形成

资料来源：根据《网络主权：理论与实践(3.0 版)》②整理。

在这种治理理念的影响下，中国在国际社会上倡导在联合国框架下以国家和政府为主导力量的"多边治理"，并引起了国际社会尤其是新兴国家的共鸣。网络主权先后在《信息社会突尼斯议程》(2005)③、联合国信息安全政府专家报告(2013)④、G20《安塔利亚峰会公报》(2015)⑤、金砖国家领导人会晤《果阿宣言》(2016)⑥、《携手构建网络空间命运共同体行动倡议》(2019)⑦、《中国-东

---

① 方滨兴、邹鹏、朱诗兵：《网络空间主权研究》，《中国工程科学》2016 年第 6 期，第 3 页。

② 《网络主权：理论与实践(3.0 版)》，世界互联网大会网站，2021 年 10 月 9 日，https://www.wicwuzhen.cn/web21/information/Release/202109/t20210928_23157328。

③ 2005 年，突尼斯信息社会世界峰会通过的《信息社会突尼斯议程》中第一次提出网络主权，它认为，涉及互联网公共政策问题的决策权属国家主权，各国有权利和责任处理与国际互联网相关的公共问题。

④ 2013 年联合国信息安全政府专家报告明确提出：国家主权和由国家衍生出来的国际准则与原则，适用于国家开展的信息通信技术和相关活动。

⑤ 2015 年，二十国集团领导人《安塔利亚峰会公报》中指出："确认国际法，特别是《联合国宪章》，适用于国家行为和信息通信技术运用，并承诺所有国家应当遵守进一步确认自愿和非约束性的在使用信息通信技术方面的负责任国家行为准则"。

⑥ 2016 年，金砖国家领导人会晤《果阿宣言》重申："在公认的包括《联合国宪章》在内的国际法原则的基础上，通过国际和地区合作，使用和开发信息通信技术。这些原则包括政治独立、领土完整、国家主权平等、以和平手段解决争端、不干别国内政、尊重人权和基本自由及隐私等。这对于维护和平、安全与开放的网络空间至关重要。"

⑦ 2019 年，世界互联网大会发布《携手构建网络空间命运共同体行动倡议》。文件提出，在尊重各国网络主权、尊重各国网络政策的前提下，探索以可接受的方式扩大互联网接入和连接，让更多发展中国家和人民共享互联网带来的发展机遇。

盟关于建立数字经济合作伙伴关系的倡议》(2020)①、中非互联网发展与合作论坛《中非携手构建网络空间命运共同体倡议》(2021)②、《中俄关于深化新时代全面战略协作伙伴关系的联合声明》(2023)③等多个国际治理机制和网络空间国际合作中被确认。

　　事实上，早在 2010 年，《中国互联网状况》白皮书就引入了"互联网主权"的概念④，表明了中国官方在网络空间治理上的立场和态度。近年来我国发布的《国家安全法》(2015)⑤、《网络安全法》(2016)⑥、《数据安全法》(2021)⑦等法律法规明确指出"维护网络主权"的立法主旨；《网络空间国际合作战略》《全球数据安全倡议》⑧等合作战略和国际倡议则进一步强化了我国在网络空间国际治理中坚持网络主权的立场。2014 年以来，我国连续十年在浙江乌镇举办世界互联网大会，搭建全球互联网共享共治的国际平台，并在世界互联网大会上发布更新四版《网络主权：理论与实

---

① 2020 年，《中国-东盟关于建立数字经济合作伙伴关系的倡议》指出，在考察各国法律与社会实际的基础上，充分尊重网络主权。

② 2021 年，中非互联网发展与合作论坛发布《中非携手构建网络空间命运共同体倡议》。倡议提出，在尊重各国网络主权、尊重各国网络政策的前提下，探索以可接受的方式扩大互联网接入和连接，让更多发展中国家和人民共享互联网带来的发展机遇。

③ 2023 年，中俄《关于深化新时代全面战略协作伙伴关系的联合声明》指出，双方反对信息和通信技术领域军事化，反对限制正常信息通信和技术发展与合作，支持在确保各国互联网治理主权和安全的前提下打造多边公平透明的全球互联网治理体系。

④ 《中国互联网状况》白皮书指出，中国政府认为，互联网是国家重要基础设施，中华人民共和国境内的互联网属于中国主权管辖范围，中国的互联网主权应受到尊重和维护。

⑤ 《国家安全法》首次将"网络空间主权"以法律形式予以明确，第二十五条指出"国家建设网络与信息安全保障体系，提升网络与信息安全保护能力，加强网络和信息技术的创新研究和开发应用，实现网络和信息核心技术、关键基础设施和重要领域信息系统及数据的安全可控；加强网络管理，防范、制止和依法惩治网络攻击、网络入侵、网络窃密、散布违法有害信息等网络违法犯罪行为，维护国家网络空间主权、安全和发展利益"。

⑥ 《网络安全法》第一条指出"为了保障网络安全，维护网络空间主权和国家安全、社会公共利益，保护公民、法人和其他组织的合法权益，促进经济社会信息化健康发展，制定本法"。

⑦ 《数据安全法》第一条提出"为了规范数据处理活动，保障数据安全，促进数据开发利用，保护个人、组织的合法权益，维护国家主权、安全和发展利益，制定本法"。

⑧ 2017 年发布的《网络空间国际合作战略》提出了主权原则等四大原则，战略目标包括维护主权与安全；2020 年提出的《全球数据安全倡议》，指出"各国应尊重他国主权、司法管辖权和对数据的安全管理权，未经他国法律允许不得直接向企业或个人调取位于他国的数据"。

践》①，从学术研究和理论实践等方面详细阐述了网络主权的内涵。无独有偶，俄罗斯近年来在国内立法②、断网演练③等方面强化了网络主权，试图摆脱国家网络的对外依赖性，加强在极端条件下的网络韧性建设，引起了国际社会广泛关注。

总体来看，全球网络空间治理理念历经了"无政府治理→政府参与治理→多利益相关方治理→网络主权理念下的多方治理"的转变。当前，不同国家和地区所采取的治理理念仍有争议之处，有着一定的意见分野。美国等发达国家倾向于延续原有的网络空间治理机制，推行多利益相关方治理，遵照互联网社区社群的传统，将私营部门（如大型跨国科技公司）、国际组织（如 ICANN）等非国家行为体作为主要力量开展网络空间国际治理，政府则作为"遥远的监护人"参与其中，通过其覆盖全球的组织网络平台拓展"数字边疆"④。而发展中国家则倡导网络主权，认为原有的治理机制和治理规则是由有着先发优势的发达国家所制定的，仍以发达国家的利益为主导，而在联合国体系下主权国家作为主导力量参与互联网国际治理既有一定的现实基础，又有变革的必要性。但值得注意的是，这两种观点之间没有明显对立和冲突，特别是近年来随着现实空间和网络空间的交融，网络空间安全、风险日益交织复杂，政府、企业、组织等多元主体在应对网络攻击中均扮演着不可替代的作用。例如，联合国框架下重要的

① 例如，2020 年 11 月，武汉大学、中国现代国际关系研究院、上海社会科学院联合发起，中国社会科学院、清华大学、复旦大学、南京大学、对外经济贸易大学、中国网络空间安全协会联署发布《网络主权：理论与实践(2.0 版)》。该文件指出，国家主权行为延伸至网络空间，并通过网络设施与运行、网络数据与信息、社会与人三个范畴的国家活动使网络主权得到体现；网络主权的权利维度包括独立权、平等权、管辖权、防卫权，义务维度包括不侵犯他国、不干涉他国内政、审慎预防义务、保障义务；行使网络主权的基本原则包括平等原则、公正原则、合作原则、和平原则、法治原则。

② 当前俄罗斯已出台《俄罗斯联邦信息安全学说》《稳定俄罗斯网络法案》《关键数据基础设施法》《VPN 法》《即时通讯服务法》《俄罗斯联邦通信法》等十余部网络主权类的立法，以《稳定俄罗斯网络法案》为例，其从域名自主、定期演习、平台管控、主动断网、技术统筹五个方面立法确立了俄网的"自主可控"网络主权。

③ 2019 年 9 月下旬至年底，俄罗斯政府在乌拉尔联邦区进行"断网"测试，当地四大电信运营商(Rostelecom、MTS、MegaFon 和 VimpelCom)陆续在其有线通信网络中安装由 RDP.RU 公司生产的"深度报文检测"(DPI)系统，并且不定期地打开或关闭该系统，以检验用户上网是否受到影响以及特定国外网站能否被屏蔽，从而摆脱俄罗斯网络对美国互联网基础设施和技术的依赖。

④ 杨剑：《数字边疆的权力与财富》，上海人民出版社 2012 年版，第 108 页。

国际治理机制——联合国信息安全政府专家组（UNGGE）、开放式工作组（UNOEWG）相继出现。其中，联合国信息安全政府专家组仅允许少数国家参与协商，是一种闭门工作会议机制。而联合国信息安全开放式工作组则较为开放，采取多利益相关方机制，允许联合国成员国、私营企业、民间组织、技术社群、公民个人等多元主体参与讨论。这提升了各个国家以及其他行为体平等参与网络空间国际事务协调和治理的可能性。因此，对于政府在网络空间国际治理中是否扮演主导性角色，仍在动态博弈之中。

综上，到底是采取多利益相关方治理模式，还是倡导网络主权理念，既要关注网络空间治理传统以及一个国家的实际国情，也与有关治理议题密切相关。对于中国而言，西方主流观点支持的多利益相关方治理模式未能很好地指导中国治网实践，网络主权理念则很好解释和回应了中国网络空间治理道路，并为各国依据自身实际情况进行本国网络空间治理开辟了新的思路。由此，中国在网络主权理念指导下开启了一系列网络空间治理实践，不断推进国家治理体系和治理能力现代化。

二、治理主体的结构差异："同心圆"与"三角互动"模式比较

无论是倡导网络主权理念还是推行多利益相关方治理模式，这两种治理理念都肯定了政府作为网络空间治理主体在维持网络空间安全与稳定方面的作用，且明确了其他多元主体参与治理的不可或缺性。而两者的差异在于政府与企业、民间社会团体、网民个人等其他治理主体的关系上，由此形成了不同的治理结构。当前，最具代表性的两类治理主体结构即为"三角互动"结构和"同心圆"结构（如图 3-2 所示）。

在"三角互动"型结构中，政府、企业、民间团体、网民的角色处于相对平等的状态，每类主体之间均存在互动关系，并在持续互动中形成了较为稳定的三角结构。这种结构脱胎于公共治理理论，基本观点来源于西方传统思想脉络中的自由主义传统[1]，常被一些西方发达国家所推崇。由于这些国家在

---

① 钟忠：《中国互联网治理问题研究》，金城出版社 2010 年版，第 34 页。

网络空间的先发优势，网民的数字素养、企业的社会责任意识、行业组织的监督力量以及相互之间的沟通渠道与治理机制等往往发展比较成熟，多元治理主体之间未形成核心的主导力量。例如，在美国，对于互联网企业的日常治理，行业监管、企业自律和网民监督长期发挥重要作用，而政府往往作为幕后的管理者出现。但是，这种"三角互动"结构因各主体权责不清、界限模糊、治理主体自身缺陷等，会出现网络空间治理失效的情况，近年来西方大选期间存在的社交媒体操纵就是该治理机制失灵的具体表现。在此背景下，美国、欧盟的政府部门通过出台法律法规、开展反垄断治理行动等，加强了对大型互联网平台的监管。

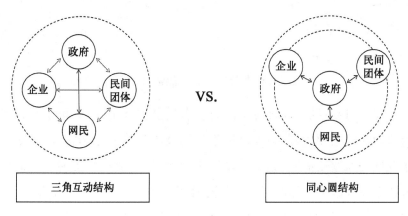

图 3－2　"三角互动"型治理结构与"同心圆"治理结构对比

在"同心圆"结构中，政府作为"圆心"有着很强的"向心力"，企业、民间团体、网民等其他治理主体则围绕这一主导力量参与网络空间治理，形成合力，同时各个主体之间也存在一定的互动。这种治理主体结构常出现在发展中国家。相对而言，网络空间治理在发展中国家是一项较为新兴的治理领域。因此，这些国家往往将现实社会的治理模式"搬运移植"到网络空间之中，并根据网络空间的相关特性作了适当的调整。例如，就我国的治理主体结构看，在网络主权理念的指引下，从中国互联网全功能连接国际互联网到网络空间的发展腾飞，不管是有关网络空间治理新机构的设立还是旧机构的改革，党和政府一直扮演着最重要的"掌舵"角色，是中国网络空间治理的主导力量。值得关注的是，这种政府主导型内部治理结构存在一定的张力，在不同时期形成了不同的变化（如图3-3所示），即从以"政府为主体、自上而下"的单向管理转向"一核多主体协同互动"的"同心圆"治理结构。其中，党和政府作为治理核心始终具有权威性和主导性，而其他多元主体在网络空间的参与度则在不同时期表现出差异。

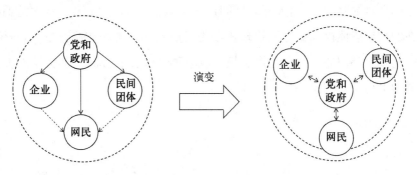

图 3-3　网络空间治理主体结构演变

在互联网发展早期，社会团体如技术社群在技术规则、协议设计等方面有着明显的主导优势，但随着网络空间技术架构的逐步完善，特别是经历了互联网商业化浪潮，超大互联网平台涌现，企业在中国网络空间治理中发挥着越来越重要的作用。与此同时，我国网民规模自1997年的62万人发展至2023年的10.92亿人（如图3-4所示），数量跃居全球第一，网民通过监督、举报、自律等方式进行网络空间治理的参与度不断提升。而企业、民间团体、网民等多元主体在网络空间治理活动中也存在一定的互动张力。如在各类网络舆情事件发生后，政府、主流媒体、互联网平台、网络意见领袖、网民等在网络舆论引导治理的过程中，都发挥了重要作用。对此，有学者评价指出，我国网络空间治理在依靠政府制定法规和行政规章，通过行政命令进行"自上而下"的管制的同时，互联网运营企业和个人的主动性并未被忽视，而是发挥着"自下而上"的补充作用。[1] 这种集合的治理模式既解决了参与各方的利益共享平衡问题，又保证了模式可

---

[1]　彭波：《互联网治理的"中国经验"》，《人民论坛》2019年第34期，第61页。

实际操作的效果。①

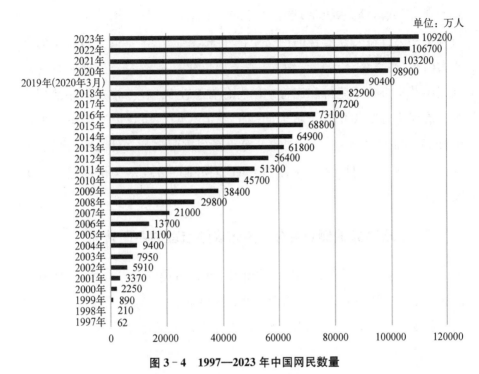

图 3 - 4　1997—2023 年中国网民数量

数据来源：中国互联网络信息中心：《中国互联网络发展状况统计报告》,1997—2023 年。②

事实上,这种治理结构也是综合治理理念在网络空间中的集中体现。这一理念和策略,最早是在中国的社会管理领域加以实施的,可追溯至20 世纪 60 年代毛泽东主席批示的"枫桥经验",主要是指发动和依靠群众,坚持就地解决问题,保证矛盾不上交③。到了 20 世纪 80 年代,中国正式提出了社会治安"综合治理"方针,强调在党委、政府统一领导下,在充分发挥政法部门骨干作用的同时,组织和依靠各部门、各单位和人民群众的

① 黄相怀：《互联网治理的中国经验：如何提高中共网络执政能力》,中国人民大学出版社 2017 年版,第 20—21 页。
② 该报告始于 1997 年 11 月,是我国最权威的关于互联网发展数据的报告之一。受新冠疫情影响,2019 年用户数据未统计,故用 2020 年 3 月的统计数据替代。
③ 韩志明、刘文龙：《从分散到综合——网络综合治理的机制及其限度》,《理论探讨》2019 年第 6 期,第 35 页。

力量，维护社会治安持续稳定①。此后，综合治理理念逐渐适用到重点河湖治理、流域治理、水土治理、区域治理、生态治理等多个领域②，并引入与现实社会日益交互融合的网络空间中来，形成了丰富的实践。党的十八大以来，网络综合治理被纳入《关于加快建立网络综合治理体系的意见》《中共中央关于坚持和完善中国特色社会主义制度、推进国家治理体系和治理能力现代化若干重大问题的决定》《网络信息内容生态治理规定》以及党的十九大、二十大报告③等一系列重要政策文件之中，由此，由党委领导、政府管理、多元主体参与的"同心圆"治理结构得以进一步巩固完善。

三、治理对象的侧重变化：多元议题治理的共同转向

治理对象，即网络空间四层结构所衍生出的各类议题。本书在对治理对象的中外比较中发现，两者的治理议题并未有显著差异，且随着全球网络空间的发展演变形成了一定的议题转向（如图 3-5 所示）。

---

① 中央社会治安综合治理委员会办公室编著：《社会治安综合治理工作读本》，中国长安出版社 2009 年版，第 8 页。
② 谢永江：《在实践中全方位提升网络综合治理能力》，《网络传播》2021 年第 8 期，第 18 页。
③ 例如，2013 年《关于〈中共中央关于全面深化改革若干重大问题的决定〉的说明》提出，要"整合相关机构职能，形成从技术到内容、从日常安全到打击犯罪的互联网管理合力，确保网络正确运用和安全"，指明了综合治理的相关措施。2017 年 10 月，党的十九大报告中正式提出网络综合治理，即要加强互联网内容建设，建立网络综合治理体系，营造清朗的网络空间。2018 年 4 月，习近平总书记在全国网络安全和信息化工作会议上首次对网络综合治理的要求、主体和手段等内涵作了清晰阐释，强调要提高网络综合治理能力，形成党委领导、政府管理、企业履责、社会监督、网民自律等多主体参与，经济、法律、技术等多种手段相结合的综合治网格局。2019 年 7 月，中央全面深化改革委员会第九次会议审议通过了《关于加快建立网络综合治理体系的意见》。该意见明确了我国网络综合治理体系建设的内容，对网络综合治理提出了新要求，为网络综合治理指明了发展方向。2019 年 10 月，党的十九届四中全会通过的《中共中央关于坚持和完善中国特色社会主义制度、推进国家治理体系和治理能力现代化若干重大问题的决定》再次强调，要建立健全网络综合治理体系，加强和创新互联网内容建设，落实互联网企业信息管理主体责任，全面提高网络治理能力，营造清朗的网络空间。2019 年 12 月，国家互联网信息办公室发布《网络信息内容生态治理规定》，该规定以建立健全网络综合治理体系、营造清朗的网络空间、建设良好的网络生态为目标，对网络信息内容开展生态治理，培育和践行社会主义核心价值观。2022 年 10 月，党的二十大报告提出，健全网络综合治理体系，推动形成良好网络生态。

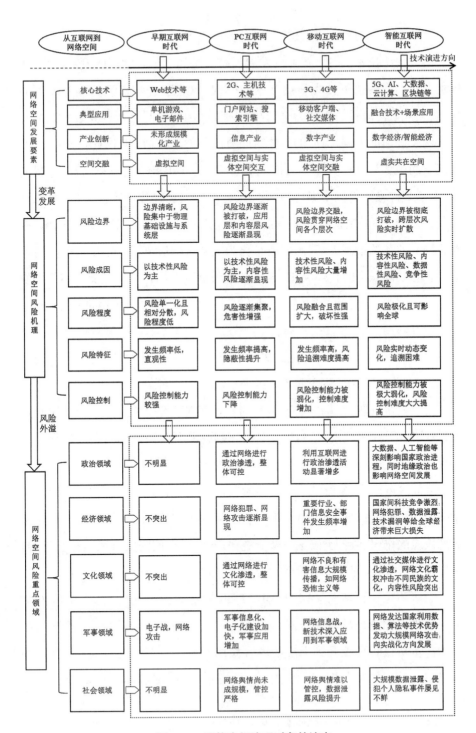

图 3-5　网络空间治理对象的演变

就治理议题类型而言，其主要可分为两大类：

一是关于技术、应用、产业的发展议题。正如全球互联网的发展演变，中国的互联网发展也可分为早期互联网时代、PC 互联网时代、移动互联网时代、智能互联网时代。但因为全功能接入互联网的时间有所差异以及国内外互联网发展速度不同，对应的具体时间有所差异。其中，在早期互联网时代，网络空间被认为是一种虚拟的技术空间，其以 Web 技术为基础，仅有单机游戏、电子邮件等简单应用，且商业化不足，未形成规模化的产业。PC 互联网时代则以 1G、2G、主机技术等为主，相关应用主要为门户网站、搜索引擎，在互联网商业化的浪潮下，我国以信息化为主要目标形成了一定规模的信息产业。在移动互联网时代，3G、4G 技术迅速发展，移动客户端、社交媒体等爆发式增长，并为大众所接受，数字产业在经济社会发展中的作用进一步凸显。在智能互联网时代，5G、人工智能、大数据、云计算、区块链等新一代技术智能融合、相互赋能，互联网应用无处不在，数字经济蓬勃发展，网络空间与实体空间不断交互交融，演变成为一种虚实共存的空间。

二是安全议题，即从早期互联网时代到智能互联网时代，无论是风险边界、风险成因、风险程度，还是风险特征、风险控制等，我国网络空间安全风险机理在不同发展阶段都发生了巨大变化（如图 3 - 5 所示）。随着网络空间各层次之间高度融合，传统的安全边界被打破，呈现出网络对抗白热化、网络信息失控、网络发展失序、网络涟漪效应增强、科技竞争升级的态势，且在网络涟漪效应的作用下，各类安全风险交叠作用，各层次网络安全风险相互渗透，后果不断被放大，深刻影响着政治、经济、文化、军事、社会等各个领域。

而从治理议题转向规律看，与全球网络空间治理趋势类似，中国网络空间治理议题越来越聚焦于网络空间与现实空间的融合领域，即逐渐从底层的技术协议管理上升到上层的内容应用开发与经济社会行为规制[①]。在网络空间治理的预备期，为突破意识形态偏见，改变国际社会对社会主义

---

① 刘金河、崔保国：《数据本地化和数据防御主义的合理性与趋势》，《国际展望》2020 年第 6 期，第 99 页。

国家联网的看法，我国相关的政策和行动主要围绕"全功能接入国际互联网"而展开，治理议题偏向网络空间底层的"技术接轨"，针对网络基础设施建设以及网络运行规则设计的需求比较迫切，偏向互联网技术标准和传输规则治理。在网络空间治理的起步阶段，我国网络空间治理的议题偏向"技术规制"，即规范互联网连接与利用，加快推进一系列网络基础设施的建设和网络基础应用的同时，规范与互联网相关的联网安全、网络传播、网络经营场所等一系列议题。在网络空间治理的发展期，我国所关注的议题从重点规制技术应用向重视意识形态管控、服务性和应用性问题延展，偏向"内容与应用管理"，包括医疗卫生、网络出版、网络知识产权、数字印刷、网络游戏、电子支付、网络民事纠纷等被纳入政策议题①。在网络空间治理的深化期，中国网络空间治理进入全方位的"安全与发展议题的一体之两翼、驱动之双轮"阶段，既重视引导以互联网产业作为重要支撑的数字经济健康发展，又重在解决"互联网＋"之后、渗透于各个领域的传统风险与新兴风险融合交织的安全议题，涉及政治、经济、文化、社会、外交等各个领域，平台经济、网络安全、数据安全、个人信息保护、数字地缘政治、网络舆论战、深度造假、网络恐怖主义、跨国监控等新兴议题被纳入治理议程之中。

四、治理方式的经验借鉴：治理手段的综合运用

当前，中外网络空间治理方式存在相互借鉴的趋势，法律、行政、经济、技术、自律等多种治理手段均被综合运用于中外网络空间治理之中，但治理理念、治理主体、治理对象的差异也形成不同类型的治理方式。

法律手段方面，以战略、法律、法规、标准、指南等为核心的政策体系的完善是所有治理手段的基础。依法治理使得原本"浑然一体"的网络空间

---

① 孙宇、冯丽烁：《1994—2014 年中国互联网治理政策的变迁逻辑》，《情报杂志》2017 年第 1 期，第88 页。

被纵横交错的制度网络和行动网络切割成若干治理单元①，既加强了网络空间全面法治化，又使得每个治理单元均有法可依。而网络空间治理政策的发布和实施，往往也意味着治理制度的形成、治理理念的贯彻、治理方式的细化以及治理流程的规范化，必然影响网络空间治理的态势。因此，近年来全球主要国家和地区均强化了法律手段在网络空间治理中的运用。但值得注意的是，依法治网是网络空间治理的基础保障，仅靠法律手段往往不能解决复杂交错的网络空间问题，且由于新技术新应用新模式的不断更迭，法律的出台和修订往往存在一定的滞后性。鉴于此，行政、经济、技术、自律等其他手段也被纳入其中，以适应不断变化的网络空间治理新动向。

行政手段方面，行政部门主要依据法律政策通过审批、许可、登记、备案、抽查、年检、专项行动、约谈、处罚等行政手段开展治理活动。这一"日常监督＋突击检查"的治理手段长期运用在我国对网络内容监管、推进 App 个人信息保护、打击互联网企业垄断等各类治理议题中，并取得了良好的治理效果。但其也可能导致"运动式""应急式"执法，加重企业合规成本。而在国外，这一手段往往运用在联合打击网络恐怖主义、防范网络攻击等特定治理议题之中。

经济手段方面，即通过罚款、下架相关应用等经济手段开展治理活动。这一治理方式常见于欧盟、美国等西方国家对互联网反垄断监管、个人信息保护和数据安全执法等领域的治理，其往往以巨额罚款威慑相关违法活动，并要求企业等主体在规定时间内作好整改。近年来，这一手段也加快应用到我国网络空间治理之中。例如，我国对互联网平台垄断行为采取重罚②，对

---

① 彭波、张权：《中国互联网治理模式的形成及嬗变(1994—2019)》，《新闻与传播研究》2020 年第 8 期，第 64 页。

② 2020 年 12 月，国家市场监督管理总局依据《反垄断法》对阿里巴巴在中国境内网络零售平台服务市场滥用市场支配地位行为立案调查，于 2021 年 4 月作出行政处罚决定，责令阿里巴巴集团停止违法行为，并处以其 2019 年中国境内销售额 4 557.12 亿元 4％的罚款，计 182.28 亿元，要求其围绕严格落实平台企业主体责任、加强内控合规管理、维护公平竞争、保护平台内商家和消费者合法权益等方面进行全面整改，并连续三年向市场监管总局提交自查合规报告。

不整改的违规 App 进行下架处理①。

技术手段方面，网络空间的技术属性意味着相关治理方式向自动化、智能化发展，即通过"以网治网"等技术创新实施智能监管，进一步强化治理的效度。当前，这一治理方式已被全球主要国家和地区广泛采纳，通过添加标签、内容分级过滤、研发控制性技术等手段，具体应用于网络恐怖主义的监测、网络舆情态势感知与应对、未成年人网络防沉迷、网络安全应急保障、新技术新应用新模式的沙盒监管等方面。但鉴于新技术的不断迭代，技术治理手段仍处于发展阶段，如内容监管方面的准确性待进一步加强，且存在被人为滥用的可能性。因此，不少国家将技术治理作为网络空间治理的必要辅助工具。

自律手段方面，即通过行业自律、公众监督、社会教育等方式优化网络空间的"软环境"，使得各个主体强化社会责任，履行治理义务。这种治理手段具有"润物细无声"的治理效果，有利于网络空间长效治理。当前，发达国家在消费者隐私保护、青少年网络保护、行业伦理规范等部分领域采取自律治理的方式②，取得了一定的成效，并通过这种行业监管的方式在全球市场上获得了竞争力。而我国网络空间治理的行业自律体系建设已初见成效，不论是从协议的签署方，还是发布公约的数量以及涵盖的范围来看，都已经比较完备。但是，从目前公约的执行情况来看，约束性条约仍待进一步加强，行业自律对互联网企业的合规约束和道德引导作用尚未完全发挥出来。③

---

① 例如，2021 年，工信部累计检测了 208 万款 App，通报了 1 549 款违规 App，对 514 款拒不整改的进行下架处理。

② 例如，美国在线隐私联盟发布了《在线隐私指引》(1986)；英国网络内容分级协会组织发布了网络内容分级标准，并为用户提供免费的过滤软件；德国互联网服务商自愿自我检查组织治理与青少年网络保护，向政府提供有害网站名单；日本典型服务协会组织制定了《互联网从业者伦理准则》。

③ 侯伟鹏、徐敬宏、胡世明：《中国互联网治理研究 25 年：学术场域与研究脉络》，《郑州大学学报（哲学社会科学版）》2020 年第 1 期，第 38 页。

第二节　实践比较：典型议题治理中的中外路径选择

一、网络空间治理中典型议题的选择依据

研究中外网络空间治理的异同，除了在理论范式层面开展分析，还需要从实践中选取典型治理案例进行探讨。网络空间具有分层特性，这就逻辑地导致了对于网络空间，需要进行分层治理。这一分层治理理念已被学界和产业界广泛认可。例如，迪普洛（Dipolo）基金会（2010）提出了通信基础设施层、协议/标准与服务层、内容与应用层的治理架构①。较有影响力的是互联网名称与数字地址分配机构提出的"网络空间三层治理框架"（如图3-6所示）。

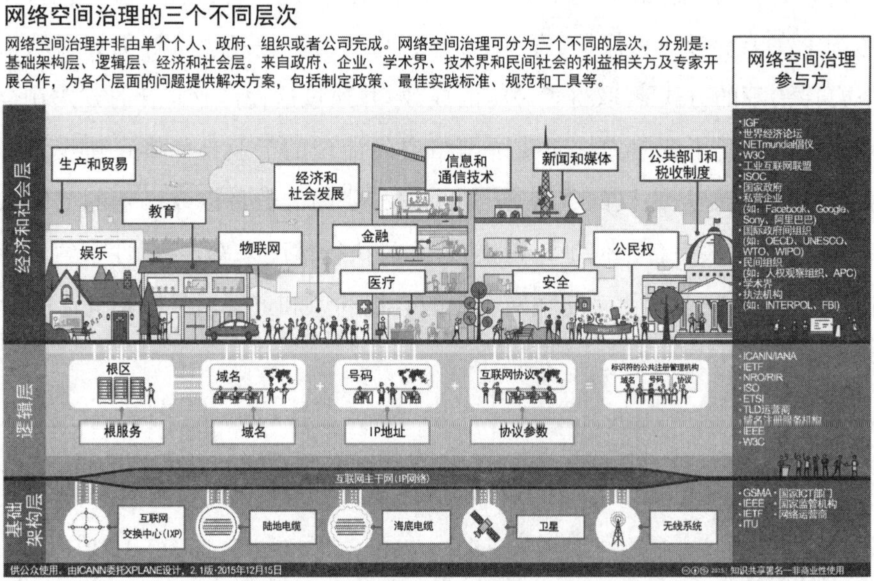

图 3-6　互联网名称与数字地址分配机构提出的"网络空间三层治理框架"

资料来源：Three Layers of Digital Governance Infographic，Sep.2，2015，https://www.icann.org/news/multimedia/1563.

---

① ［瑞士］约万·库尔巴里贾：《互联网治理》，鲁传颖、惠志斌、刘越译，清华大学出版社 2019 年版。

由此，本书将采用导言中对网络空间的分层（物理网络层、传输网络层、应用网络层、行为网络层）模式，来选取典型的治理议题。鉴于当前不同层次议题的多样性，本书结合网络空间治理的现状和趋势，筛选重点议题进行比较分析。可以看到，一方面，网络空间治理议题的关注点已从技术（较为底层的技术协议和互联网资源分配等）向政治、经济、文化、安全（与互联网领域中行为体直接相关）转移；另一方面，由于国内国外政治、经济、文化等多重因素的影响，这些治理议题往往会涉及网络空间治理的多个层次。例如，原本在技术和标准层面主要涉及物理网络层、传输网络层、应用网络层的议题随着大国的技术竞争、规则博弈以及意识形态斗争日趋激烈，将越来越嵌入行为网络层之中。因此，单一研究某一层次的治理议题，往往现实意义显得不够重要。遵照这一思路，本书对相关案例的代表性作了一定的整合，选取了 5G 新兴信息技术治理、网络信息内容治理作为研究的典型议题，以点带面，分析和比较主要国家和地区（如美国、欧盟、中国）网络空间治理的异同之处。

二、5G 新兴技术治理模式的中外异同

当前，海底光缆、光纤、卫星链路、新一代移动通信设施等信息基础设施构成了网络空间的物理网络层。由于互联网高度依赖信息基础设施作为其传输载体，自互联网诞生起就存在对信息基础设施的治理，形成了技术标准的制定、频谱资源的分配、电信市场的自由化争议等治理议题。在国际层面，这些信息基础设施主要受到国际电信联盟、世界贸易组织等国际组织的规制。而在国家层面，由于国家体制、技术成熟度、产业发展情况等因素的区别，发达国家和发展中国家存在明显差异。以移动通信技术为例，从 2G 到 4G，美国、欧盟等发达国家占据明显的主导优势，高通、诺基亚、爱立信等跨国企业在标准制定和产业输出上引领全球，而发展在中国家则往往处于"跟跑"的位置，较为被动接受或者参与通信技术的治理进程。

但是，随着近年来主要大国网络空间战略和技术竞争、规则博弈日趋激烈，关于新一代信息技术的治理议题成了贯穿网络空间全局的关键问题。典

型的如 5G① 的出现，打破了原先的发展和治理格局。一方面，以 5G 为代表的新一代网络信息技术是当前全球研发投入最集中、创新最活跃、应用最广泛、辐射带动作用最大的技术创新领域②，其对社会经济转型有着重要的赋能作用③，成为全球主要经济体技术竞争的核心领域，不同国家和地区也形成了不同的治理路径。另一方面，中国作为发展中国家，首次在移动通信核心领域与美欧站在同一起跑线，甚至超越部分发达国家，中国在技术治理中的优越性与引领性得到进一步验证。由此，本节选取 5G 治理这一议题进行中外比较。

（一）美国：通过公私合作保持领先优势，加大对竞争对手的打压

美国在网络空间新兴技术治理领域有着丰富的治理传统和治理经验，即通过强化战略引领、加强市场开放性、促进公私合作等方式长期在全球保持领先。在 5G 技术治理领域，美国"战略部署与公私合作同步发展"的治理模式依然发挥重要作用。在战略部署方面，美国高度重视 5G 网络建设，近年来出台的相关战略政策包括《国家频谱战略》（2018）④、《引领 5G 的国家频谱战略》（2019）⑤、《美国保护 5G 安全国家战略》（2020）⑥、《关键与新兴科技国家

---

① 5G，即第五代移动通信技术，其具有高速率、大容量、低时延高可靠等特点，是构筑万物互联的新型基础设施，并赋能智能生产、智能消费、智能家居、智能医疗、智能交通的发展，不仅推动消费互联网的升级，更将拉开产业互联网的大幕，推动传统经济结构的转型升级。

② 张平：《大力发展 5G 及应用核心技术》，世界智能大会网站，2021 年 3 月 2 日，https://www.wicongress.org.cn/2021/zh/article/2120。

③ 根据高通预测，到 2035 年 5G 将在全球创造 12.3 万亿美元的直接经济产出；《5G 经济社会影响白皮书》显示，到 2030 年，在直接贡献方面 5G 将带动我国的总产出、经济增加值、就业机会分别为 6.3 万亿元、2.9 万亿元和 800 万个。

④ 2018 年 10 月，美国发布《国家频谱战略》，该战略将制定一份 5G 和未来先进无线网络频谱管理的长期计划，包括空间系统和地面系统。

⑤ 2019 年 5 月，美国无线通信和互联网协会（CTIA）发布了《引领 5G 的国家频谱战略》，该战略期望通过制定五年拍卖计划、联邦频谱政策、更新频谱使用流程等手段，帮助美国引领未来 5G 产业的发展，以保持其全球无线通信的领导地位。

⑥ 2020 年 3 月，美国通过《美国保护 5G 安全国家战略》，其战略愿景为"美国要与最紧密的合作伙伴和盟友共同领导全球各地安全可靠的 5G 通信基础设施的开发、部署和管理"。美国将 5G 无线技术作为 21 世纪国家繁荣与安全的主要驱动力，谋求与盟友合作引领 5G 技术发展和部署的主导权，主要战略措施包括：促进美国推出 5G；评估 5G 基础设施风险并确定其核心安全原则；应对全球 5G 基础设施开发和部署给美国经济和国家安全带来的风险；促进负责任的 5G 全球开发和部署。

战略》(2020)①、《5G战略实施计划》(2021)②等，明确了商用频谱、安全战略、实施计划等一系列要求。在公司合作方面，美国政府加快引导大型企业、科研机构等强化科技研究，并积极推进其参与政府重要项目。例如，2021年1月，美国国防部发布5G作战试验工作进展，第一批确立了5个基地，主要测试商用5G技术增强军事作战的能力，共有100多家公司参与，合同总额超过6亿美元。③

此外，美国支持先进移动通信技术的开拓研发，已开展了6G技术的前瞻布局④以保持其核心竞争力。例如，2018年，美国国防部宣布资助一个由30多所美国大学组成的合作研究项目，支持成立太赫兹与感知融合技术研究中心（ComSenTer）开展6G技术突破。⑤ 2020年12月，美国联邦通信委员会（FCC）计划向运营商支付一定费用，帮助他们拆除华为和中兴的设备，并表示可以采用开放式天线接入网络（Open RAN）方案。而在技术试验上，美国联邦通信委员会早在2019年3月就为6G开放了实验性频谱许可证。2021年6月，美国国家电信和信息管理局（NTIA）提交了2022年预算请求，以优化包括6G在内的下一代通信技术之间的频谱共享。

而面对中国在这一领域的崛起，美国则采取了多种手段打压竞争对手。

① 2020年10月，美国白宫出台了《关键与新兴科技国家战略》，旨在保障美国在尖端科技上能够保持领导力，并将5G等通信与网络技术作为优先事项之一。

② 2021年1月，美国国防部发布《5G战略实施计划》，该计划相关措施包括促进5G技术发展、评估并减少作战中的5G系统漏洞、制定有影响力的5G标准和政策以及寻求合作伙伴参与。

③ 《美国防部发布〈5G战略实施计划〉与5G作战试验工作进展》，搜狐网，2021年1月8日，https://www.sohu.com/a/443397175_120319119。

④ 2020年8月，美国联邦通信委员会决定开放95 GHz—3 THz（太赫兹）频段作为试验频谱，正式启动6G技术研发。2020年10月，美国标准组织电信行业解决方案联盟（ATIS）近期发起成立下一个G联盟（Next G Alliance），聚焦6G相关研发、生产、标准和市场的全生命周期，以确保美国在未来10年能够在下一代通信技术中保持领导地位。6G联盟的创始成员包括高通，微软，脸谱网，InterDigital，以及美国三大电信运营商Verizon、AT&T和T-Mobile，三星，诺基亚等，而包括华为在内的中企则并未受邀加入。

⑤ 刘霞：《6G或成下一个兵家必争之地》，《科技日报》2020年8月28日。

一是限制技术出口，切断供应链。例如，2018 年 8 月，美国加强投资审查方面的立法，发布《2018 年外国投资风险评估现代化法案》，实现十多年来规模最大、力度最强的外商投资审查制度改革，全面加紧外商投资审查，要求企业按照规定筛选买家和下游终端用户，追踪整条价值链的动向①，目标直指中国 5G、人工智能等高科技行业。

二是组建"技术联盟"进行施压。例如，2019 年 5 月，美国及其北约盟友、日本、韩国、欧盟成员国等在布拉格曾举行 5G 安全大会，呼吁各国关注"某些国家政府对 5G 供应商施加影响的风险"。在此基础上，欧盟委员会和美国国务院先后研究出台 5G 网络相关的标准，将政治性因素纳入评估网络安全的指标范围。② 又如，虽然"清洁网络"计划在拜登政府上台后暂时搁置，但拜登政府延续了特朗普政府时期对华遏制打压的态势，其科技竞争的战略方向、目标和本质都未改变，接连出台了《过渡时期国家安全战略指南》《互联网未来宣言》③《2022 年芯片和科学法案》④等政策文件，对外构建美欧贸易与技术委员会（U.S. -EU Trade and Technology Council）、芯片四方联盟（Chip 4）等一系列"数字排华俱乐部"，构建所谓的"民主技术联盟"，以全方位遏制中国 5G 等科技产业链、供应链、价值链生态。与此同时，为掌握 6G 技术主动权，2020 年 11 月，美国支持组建了 Next G 联盟，

---

① 赵穗生、黄晓婷、刘明：《从"错位的共识"到竞争对手：美国对华政策 40 年》，《人民论坛·学术前沿》2018 年第 23 期，第 24 页。

② H. Andrew Schwartz, Criteria for Security and Trust in Telecommunications Networks and Services, Washington: CSIS, 2020.

③ 2022 年 4 月，美国联合欧盟、英国、澳大利亚和日本等 50 多个国家签署发布《互联网未来宣言》。该宣言的原则包括对以下方面的承诺：保护所有人的人权和基本自由；促进信息自由流动的全球互联网；推进包容和可负担的连通性，使所有人都能从数字经济中受益；通过保护隐私等方式，促进各方对全球数字生态系统的信任；保护和加强多利益相关方的治理方法，使互联网保持运行以造福所有人。但所谓《互联网未来宣言》意在对华建立"技术合作联盟"，分裂全球互联网，挑动网络对抗。参见 Declaration for the Future of the Internet, Apr. 28, 2022, https://www.state.gov/declaration-for-the-future-of-the-internet。

④ 2022 年 8 月 9 日，美国总统拜登签署《2022 年美国芯片与科学法案》，使其正式成为生效法律。该法案计划在未来 5 年内，为美国半导体的研究和生产提供约 520 亿美元的政府补贴，并规定获得资助的芯片企业 10 年内不得实质性扩大在中国的半导体制造能力。这将使得不少芯片企业面临"选边站队"的困境。

该联盟由美国电信行业解决方案联盟发起,具体由美国电信公司 AT&T 和瑞典的爱立信领导,召集了许多来自加拿大、芬兰、德国、日本、韩国和中国台湾的信息通信技术公司,但将中国大陆的科技公司排除在外。类似的还有美欧日韩产业界联合发起的创新光学无线网络全球论坛(IOWNGF)。

三是在国际社会"污名化"中国 5G。近年来,美国在国际舆论上渲染中国 5G 的安全问题,恶意歪曲华为等科技企业利用 5G 为中国收集情报,多次呼吁其他国家禁止中国企业涉足它们的 5G 网络。美国还通过终止科研合作和限制高科技领域人才交流、利用长臂管辖等方式展开 5G "科技新冷战"。拜登政府上台后,几乎全盘接受了上届政府对华 5G 战略,虽然没有直接承继特朗普政府推出的以 5G 竞争为目的但难以自圆其说的"清洁网络"计划,但是拜登政府的 5G 战略方向、目标和本质都未改变①。

(二)中国:呈现"政府主导、企业攻坚、市场推进"的治理格局

在 5G 的治理与全球竞争中,中国的领先优势将一定程度上带动人工智能、物联网等技术产业和数字经济形成竞争优势,为实现网络强国、数字中国、制造强国等国家战略提供了重要保障,带动中国科技产业的强势发展。从治理模式看,中国 5G 通信技术治理呈现"政府主导、企业攻坚、市场推进"的格局。

其一,通过规划、产业政策(表 3-2)等强化战略规划和科技自立自强,进一步加强中国在 5G 技术上的领先优势。在前瞻研判方面,中国将

---

① 相较于特朗普政府,拜登政府采取了更加精准、系统、严厉的策略。除了继续加大国内举措的力度,拜登政府还延续了特朗普政府末期联盟策略。例如,2021 年 9 月美欧之间建立的新协调平台——美欧贸易和技术委员会召开了首次会议,建立了 10 个工作组聚焦技术合作与标准制定、供应链安全与弹性、市场监管政策协调等问题。新一届政府的美国副国务卿何塞·费尔南德斯(Jose Fernandez)和国家安全委员会的艾丽莎·霍恩(Emily Horne)等高级官员均表示了对"布拉格提案"的支持。2021 年 12 月,拜登拟在峰会上成立"互联网未来联盟",并发布了相关提议讨论稿,提出"制定和实施信息通信技术系统和网络基础设施安全的高标准,要求只使用可靠的供应商提供核心信息和建设通信技术网络基础设施"。

5G 纳入《中国制造 2025》①《国家信息化发展战略纲要》②《5G 应用"扬帆"行动计划(2021—2023 年)》③、"十四五"规划④等国家重要规划和产业政策之中。

表 3-2 我国国家层面 5G 发展主要政策一览

时　间	发　布　部　门	政　策　名　称	相　关　内　容
2015 年 5 月	国务院	《中国制造 2025》	5G 规划
2016 年 7 月	中共中央办公厅、国务院办公厅	《国家信息化发展战略纲要》	5G 规划
2016 年 11 月	国务院	《"十三五"国家战略性新兴产业发展规划》	5G 规划
2017 年 1 月	工业和信息化部	《信息通信行业发展规划(2016—2020 年)》	5G 规划
2019 年 11 月	工业和信息化部	《"5G＋工业互联网"512 工程推进方案》	5G 与工业互联网融合创新发展
2020 年 3 月	工业和信息化部	《关于推动 5G 加快发展的通知》	5G 网络建设、应用推广和安全保障

① 2015 年 5 月,国务院发布《中国制造 2025》,在"大力推动重点领域突破发展"部分提出"全面突破第五代移动通信(5G)技术"。

② 2016 年 7 月发布的《国家信息化发展战略纲要》提出,"积极开展第五代移动通信(5G)技术的研发、标准和产业化布局"。

③ 2021 年,工业和信息化部、中央网络安全和信息化委员会办公室、国家发展和改革委员会、教育部、财政部、住房和城乡建设部、文化和旅游部、国家卫生健康委员会、国务院国有资产监督管理委员会、国家能源局等十部门联合发文《5G 应用"扬帆"行动计划(2021—2023 年)》,统筹各方力量,明确目标、优化环境、形成合力。该行动计划按照需求牵引、创新驱动、重点突破、协同联动的基本原则,在遵循技术演进规律、市场发展规律基础上,充分发挥"有效市场"在资源配置中的决定性作用,更好发挥"有为政府"的管理和服务作用,通过搭平台、出政策、树典型、优环境等多种措施,助推 5G 应用规模化发展。

④ 国家"十四五"规划提出,加快 5G 网络规模化部署,构建基于 5G 的应用场景和产业生态,在智能交通、智慧物流、智慧能源、智慧医疗等重点领域开展试点示范。

续表

时 间	发 布 部 门	政 策 名 称	相 关 内 容
2021 年 7 月	工业和信息化部、中央网络安全和信息化委员会办公室、国家发展和改革委员会、教育部、财政部、住房和城乡建设部、文化和旅游部、国家卫生健康委员会、国务院国有资产监督管理委员会、国家能源局	《5G 应用"扬帆"行动计划(2021—2023 年)》	5G 融合应用
2021 年 11 月	工业和信息化部	《"十四五"信息通信行业发展规划》	5G 信息通信行业

资料来源：根据相关年鉴、政策发布官网信息以及新闻报道等综合整理。

其二，"政府搭台，多方唱戏"，通过强化多元主体协同治理引领全球 5G 发展。相较于以往政府主导型的技术发展模式，中国在 5G 治理中强化了多元主体参与。在标准制定方面，积极鼓励企业参与 5G 标准的制定。例如，工信部领导下的中国通信标准化协会积极推动 5G 产业标准化工作，截至 2021 年 9 月完成各类 5G 相关的标准 84 项。[1] 2020 年 7 月，在 5G 标准竞赛中，华为参与的"第三代合作伙伴计划"(3GPP)5G 技术正式被接受成为国际电信联盟 IMT－2020 国际移动通信技术标准，且是唯一标准，结束了 5G 网络多标准时代。[2] 截至 2020 年 10 月，中国移动在国际电信联盟、"第三代合作伙伴计划"中牵头 90 余个关键标准项目，立项数在全球电信运营企业中排名首位。[3] 在商用推广方面，2019 年 6 月，工信部正式向中国电信、中国移动、中国联通、中国广电发放 5G 商用牌照。[4] 除了三大运营商，广电入局 5G 有利

---

[1] 中国通信标准化协会代晓慧：《持续做好 5G 标准化工作，推动 5G 融合应用发展》，C114 通信网，2021 年 9 月 28 日，https://www.c114.com.cn/4app/5218/a1175632.html。

[2] 《5G 标准，中国的新高地》，新京智库，2021 年 8 月 23 日，https://www.sohu.com/a/485256669_121147036。

[3] 《5G：中国标准》，新华网，2020 年 12 月 8 日，http://www.xinhuanet.com/politics/2020-12/08/c_1126834947.htm。

[4] 《工信部向中国电信、中国移动、中国联通、中国广电发放 5G 牌照——我国正式开始 5G 商用》，中国政府网，2019 年 6 月 7 日，https://www.gov.cn/xinwen/2019-06/07/content_5398188.htm。

于带动设备、内容等相关产业链，扩大中国 5G 市场规模。

其三，公开表明立场，强化国际合作，树立中国正面形象。面对美国等西方国家对中国 5G 的"妖魔化"，中国外交部多次就此议题公开回应，驳斥全球技术竞争的"零和思维"，表示各方应坚持开放合作安全理念，客观看待 5G 网络安全风险，为 5G 技术发展提供开放、公平、公正和非歧视性的环境①，倡导共建网络空间命运共同体。而在国际合作方面，2020 年 9 月，中方提出《全球数据安全倡议》，明确应"积极维护全球信息技术产品和服务的供应链开放、安全、稳定""反对滥用信息技术从事针对他国的大规模监控、非法采集他国公民个人信息""信息技术产品和服务供应企业不得在产品和服务中设置后门"②，旨在推动各方以客观公正的态度共同面对挑战，在合作中增进互信，通过多边协商确定规则，避免将政治因素引入 5G 等信息技术的开发利用与国际合作。

（三）欧盟：在中美博弈下提出"数字主权"，强化 5G 安全治理

自 2018 年以来，中美两国在 5G 领域的竞争博弈愈演愈烈，已蔓延至全球范围，欧洲市场在中美 5G 博弈中举足轻重。美国不仅无端指责华为 5G 设备存在技术后门，还通过政治手段向欧洲国家施压，敦促其放弃使用华为 5G 设备，致使英法两国于 2020 年 7 月表态将逐步淘汰华为 5G 设备。另一方面，近年来中欧数字经济领域加强合作，2020 年 12 月，中欧领导人共同宣布如期完成中欧投资协定谈判，《中欧全面投资协定》③的意向草案涵盖通信/云服务、计算机服务、技术转让④等数字领域，从战略上提升了双方数字

---

① 外交部：《各方应为 5G 发展提供开放、公平、公正和非歧视性环境》，中国政府网，2020 年 2 月 5 日，http://www.gov.cn/xinwen/2020-02/05/content_5474968.htm。

② 《全球数据安全倡议（全文）》，新华网，2020 年 9 月 8 日，http://www.xinhuanet.com/world/2020-09/08/c_1126466972.htm。

③ 这一协定后被欧洲议会冻结，暂未实施。

④ 《中欧全面投资协定》的意向草案在数字领域的核心内容主要包括：（1）在通信/云服务领域，中国将同意取消对云服务的投资禁令，该领域将对欧盟投资者开放，但其股本上限为 50%。（2）在计算机服务领域，中国将同意大幅度减少计算机服务的市场准入限制；同时，中国将引入"技术中立"条款，该条款将确保对电信增值服务施加的股本上限不会应用于其他在线提供的服务，例如金融、物流、医疗等。（3）在技术转让领域，《中欧全面投资协定》制定了非常明确严格的规则反对强制技术转让，包括禁止迫使技术转让的投资要求。这些规则还包括保护商业秘密，防止行政机关未经授权就披露其收集的商业秘密。

经济合作发展水平。而相较于美国和中国的数字经济产业规模，欧盟处于后位。在此背景下，欧盟对 5G 等信息技术治理采取了不同的策略。

一方面，提出"技术主权"（technological sovereignty）和"数字主权"，提升 5G 等新兴技术核心竞争力。2020 年初，欧盟委员会主席冯德莱恩首提"技术主权"，认为无论是量子计算、5G、网络安全，还是人工智能，欧洲需要拥有自己的数字能力。[①] 此后，欧盟发布《塑造欧洲的数字未来》《欧洲数据战略》和《人工智能白皮书》《欧洲数字主权》《欧洲标准化战略》《数据治理法》《数字市场法》《数字服务法》等重要文件，从构建数据框架、促进可信环境、建立竞争和监管规则方面阐释了如何实现数字主权，其中的相关项目包括"5G 及更高级别的标准化"[②]。这些举措都反映了欧盟急于改变对外国科技公司的过度依赖，保护欧洲人管理自己网络和数字空间的自由。例如，荷兰网络安全委员会（CSR）认为，数字自主是其法制的核心和社会的基石，并提出尊重主权的云建设、安全的数字通信网络、后量子密码技术是维护数字主权的必要条件[③]。

另一方面，欧盟加快 5G 部署的同时，建立统一体系以强化 5G 安全治理。欧盟委员会在"欧洲 5G 行动计划"和"欧盟安全 5G 部署"等战略中都重点强调了 5G 基础设施及其快速推广与技术能力以及 5G 基础设施供给侧发展的重要性。[④] 而《5G 网络安全工具箱》[⑤]更是细化了欧盟 5G 安全治理的相

[①]　European Commission, "Shaping Europe's Digital Future: Op-ed by Ursula von der Leyen, President of the European Commission", Feb. 19, 2020, https://ec. europa. eu/commission/presscorner/detail/en/ac_20_260.

[②]　European Parliament, "Digital Sovereignty for Europe", Jul. 18, 2020, https://www.europarl. europa. eu/RegData/etudes/BRIE/2020/651992/EPRS_BRI(2020)651992_EN.pdf.

[③]　CSR Digital Autonomy and Cybersecurity in the Netherlands, Amsterdam: Cyber Security Council, 2021.

[④]　AIT Austrian Institute of Technology, Directorate-General for Communications Networks, Content and Technology (European Commission), Fraunhofer ISI, IMEC, RAND Europe, 5G Supply Market Trends, Aug. 10, 2021, https://op. europa. eu/en/publication-detail/-/publication/074df4ff-f988-11eb-b520-01aa75ed71a1.

[⑤]　2020 年 1 月，欧盟出台《5G 网络安全工具箱》的指导性文件，要求欧盟成员国评估 5G 供应商的风险情况，对"高风险"供应商设限。文件建议，为避免长期依赖某一供应商，欧盟成员国应充分利用欧盟现有工具和手段，维持多元化和可持续 5G 供应链。成员国要提高安全要求，采取措施应对 5G 网络现有及潜在风险，包括严格控制访问权限、制定安全操作和监控规则、限制特定功能外包、对 5G 网络设备的供应部署和操作施加特定要求或条件等。

关措施。由此，欧盟通过统一的政策部署和精细化的治理要求，强化了5G等新兴技术的安全治理。

（四）异同分析

与5G治理路径类似，美、中、欧在人工智能治理领域也有着不同的模式。美国方面，采取了轻监管、促创新的路径，以政策不阻碍人工智能技术和产业发展、降低创新的门槛和成本为优先考虑，更加侧重标准、指南等敏捷灵活的方式和渐进式监管来应对新出现的问题，并通过积极主导和参与G7、G20、经济合作与发展组织、人工智能全球合作伙伴组织（GPAI）等国际组织，推行美国人工智能治理的理念和规划。欧盟方面，则采取了更加侧重立法和监管的路径，欧盟人工智能战略的三大支柱之一即是"建立与人工智能发展和应用相适应的法律和伦理框架"，谋划出台《欧盟人工智能法案》，其希望在人工智能立法和监管上也成为全球领导者，旨在树立起欧盟在道德伦理领域的领导者、确立其公民数据隐私与安全的守护者的形象①。中国方面，秉承着发展和安全的理念，我国密集出台促进人工智能发展的产业政策，同时加强了人工智能伦理、标准等方面的建设与治理。

可以看到，在5G、人工智能等新兴数字技术治理领域，由于上述技术所具有的使能特性②和安全属性③，加之国家、跨国企业等多元主体的参与，其治理议程和治理机制的复杂性日益凸显，不同国家和地区的治理模式也逐渐明晰。比较美国、中国、欧盟的5G治理路径，可以发现主要经济体对新兴技术治理的异同。

一方面，美、中、欧等国家和地区在5G等新兴数字技术治理领域有着共同之处。不管使用"网络主权""技术主权""数字主权""数据主权"等何种概念，美、中、欧等均将新兴数字技术作为大国战略竞争的重要议题，通过加强顶层设计、加码产业政策、加大投资等方式增强国家自身技术和产业竞争力。在新兴

---

① 曹建峰：《人工智能治理：从科技中心主义到科技人文协作》，《上海师范大学学报（哲学社会科学版）》2020年第5期，第102页。

② 关于使能技术（enabling technology），目前没有统一定义，一般是指具有较大应用面、赋能各行各业、对经济社会有影响的相关技术。

③ 安全属性既包括这些前沿技术本身存在的安全问题，也涵盖其日益嵌入国际竞争所带来的国家安全方面。

技术治理领域,政府往往作为治理活动的引导者和规划者的角色,龙头企业等市场力量则是治理活动的直接参与者和执行者。因此,公私密切合作、政企协同推进等发展模式在新兴技术发展和治理中发挥重要作用。

另一方面,美、中、欧也代表着不同的发展路径。美国数字经济发展水平全球领先,是全球数字经济发展的领头羊,美国在新兴数字技术治理中实施技术霸权和网络霸权,有着典型的"两面派"和虚伪性特点。它一方面重视市场的开放性,通过公私合作进一步维护其在先进技术领域的先发优势,以期掌控国际市场的更多份额;另一方面又以国家安全和网络安全为由,运用议题联盟(issue-specific coalition)与功能性合作、长臂管辖、出口限制、奖励性措施和惩罚性措施并举等多种手段对竞争对手形成系统性打压态势。中国作为后发国家,在部分数字技术的突破上实现了"弯道超车"并在国际技术规则制定上取得优势,但总体还处于聚焦自身发展、开展被动防御的态势。欧盟则通过一系列数字经济发展战略和法律政策,力图与中美争夺全球市场份额、"技术主权"和国际规则制定权,力争成为除中美外的全球"数字化第三极",甚至成为全球数字经济和数字治理的领导者[①]。

三、国内外网络信息内容治理比较

(一) 全球网络信息内容治理趋势

互联网的"双刃剑"效应在网络空间表现突出。互联网丰富的应用带来了大量的网络信息内容。

表 3-3 互联网发展不同阶段全球网络信息内容特征比较

时　代	核心技术	典型应用	主 要 特 点	主要形态
早期互联网时代	1G、主机技术等	电子邮件	信息单向、单点传播,开启人—网连接	电视新闻、广播、单机游戏等
PC 互联网时代	2G、Web 技术等	门户网站、搜索引擎	信息单向、多点传播,信息获取渠道拓宽,开启人—网络—人连接	门户新闻、PC 游戏等

---

① 张茉楠:《全球数字治理:分歧、挑战及中国对策》,《开放导报》2021 年第 6 期,第 32 页。

续表

时 代	核心技术	典型应用	主 要 特 点	主要形态
移动互联网时代	3G、4G 等	移动客户端、社交媒体	信息多向、多点传播，互联网成为平台，开启人—平台—人连接	移动新闻、手机游戏、移动音/视频、问答社区、社交应用等
智能互联网时代	人工智能、5G、大数据、云计算、物联网、区块链等	融合技术＋场景应用	信息多向、多点、多屏、实时传播，开启万物互联，趋向跨界融合、人机共生	短视频、AI 直播、VR、AR、自动化生成内容等

如表 3-3 所示，随着 5G、大数据、云计算、人工智能、物联网、区块链等新一代信息技术的快速发展带领全球由移动互联网时代进入智能互联网时代，网络信息内容的生产、分发、传播方式都发生了根本性的变革，信息多向、多点、多屏、实时传播与万物互联、跨界融合和人机共生模式成为可能，以社交媒体为代表的互联网应用成为知识生产、社会交往、舆论传播、文化发展的重要阵地①，微博、微信、抖音等各类社交平台生产和提供了大量形式丰富的信息服务内容。

与此同时，这也给网络空间信息内容治理带来了一系列新型安全风险与问题挑战：一是智能互联网时代网络信息内容极大丰富，规模迅速膨胀，导致当前有限的内容审核能力难以满足网络信息内容监管的要求；二是深度合成、智能换脸、生成式人工智能等技术使得谣言信息等不易被辨别，大肆传播、极化情绪严重；三是各类不良信息、有害信息、恐怖主义等良莠不齐的内容在社交媒体上快速传播，严重侵蚀青少年身心健康，败坏社会风气，误导价值取向。②

对此，全球主要国家加大网络信息内容政策创新，近年来主要呈现以下三大特征：

其一，加强网络信息内容等方面的立法规制（表 3-4）。就规制具体内容来看，包括：（1）对治理网络空间中与政治、民主相关的言论，特别是对危害

① 孟芸：《网络综合治理格局如何构建》，《人民论坛》2019 年第 24 期，第 216 页。
② 中国网络空间研究院编：《世界互联网发展报告（2019）》，电子工业出版社 2019 年版，第 6 页。

政治稳定、社会民主、国家主权等的言论加以严格管控，例如，德国通过立法的形式严格禁止利用互联网传播纳粹言论、思想和图片[①]；(2) 强化青少年网络保护，依法管控针对青少年的色情暴力、儿童性剥削与虐待等不良有害内容，例如，英国负责数据隐私保护的专门机构英国信息专员办公室(ICO)发布了《网络服务适龄设计实践守则》，旨在保护儿童免受网络服务可能带来的隐私与安全伤害，以期为儿童的学习、探索和娱乐创造一个更加安全的网络环境[②]；(3) 加强对影响社会稳定、严重扰乱社会公共秩序的网络谣言、仇恨言论、网络恐怖主义的治理，例如，欧盟针对网络恐怖主义、破坏种族平等和宗教和谐、虚假信息等内容频繁出台监管政策法规，不断对科技企业施压，力求实现对网络信息内容的有效治理；(4) 禁止散布和泄露个人信息和隐私，全球近年来兴起的数据安全立法均对个人数据保护和数据安全提出了相关要求；(5) 保护数字内容版权，保护传统新闻媒体、内容创作者等的合法权益，例如欧盟、澳大利亚、加拿大等推出了相关立法，试图解决大型平台与其他内容提供者之间的冲突和矛盾；(6) 依法打击防范互联网金融犯罪、电信诈骗等新型网络犯罪活动。

表 3-4　全球一些国家和地区的部分网络
信息内容治理政策一览

国家/地区	政　策　名　称	发布时间
美　国	《通信规范法案》	1996 年
	《儿童互联网保护法》	2000 年
	《2003 年控制非法色情信息和商业信息法案》	2003 年
	《情报改革和恐怖主义预防法案》	2004 年
	《身份盗用惩罚执行法案》	2004 年

① 金蕊：《中外互联网治理模式研究》，硕士学位论文，华东政法大学，2016 年。
② "Age Appropriate Design：A Code of Practice for Online Services", Feb. 4, 2021, https://ico. org. uk/for-organisations/guide-to-data-protection/ico-codes-of-practice/age-appropriate-design-a-code-of-practice-for-online-services/4.

续表

国家/地区	政 策 名 称	发布时间
美 国	《2010 开放互联网的规定》	2010 年
	《波特曼-墨菲反宣传法》	2016 年
	《2017 儿童保护法案》	2017 年
	《保护美国人免受网络审查》	2019 年
欧 盟	《网络犯罪公约》	2011 年
	《欧盟网络安全战略：公开、可靠和安全的网络空间》	2013 年
	《打击网上非法仇恨言论行为准则》	2016 年
	《数字化单一市场版权指令》	2019 年
	《加强虚假信息行为守则的指南》	2021 年
	《关于处理在线恐怖主义内容传播条例》	2021 年
	《数字服务法》	2022 年
	《数字市场法》	2022 年
英 国	《在线危害白皮书》	2019 年
	《在线媒体素养战略》	2021 年
	《算法透明度标准》	2021 年
	《在线安全法案》	2023 年
德 国	《信息与通信服务法》	1997 年
	《网络执行法》	2018 年
法 国	《反假信息操纵法》	2018 年
	《打击网络仇恨法案》	2020 年
俄罗斯	《信息、信息技术和信息保护法》	2006 年
	《阻碍网页登录法》	2009 年

续表

国家/地区	政　策　名　称	发布时间
俄罗斯	《保护青少年免受对其健康和发展有害信息干扰法》	2010 年
	《博主法》	2014 年
	《互联网诽谤法案》	2018 年
	《关于禁止传播有辱国家和社会虚假信息的法令》	2019 年
	《主权互联网法》	2019 年
日　本	《交友类网站限制法》	2003 年
	《不良网络对策法》	2004 年
	《青少年网络规制法》	2008 年
	《杜绝儿童色情综合对策》	2010 年
	《著作权法》	2011 年
	《欺凌防止对策推进法》	2013 年
韩　国	《促进信息化基本法》	2005 年
	《信息通信基本保护法》	2005 年
	《促进使用信息通信网络及信息保护关联法》	2007 年
	《不当互联网站点鉴定标准》	2011 年
	《互联网内容过滤法令》	2011 年
埃及	《反网络及信息技术犯罪法》	2018 年
澳大利亚	《散播邪恶暴力内容法》	2019 年
	《新闻媒体和数字化平台强制议价准则》	2021 年
新加坡	《防止网络假信息和网络操纵法》	2019 年
	《在线安全实践准则》	2023 年
	《网络犯罪危害法案》	2023 年

续表

国家/地区	政　策　名　称	发布时间
加拿大	《数字宪章》	2019 年
	《在线新闻法》	2023 年
印　度	《信息技术(中介准则和数字媒体道德规范)规则 2021》	2021 年
	《信息技术法》(修订)	2023 年
马来西亚	《反假新闻法》	2018 年

资料来源：根据各国政府官网信息、新闻报道等综合整理。

其二,全球网络空间内容治理凸显出"国家在场"的趋势。在互联网发展早期,不少国家倡导所谓的"互联网自由"。当前,面对日趋严峻的网络信息内容生态环境,越来越多的国家和政府从幕后走向台前,强化了对网络信息内容的监管。以美国为例,美国对网络信息内容的监管总体上是以"保护言论自由的思想自由市场"为导向,典型的如美国《通信规范法案》第230 条①为网站、互联网服务提供商、社交媒体及其他网络平台因用户内容引发的问题提供了较大裁量权和豁免权。但这并不意味着美国政府不干预网络内容监管。事实上,在涉及国家安全议题上,美国先后通过了《爱国者法案》《国土安全法》《保护美国法》等多部法律,授权联邦调查局等政府部门对互联网通信和信息进行监控②,以应对国际恐怖主义威胁。近年来,"剑桥分析丑闻"③、社交媒体操纵选举等事件接连发生,美国政府针对虚假新闻、政

---

① 1996 年美国《通信规范法案》第 230 条(c)(1)规定,互联网服务提供者无须为第三方传播的信息负责;同时,(c)(2)规定,互联网服务提供者无须对"出于善意自愿采取的任何限制信息获取的措施"负责任。在当前的发展环境下,这一条款因对互联网服务提供内容监管的"过于宽松"而饱受争议。

② 黄志雄：《互联网监管政策与多边贸易规则法律问题探析》,《当代法学》2016 年第 1 期,第55 页。

③ 2018 年,有媒体报道政治咨询公司"剑桥分析"通过脸谱网收集用户数据,将其用于 2016 年总统大选时支持美国总统特朗普。

治广告①、恐怖主义言论、深度伪造信息等违规网络内容,加大整治力度和治理行动,并在国会层面推进230条款改革以强化平台主体责任②。上述举措表明,美国在涉及政治选举的内容监管上日益突出政府的作用,呈现出政府介入逐渐增强,监管力度明显加大,规制更加严格,管控措施手段趋于强硬的趋势③。

其三,在各国网络内容治理中,互联网平台被施加了日渐增大的监管责任。随着互联网平台的横向扩展和纵深发展,平台带来的问题日益复杂化、多元化、全球化,对平台的规制正在从"避风港"转向"平台治理"④。例如,美欧对脸谱网、X(原推特)等社交平台加大监管,进一步明确了责任,要求其加强对平台内虚假信息、恐怖主义言论以及深度造假视频的审核力度。欧盟出台《数字服务法案》,从行业自律转向对不同类型的互联网平台差异化问责,强调超级平台和大平台应承担更多的责任。德国则制定网络仇恨言论法规,要求相关社交媒体及时删除仇恨言论、假新闻以及其他违法内容,否则将可能被处以最高5 000万欧元的罚款。⑤ 此外,美国⑥、德国⑦、中国⑧等国家对平台建立

① 例如,特朗普上台后,美国政府推出了《波特曼-墨菲反宣传法》(2016)、《外国代理人登记法案》(2017),对中国、俄罗斯等媒体在美国的运营活动进行限制。俄乌冲突爆发后,推特、脸谱网、YouTube等社交媒体应拜登政府的要求,对俄集体采取强硬立场,宣布限制俄罗斯国有媒体的广告,并对包括俄总统普京在内的俄罗斯政府机构账号实施限流。

② 美国国会研究处(Congressional Research Service, CRS)2024年1月发布的针对230条款研究报告指出,国会相关提案包括彻底废除、对豁免权附加某些条件、允许某些类型诉讼的较窄例外等。但目前,关于"言论自由"的争议再次阻碍了该立法革新进程的推进。

③ 刘恩东:《美国网络内容监管与治理的政策体系》,《治理研究》2019年第3期,第103页。

④ 曹建峰:《全球互联网法律政策趋势研究》,《信息安全与通信保密》2019年第4期,第51页。

⑤ 昭东:《德国启动网络仇恨言论"大删除"　违者或被罚5 000万欧元》,《环球时报》2018年1月2日。

⑥ 例如,"剑桥门"事件后,脸谱网与联邦监管机构达成和解,并在董事会成立了一个正式的隐私委员会,对如何处理用户内容信息采取第三方的独立监管。

⑦ 例如,德国《网络执行法》对社交平台规定了通报义务,要求互联网社交媒体平台必须每半年至少发布一次报告或者每季度发布报告,公示收到的用户投诉数量和平台的处理情况。参见贾茵:《德国〈网络执行法〉开启"监管风暴"》,《中国信息安全》2018年第2期,第77—79页。

⑧ 例如,根据《互联网信息服务算法推荐管理规定》,具有舆论属性或者社会动员能力的算法推荐服务提供者应当在提供服务之日起十个工作日内通过互联网信息服务算法备案系统填报服务提供者的名称、服务形式、应用领域、算法类型、算法自评估报告、拟公示内容等信息,履行备案手续。

第三方监管、公开相关信息、强化算法透明性、开展算法备案等方面提出了更多要求。

(二) 中国网络信息内容治理特点

网络信息内容关涉国家意识形态工作、网络舆论引导、网络社会管理等重要议程。因此，从互联网一进入中国，我国就高度重视网络信息内容治理，近年来，以习近平同志为核心的党中央提出了"互联网是意识形态斗争的主阵地、主战场、最前沿"等重要论断。当前，我国网络信息内容治理呈现以下特点：

其一，坚持马克思主义在意识形态领域指导地位的根本制度。① 网络信息内容治理的要求在党和国家重要会议、领导人重要讲话中以及党的十八大、十九大、二十大、"十三五"规划、"十四五"规划和网络强国战略等顶层设计层面多次被提到。事实上，从传统媒体到互联网，党性原则、以人民为中心等马克思主义新闻观始终指导新闻内容和舆论传播，并在新时期提出以社会主义核心价值观引领文化建设，这体现出党和政府对网络信息内容治理规律的深化认识。

其二，坚持依法治网、依法办网、依法上网，加强网络文明建设②。近年来，我国在制度建设、立法保护、严格执法、公正司法条件下推进网络信息内容治理法治化，促进网络生态健康发展。《网络安全法》③正式实施后，网络信息内容治理领域的一系列配套法规和政策出台(如表 3 - 5 所示)，涵盖互

① 刘仓：《坚持马克思主义在意识形态领域指导地位的根本制度》，《马克思主义理论学科研究》2021 年第 4 期，第 89 页。

② 中共中央党史和文献研究院编：《习近平关于网络强国论述摘编》，中央文献出版社 2021 年版，第 155 页。

③ 以 2017 年正式实行的《网络安全法》为例，其作为我国第一部全面规范网络空间安全管理方面问题的基础性法律，是我国网络空间法治建设的重要里程碑，是依法治网、化解网络风险的法律重器，是让互联网在法治轨道上健康运行的重要保障。《网络安全法》第六条明确，"国家倡导诚实守信、健康文明的网络行为，推动传播社会主义核心价值观"；在第十二条提出，"任何个人和组织使用网络应当遵守宪法法律，遵守公共秩序，尊重社会公德，不得危害网络安全，不得利用网络从事危害国家安全、荣誉和利益，煽动颠覆国家政权、推翻社会主义制度，煽动分裂国家、破坏国家统一，宣扬恐怖主义、极端主义，宣扬民族仇恨、民族歧视，传播暴力、淫秽色情信息，编造、传播虚假信息扰乱经济秩序和社会秩序，以及侵害他人名誉、隐私、知识产权和其他合法权益等活动。"

联网新闻信息服务许可、转载和管理，算法推荐、深度合成、生成式人工智能等涉及互联网信息服务新技术，互联网信息内容管理行政执法程序，从业人员管理等系列要求，涉及移动互联应用程序、微博、公众号、论坛社区、网络群组、搜索、网络直播、网络出版等多种信息服务类型，让政府、企业、个人等行为主体在网络文化活动中有章可循。

表 3-5 近年来我国网络空间内容治理
主要战略、法律法规、政策一览

出台时间	文 件 名 称
2016 年	《国家网络空间安全战略》
2012 年	《关于加强网络信息保护的决定》
2016 年	《网络安全法》
2019 年	《电子商务法》
2011 年	《计算机信息网络国际联网安全保护管理办法》
2011 年	《互联网文化管理暂行规定》
2011 年	《规范互联网信息服务市场秩序若干规定》
2013 年	《信息网络传播权保护条例》
2014 年	《即时通信工具公众信息服务发展管理暂行规定》
2015 年	《互联网新闻信息服务单位约谈工作规定》
2015 年	《通信短信息服务管理规定》
2015 年	《互联网用户账号名称管理规定》
2015 年	《互联网新闻信息服务单位约谈工作规定》
2015 年	《互联网危险物品信息发布管理规定》
2015 年	《互联网等信息网络传播视听节目管理办法》
2016 年	《专网及定向传播视听节目服务管理规定》
2016 年	《互联网信息搜索服务管理规定》

续表

出台时间	文　件　名　称
2016 年	《移动互联网应用程序信息服务管理规定》
2016 年	《互联网直播服务管理规定》
2016 年	《网络表演经营活动管理办法》
2017 年	《互联网新闻信息服务管理规定》
2017 年	《互联网用户公众账号信息服务管理规定》
2017 年	《互联网群组信息服务管理规定》
2017 年	《互联网信息内容管理行政执法程序规定》
2017 年	《互联网视听节目服务业务分类目录》
2017 年	《互联网新闻信息服务许可管理实施细则》
2017 年	《互联网跟帖评论服务管理规定》
2017 年	《互联网论坛社区服务管理规定》
2017 年	《互联网用户公众账号信息服务管理规定》
2017 年	《互联网群组信息服务管理规定》
2017 年	《互联网新闻信息服务新技术新应用安全评估管理规定》
2017 年	《互联网新闻信息服务单位内容管理从业人员管理办法》
2018 年	《微博客信息服务管理规定》
2018 年	《具有舆论属性或社会动员能力的互联网信息服务安全评估规定》
2019 年	《网络信息内容生态治理规定》
2019 年	《区块链信息服务管理规定》
2019 年	《网络音视频信息服务管理规定》
2021 年	《关于加强网络直播规范管理工作的指导意见》
2021 年	《互联网用户公众账号信息服务管理规定》

续表

出台时间	文　件　名　称
2022 年	《互联网信息服务算法推荐管理规定》
2022 年	《互联网信息服务深度合成管理规定》
2023 年	《网信部门行政执法程序规定》
2023 年	《生成式人工智能服务管理暂行办法》

资料来源：根据相关年鉴、政策发布官网信息以及新闻报道等综合整理。

例如，针对非公资本通过上市融资、设立基金、战略投资、战略合作、外围渗透等方式进入互联网新闻信息服务领域[①]而带来的主流媒体"把关人"角色式微、侵犯网络内容版权、违法违规内容传播等网络传播乱象，我国通过完善《互联网新闻信息服务管理规定》等法律法规明确了互联网信息的"九不准"[②]，规定了非公有资本不得介入互联网新闻信息采编业务、总编辑负责制、明确持证采访、规范新闻转载等要求。《网络信息内容生态治理规定》则明确了正能量信息、违法信息和不良信息的具体范围，提高了网络信息生态治理的规范性和准确性。此外，因互联网平台具有的技术、信息等能力，其已经不简单是一个经济平台、商业平台、中介平台，而越来越凸显出公共空间属性和基础设施属性[③]，目前网络内容治理等相关法律法规在制定和完善过程中，均进一步强调了平台的主体责任和义务。这既是我国互联网的立法创新与实践创新，也顺应了当前全球对平台权责的治理趋势。

其三，开展网络内容治理与网络清朗空间建设系列行动，营造良好氛围。

[①] 唐巧盈：《资本参与视角下的互联网新闻信息服务发展现状及其治理研究》，《信息安全与通信保密》2018 年第 12 期，第 78 页。

[②] 《互联网信息服务管理办法》第十五条规定，互联网信息服务提供者不得制作、复制、发布、传播含有下列内容的信息：（一）反对宪法所确定的基本原则的；（二）危害国家安全，泄露国家秘密，颠覆国家政权，破坏国家统一的；（三）损害国家荣誉和利益的；（四）煽动民族仇恨、民族歧视，破坏民族团结的；（五）破坏国家宗教政策，宣扬邪教和封建迷信的；（六）散布谣言，扰乱社会秩序，破坏社会稳定的；（七）散布淫秽、色情、赌博、暴力、凶杀、恐怖或者教唆犯罪的；（八）侮辱或者诽谤他人，侵害他人合法权益的；（九）含有法律、行政法规禁止的其他内容的。

[③] 赵泽良：《大型平台设立规则应科学民主透明，允许用户参与》，《南方都市报》2021 年 4 月 25 日。

一方面，强化正面宣传，开展重大活动、重要节点正面宣传，形成以主流媒体为核心导向、网络媒体强化传播的宣传矩阵，通过评选先进人物及举办中国网络文明大会、中国网络媒体论坛、中国网络媒体论坛责任论坛等活动，强化行业自律和他律；另一方面，不断加大行政执法力度依法处理典型案件，密集开展"扫黄打非行动""剑网行动""净网行动""护苗行动""秋风行动"等，部门间协同合作日益紧密。据不完全统计，当前，我国涉及网络空间信息内容治理的垂直管理部门，如中宣部、国家互联网信息办公室、公安部、工业和信息化部、文化和旅游部、教育部、国家市场监督管理总局、国家工商总局、国家邮政局等部门均联合开展过相关行动，行动主题涵盖网络谣言、网络涉恐活动、网络欺凌、网络版权、网络游戏、网络市场监管、抵制互联网低俗之风等领域。此外，我国还通过公私合作、技术支撑等多种手段，疏堵结合，建立有效的网络舆论监测和引导机制。

（三）中外异同比较

网络信息内容治理作为关乎网络空间全局稳定的重要议题，关于其是否该治理、为什么治理、如何治理等问题既存在争议也存在共识。

总体来看，由于网络空间成为一个国家技术、社会、经济、政治、文化等现实环境的全面映射，其在信息内容层面带来的现实影响越发显著，全球已对互联网信息内容治理的必要性达成了共识。而在如何治理这一问题上，中国与其他国家的治理方式较为类似：一是加快立法和政策出台，这些内容治理政策通常涵盖政府政策立场（即基于国家安全、公共道德、社会秩序以及政治动机等各种因素考量而进行的内容控制）、人权（内容政策对权利的影响，如表达自由权和传播权等）、技术（内容管理工具）三大方面[①]；二是政府介入的力度增强，特别是在对于仇恨言论、网络恐怖主义、涉及儿童与青少年信息内容的治理上采取强势干预，辅以过滤、屏蔽、删除等技术手段；三是社交媒体、即时通信等提供信息服务内容的互联网平台主体责任进一步加强，其作为政府在这一领域治理"代理人"的角色进一步强化。

---

① ［瑞士］约万·库尔巴里贾：《互联网治理（第七版）》，清华大学出版社 2019 年版，第 218 页。

与此同时，各国对于网络信息内容治理也存在诸多差异。一方面，由于政治制度和社会形态的差异，不同国家的政策着力点不同，欧美等发达国家和地区主要关注互联网信息内容对自由和民主相关制度的影响，比如在国家民主选举中是否存在信息操纵，但与此同时强调互联网自由，不过分干预网民个人言论。而中国重视意识形态安全和主流价值观的宣传，认为"互联网不是法外之地"，通过设置"九不准"和细化审查标准，规范各主体的网络行为。另一方面，关于政府在网络信息内容日常治理中的角色，欧盟加强立法，加强与企业协同合作推进治理；美国在法律规则基础上强调行业自律，政府的直接干预相对较少；而中国则往往依据法律法规采取行政监管、联合专项行动等方式开展治理，同时通过部门规章、规范性文件等不同效力的政策细化监管要求，重视社会动员，鼓励行业自律和公众监督举报，等等。

本 章 小 结

对于导言中提出的"中国网络空间治理与国外相比存在哪些异同"这一问题，本章从理论范式和治理实践两个方面分别来展开。

从理论范式看，本章对治理理念、治理主体、治理议题、治理方式等治理框架进行比对，从理论层面比较中外的路径选择，进一步分析和揭示中国网络空间治理规律。

治理理念方面，发达国家倾向于延续原有的网络空间治理机制，推行多利益相关方治理，推进私营部门、国际组织等非国家行为体作为主要力量开展网络空间国际治理，政府作为"遥远的监护人"参与其中。中国则倡导在联合国体系下主权国家作为主导力量参与网络空间治理。而随着近年来随着现实空间和网络空间的交融，网络空间安全风险日益交织复杂，关于"多方治理"和"多边治理"，当前并没有明显的对立，且出现了融合的态势，以高效解决网络空间治理问题。

治理主体方面，当前具有代表性的两类治理主体结构为"三角互动"结构和"同心圆"结构，两者的差异在于政府与企业、民间社会团体、网民个人等其他治理主体的关系上。在"三角互动"结构中，政府、企业、民间团体、网民的角色处于相对平等的状态，每类主体之间均存在互动关系，形成了较为稳定的三角结构。这背后的原因在于西方国家在网络空间的先发优势，网民的数字素养、企业的社会责任意识、行业组织的监督力量以及相互之间的沟通渠道、治理机制等往往发展比较成熟，多元治理主体之间未形成主导性的力量。而在"同心圆"结构中，政府作为"圆心"有着很强的"向心力"，企业、民间团体、网民等其他治理主体则围绕这一主导力量参与网络空间治理，形成合力，同时各个主体之间也存在一定的互动。就我国的治理主体结构变迁看，党和政府一直扮演着最重要的"掌舵"角色，是中国网络空间治理的主导力量。而这种政府主导型内部治理结构在不同时期具有一定的变化，即从以"政府为主体、自上而下为路向"的单向管理转向"一核多主体协同的同心圆"治理结构，体现为从"管理到治理"思路的根本变化，这一方面是与互联网"开放、平等、合作、共享"的特征相适应，符合网络空间发展的基本规律，另一方面也是管理对象繁多、监管人手不足[①]、监管难度较大、监管技术能力较弱等导致党和政府及时转变相关思路。

治理议题方面，中外的治理议题均涵盖发展议题和安全议题，并未有显著差异，且随着全球网络空间的发展演变形成了一定的议题转向，即"自下而上"地从物理网络层、传输网络层的技术性议题转向应用网络层和行为网络层，并与现实社会的政治、经济、文化、社会、外交、军事等议题相融合，形成了平台经济、网络安全、数据安全、个人信息保护、数字地缘政治、网络舆论战、深度造假、网络恐怖主义、跨国监控、网络威慑等一系列新兴议题。

治理方式方面，中外网络空间治理方式存在相互借鉴的趋势，法律、行政、经济、技术、自律等多种治理手段均被综合运用其中。其中，法律手段上，近年来全球主要国家和地区均强化了法律手段在网络空间治理中的重要性。

---

① 郑振宇：《改革开放以来我国互联网治理的演变历程与基本经验》，《马克思主义研究》2019 年第 1 期，第 62 页。

行政手段上，我国在网络内容监管、推进 App 个人信息保护、打击互联网企业垄断等议题治理方面往往采取这种方式。对比国外，这一手段常运用在联合打击网络恐怖主义、防范网络攻击等特定治理议题之中。经济手段上，我国近年来借鉴了欧盟、美国等国家和地区互联网反垄断监管、个人信息保护和数据安全执法等的相关措施。技术手段上，其已被全球主要国家和地区广泛采纳，但由于技术的成熟性和可能被滥用等，不少国家将其作为治理的必要辅助工具。自律手段上，西方发达国家在部分领域采取自律治理的方式，取得了一定的成效，而我国网络空间治理的行业自律体系建设虽已初见成效，但有关主体责任和社会功能仍待进一步加强。

从治理实践看，本章基于分层治理理论和网络治理趋势演进，选取 5G 新兴信息技术治理、网络信息内容治理作为研究的典型议题，以点带面，分析和比较了主要国家和地区网络空间治理的异同之处。

在 5G 等新兴技术治理上，中外通过加强顶层设计、加码政策、加大投资等方式，强化政企合作，推进增强国家自身技术和产业竞争力，但相较于美欧，中国既不走"技术霸权"路线，也不走"制度输出"模式，而是注重关键核心技术的突破，强化自主可控。在网络信息内容治理上，全球已对治理该议题的必要性形成了共识，并在加快立法和政策出台、加强政府力量介入力度、强化互联网平台主体责任等方面有着相似的做法，但中外的政策着力点有所差异。西方国家主要关注互联网信息内容对自由和民主的影响，不过分干预网民个人言论，强调行业自律，意在保持强劲的市场活力；中国等发展中国家则更重视意识形态安全和主流价值观的宣传，积极规范各主体的网络行为，依法采取行政监管、联合专项行动、社会动员等方式开展治理。

综上，本章从理论出发，基于治理实践案例，系统比较了中外的路径选择，回答了中国网络空间治理与其他国家和地区之间的异同点。而对于中国网络空间治理之道，尤其是与他国存在较大差距的相关理论和实践，国际社会是如何评价的，我们应该怎样看待与回应？上述问题，本书将在第四章中详细论述。

第四章　海外评价：中国网络空间治理海外评说与辨析

目前，中国形成了独特的网络空间治理范式，并在实践中取得了举世瞩目的成就和系统丰富的经验，开创了一条中国特色网络空间治理道路，这在国际社会上引起了广泛的关注。一方面，作为发展中的社会主义大国，中国形成的发展路径有别于西方主导的治理模式，这为发展中国家和社会主义国家拓展了网络空间治理现代化的途径，给世界上那些既希望加快发展又希望保持自身独立性的国家和民族提供了全新选择①；另一方面，由于历史的、现实的因素以及国际政治、经济等的形势变化，一些网络空间传统强国对中国网络空间治理体系存在诸多解读、疑惑、误读甚至是"污名化"，并在国际舆论上持续施加影响力。在上述背景下，关于中国网络空间治理的"崛起扩张论""威胁控制论""发展互动论"等评价和研究相继出现。这些论调包含了对中国网络空间治理的方式手段、意义、影响等方面的评说，构成了国际社会上对中国网络空间发展和治理的典型评价，一定程度上体现了中国网络空间治理的影响力以及世界对中国发展规律的再认识，但也存在一些偏颇之处。由此，本章从世界中国学的视角切入，梳理海外对中国网络空间治理的研究，分析研究脉络和主要观点，并基于马克思主义的立场与方法进行客观评述和科学回应。

---

① 《中共中央关于党的百年奋斗重大成就和历史经验的决议》，《人民日报》2021年11月17日。

第一节　"崛起扩张论"：中国能否成为网络空间新领导者

在"崛起扩张论"的相关主张和论述中,诸多海外研究者从"崛起"和"扩张"两方面的视角来评价中国的网络空间发展和治理以及其形成的国际影响力。就"崛起论"来看,一些学者重点关注中国作为后发国家在网络空间治理的各个方面取得的发展与成就,并就中国网络空间崛起的正当性和影响力进行了激烈的探讨。就"扩张论"而言,一些海外研究认为中国网络空间的崛起具有较强的示范效应,且能带动其他发展中国家模仿相关做法,进而实现"中国模式"的输出。然而,这些论述中,也有部分试图解构中国网络空间崛起的正当性,歪曲中国网络空间的国际影响力,通过"学术误读"为一些国家实施科技打压提供理论依据。

一、"崛起论"对独特性与正当性的讨论

近年来,国际上对中国作为网络大国的实力和地位给予了肯定性评价,认为与中国的经济社会发展类似,中国网络空间治理取得了重大的成果,成为全球网络空间的一支不可忽视的重要力量。而对于这股力量的壮大和崛起,国际社会主要围绕中国互联网发展的独特性和正当性进行评价。

其一,从中国网络空间的"崛起"路径出发,一些研究考察了中国网络空间发展和治理的战略、策略和方法,并基于中外比较,分析了中国网络空间治理方式和手段的独特性。典型的观点[①]是：中国相较于美国和欧洲,开创了

---

① 有关研究请参见：Anu Bradford, *Digital Empires: The Global Battle to Regulate Technology*, Oxford University Press, 2023; Scott Kennedy, The Beijing Playbook: Chinese Industrial Policy and Its Implications for the United States, Washington: CSIS, 2018; Lyu Jinghua, Ariel (eli) Levite, "Is There Common Ground in U.S. -China Cyber Rivalry?", Mar. 15, 2019, https://carnegieendowment. org/2019/03/15/is-there-common-ground-in-u. s.-china-cyber-rivalry-pub-78725; Tai Ming Cheung, "The Rise of China as a Cybersecurity Industrial Power: Balancing National Security, Geopolitical, and Development Priorities", *Journal of Cyber Policy*, Iss.3, 2018, p.306。

国家驱动的治理模式，一方面通过提高技术战略定位，集中制定人才、金融、投资政策支持知识密集型的高科技产业；另一方面，倡导主权概念在网络空间的适用性，强化市场监管以凝聚社会共识。

其二，由于中国形成了不同于网络空间中传统强国的"崛起"路径，一些研究聚焦中国网络空间"崛起"的正当性问题，开展集中探讨。代表性的观点①认为，中国通过持续投资、企业补贴、技术转移等方式建立一个受保护的内部大市场环境，催生了百度、腾讯和阿里巴巴等主要科技巨头，但这些"冠军"企业因缺乏充分的市场竞争而显得创新力不足；同时质疑借国家和市场共同参与的混合模式具有"不正当性"，会侵蚀西方的新兴市场，"干扰"全球原有的供应链以及商业生态。

历史告诉我们，新兴大国在追寻属于自己的命运时，通常都会经历一定程度的不平等、排外和恐慌等情况。② 对于中国网络空间崛起的独特性和正当性，国外的研究和评价在一定程度上反映了近年来中国网络空间所取得的发展成就，但更多折射了海外部分国家和地区对中国当前的经济制度、产业政策因存在与自己的较大差异而出现的排外心理和焦虑心态。更为主要的是，对于中国在网络空间实力和影响力的提升，国外研究者往往基于西方已有成熟的理论（如自由市场经济理论）进行解读，秉持领跑者的态度"俯视"后来者，过分强调差异性，并对异己国家的制度与发展模式存有预设立场和意识形态偏见，从而形成了某种"天然对立"的假象。此外，相关研究所采用的事实论据并不充分，存在"为了观点而拼凑事实"的情况。它们善于从抽象整体出发，而非从历史转型的视角来正确认识中国网络空间发展和治理的复杂性，缺乏对中国网络空间不同主体间的互动关系的深度探究。

---

① 有关研究请参见：James A. Lewis, China's Pursuit of Semiconductor Independence, Washington：CSIS, 2019；James A. Lewis, China and Technology：Tortoise and Hare Again, Washington：CSIS, 2017；Scott Kennedy, The Beijing Playbook：Chinese Industrial Policy and Its Implications for the United States, Washington：CSIS, 2018；Regina M. Abrami, William C. Kirby, and F. Warren McFarlan, "Why China Can't Innovate", *Harvard Business Review*, Iss. 3, 2014, p.36。

② 轩传树：《境外舆论关注中国 60 年的几种倾向》，《探索与争鸣》2009 年第 12 期，第 29 页。

对此，习近平总书记在庆祝中国共产党成立 100 周年大会上的讲话带来了重要启示。他指出，"走自己的路，是党的全部理论和实践立足点，更是党百年奋斗得出的历史结论"①。中国的网络空间发展和治理是基于中国国情而选择的发展路径和发展模式，相较于其他国家具有一定的独特性。而从客观事实看，这是每一个坚持独立自主的国家道路选择的必然结果。同时，中国的这种独特性并非完全异于他者，在面向具体治理议题的实践中已经有太多的事实案例能够证明国内外治理方式的趋同性。而对所谓"正当性"的评价，相关研究更应该基于事实，准确认识到这是由中国在网络空间中的实际发展，中国人民在网络空间中的获得感、成就感、幸福感，以及中国对全球网络空间发展作出的贡献等因素来决定，而非基于臆想进行现象剖析与理论解读。

二、"扩张论"在发展影响力上的争论

关于中国网络空间的快速崛起和实力扩展，海外特别是西方国家和地区的核心关切是中国能否成为全球网络空间新的领导者。事实上，伴随着全球化的深入发展、互联网的互联互通，中国的网络空间治理和发展路径已在全球形成一定的国际影响力。而如何评价这种影响力，国际社会也存在不同的看法。

其一，有观点认为中国的影响力主要在国内，对于国外的影响力较小。典型的看法②是从工具论的视角出发，认为中国的网络空间发展和治理更加注重内部发展，目标是将网络空间发展实力内化为综合国力，从而实现经济

① 《中共中央关于党的百年奋斗重大成就和历史经验的决议》，《人民日报》2021 年 11 月 17 日。

② 有关研究请参见：Chris Coons, "The Nixon Forum on U.S. -China Relations", Oct. 18, 2019, https://www. wilsoncenter. org/article/remarks-us-senator-chris-coons-the-nixon-forum-us-china-relations；Adam Segal, China's Alternative Cyber Governance Regime, New York: Council on Foreign Relations, 2020；Nick Beecroft, "The West Should Not Be Complacent About China's Cyber Capabilities", Jul. 6, 2021, https://carnegieendowment.org/2021/07/06/west-should-not-be-complacent-about-china-s-cyber-capabilities-pub-84884；James A. Lewis, National Security Implications of Leadership in Autonomous Vehicles, Washington: CSIS, 2019；CCG Dialogue with Joseph S. Nye Jr. on US-China Balance of Power, Apr. 28, 2021, http://en.ccg.org.cn/archives/71210。

社会现代化。在这样的发展方向下，中国更愿意通过技术创新来减少对外国技术的依赖，且将对外影响力置于所有目标中的最后位置。

其二，一些研究指出，中国网络空间的"扩张"是一种"不均衡的扩展"，认为中国只在部分领域具有国际影响力。持这种观点[①]的学者多从比较视野出发，分析大国在网络空间技术领域的竞争实力，指出中国在数字基础设施及人工智能、物联网、区块链等技术解决方案上有国际优势，并越来越多地融入东亚、东南亚和"一带一路"沿线国家的网络生态系统和数字供应链，但在一些互联网关键核心技术领域、网络安全防御等方面仍然落后于全球领先者。因此，中国的国际影响力和实力仍然不及传统的网络空间强国。

其三，也有研究强调，中国网络空间"对外扩张"的实力不可忽视，中国正通过技术产品和服务出口、参与国际标准制定等方式形成一股强大的国际影响力。在这种论调[②]的逻辑中，中国通过网络强国战略重塑全球网络空间格局，在数字技术标准（如 5G 标准引领）、国际规则规范（如提出网络主权）、国

---

① 有关研究请参见：John Lee, The Internet Of Things: China's Rise And Australia's Choices, Sydney: The Lowy Institute, 2021; Joseph Nye, *Perspectives for a China Strategy*, Washington: National Defense University Press, 2020; Lyu Jinghua, "What Are China's Cyber Capabilities and Intentions?", Apr. 1, 2019, https://carnegieendowment.org/2019/04/01/what-are-china-s-capabilities-and-intentions-pub-78734; Brad D. Williams, "US 'Retains Clear Superiority' in Cyber, China Rising: IISS Study", Jun. 28, 2021, https://breakingdefense.com/2021/06/us-retains-clear-superiority-in-cyber-but-china-poised-to-challenge-study; Greg Austin, "China Is Not the Cyber Superpower That Many People Think", Jun. 29, 2021, https://asia.nikkei.com/Opinion/China-is-not-the-cyber-superpower-that-many-people-think。

② 详见：Nigel Inkster, China's Cyber Power, London: The International Institute for Strategic Studies, 2015; Bob Fay, "Global Regulatory Collaboration Is Essential in the Digital Era", Jan. 30, 2021, https://www.orfonline.org/expert-speak/global-regulatory-collaboration-essential-digital-era; Nick Beecroft, "The West Should Not Be Complacent About China's Cyber Capabilities", Jul. 6, 2021, https://carnegieendowment.org/2021/07/06/west-should-not-be-complacent-about-china-s-cyber-capabilities-pub-84884; Elizabeth C. Economy, Exporting the China Mode, New York: Council on Foreign Relations, 2020; Arjun Kharpal, "TECH Power Is 'Up for Grabs': Behind China's Plan to Shape the Future of Next-generation Tech", Apr. 24, 2020, https://www.cnbc.com/2020/04/27/china-standards-2035-explained.html; Andrea L. Limbago, "China's Global Charm Offensive", Aug. 28, 2017, https://warontherocks.com/2017/08/chinas-global-charm-offensive。

际平台搭建(如举办世界互联网大会、提出"数字丝绸之路")等方面取得了重要突破,成功输出了中国的价值观和软实力。

中国是世界和平的建设者、全球发展的贡献者、国际秩序的维护者,携手构建网络空间命运共同体、同世界各国加强互联网发展和治理合作是中国主张。《中国关于网络空间国际规则的立场》也提出,国际社会应从维护国际和平与安全出发,结合网络空间的独特属性,在联合国框架下讨论现有国际法适用问题,争取达成更多共识。[①] 这就意味着中国网络空间治理坚持走和平发展道路,中国不会像某些国家那样在网络空间寻求霸权,所谓的"扩张论"对中国战略体系和治理行动的理解有所偏颇,更多来自研究者自身立场以及国际竞争视野下的他者评价。当前,互联网、大数据、人工智能等带来了新的技术革命,大国竞争已经不仅是军备和 GDP 数值的较量,还是持续创新与快速应用的产业链之间的竞争。[②] 而过分歪曲中国网络空间发展带来的溢出效应,并将技术产业和供应链发展泛安全化,可为某些国家分裂互联网、实施数字断链提供托词。与此同时,这些评价存在对中国互联网发展数据的对比分析,也在一定程度上说明,中国的技术创新、产业能力等网络空间综合实力还与世界强国存在一定的差距。

三、"崛起扩张论"的误读辨析

综上,中国网络空间治理的"崛起扩张论"在一定程度上体现了中国当前的发展实践和成就,并对中国网络空间治理手段、治理经验和治理特点作了相关总结。诸多国际评价都指出,中国的网络空间发展与治理的最终目标是实现中国自身的现代化。正如习近平总书记多次强调,建设网络强

[①] 联合国信息安全开放式工作组:《中国关于网络空间国际规则的立场》,http://spainembassy. fmprc.gov.cn/wjb_673085/zzjg_673183/jks_674633/zclc_674645/qt_674659/202110/t20211012_9552671.shtml,更新于 2024 年 1 月。

[②] 雷少华:《超越地缘政治——产业政策与大国竞争》,《世界经济与政治》2019 年第 5 期,第131 页。

国的战略部署要与"两个一百年"奋斗目标同步推进。① 中国的网络强国、数字中国、"互联网＋"等一系列战略实施，是中国社会主义现代化建设的重要组成部分，与"两个一百年"奋斗目标密切联系。在这一伟大进程中，坚持走和平发展道路是中国特色社会主义的本质要求。② 因此，中国在网络空间中的崛起，是一种和平崛起，而非像一些国家那样走"网络霸权主义"道路。由于中国影响力增大而对外强加所谓的扩张型的"模式输出"，是另一种误读。

一方面，中国基于本国国情和国际形势推进形成了中国网络空间的发展道路，当前的中国网络空间治理理论和治理实践构建了中国的治理范式，为推进全球互联网治理体系改革，特别是为发展中国家的网络空间治理提供了有效经验，而并非所谓的意识形态和价值输出。因此，有来自发展中国家的研究者指出，认为中国一心想在全球输出其"科技治理模式"的观点和其对中国的指责一样，不但漏洞百出，而且虚伪至极，我们必须避免掉入陷阱。③ 另一方面，中国在网络空间治理领域的对外合作，旨在改善由西方国家主导的"网络霸权"治理体系，塑造网络空间国际合作新格局，而非建立数字屏障、塑造意识形态对立、割裂全球网络空间，实行所谓的价值输出模式。

从中国的立场表态看，中国多次在国际社会上反对搞小圈子和集团政治④，呼吁各方应在相互尊重基础上，加强沟通交流，共同建设和平、安全、开放、合作的网络空间⑤。从中国的具体实践看，中国企业参与和推进的宽带基础设施、移动通信网络、手机产品、移动支付、电商应用等对非洲数字化转

---

① 中共中央党史和文献研究院编：《习近平关于网络强国论述摘编》，中央文献出版社 2021 年版，第 34 页。

② 全国干部培训教材编审指导委员会编写：《全面建成小康社会与中国梦》，人民出版社、党建读物出版社 2015 年版，第 223 页。

③ 曼迪娅·巴格瓦蒂恩：《非洲数字威权主义怪中国？虚伪》，《环球时报》2021 年 9 月 15 日。

④ 《中国代表呼吁制定各国普遍接受的网络空间国际规则》，新华网，2021 年 6 月 30 日，http://www.xinhuanet.com/world/2021-06/30/c_1127610603.htm。

⑤ 中共中央党史和文献研究院编：《习近平关于网络强国论述摘编》，中央文献出版社 2021 年版，第149 页。

型有着重要作用。不同于当年西方对非洲所谓的援助使其陷入债务危机和成为地缘政治的工具，中国提供的技术和信息基础设施建设是与当地的经济发展深度契合，并形成合作共赢的局面的①。正因为如此，这种基于共同发展的数字经济国际合作得到了广泛认同。例如，来自非洲的本土研究学者对中非数字合作给予了肯定，认为中国利用技术和数字经济优势，帮助非洲各国政府扩大互联网和移动电话的接入，并取得了迅速和大规模的成功，为"非洲崛起"的叙事作出了重要贡献②。正如有观点指出的，正在崛起的"网络中国"理应引起世界的合理关注，无论是一厢情愿、过度担忧还是无条件拒绝都行不通，而是需要建立在更深入理解基础上的批判性参与。③

第二节　"威胁控制论"：中国是否给网络空间带来威胁

"威胁控制论"通过单一政治归因将政府主导的治理范式臆造为对社会的"强权控制"，妖魔化、污名化中国对全球网络空间安全形势构成所谓"威胁"，是一种充满意识形态话语的学术谬论。

一、被妖魔化的"政府主导"

在关于中国网络空间的"威胁控制论"论调中，核心观点④包括存在一个强势政府实施较为严格的互联网信息监管政策，来保证社会稳定；倡导网络

---

① 沈逸：《中国网络空间治理能力成长很快》，中国新闻网，2021 年 9 月 16 日，https://www.chinanews.com.cn/sh/2021/09-16/9566478.shtml。

② Iginio Gagliardone, *China, Africa, and the Future of the Internet*, London: Zed Books, 2019.

③ Jon R. Lindsay, "The Impact of China on Cybersecurity: Fiction and Friction", *International Security*, Vol.39, No.3, The MIT Press, 1994, pp.7 - 47.

④ 有关研究请参见：Yasmin Afina, et al., "Towards a Global Approach to Digital Platform Regulation", Jan. 17, 2024, https://www.chathamhouse.org/sites/default/files/2024-01/2024-01-17-towards-global-approach-digital-platform-regulation-afina-et-al. pdf; Kristin Shi-Kupfer, Mareike Ohlberg, China's Digital Rise: Challenges for Europe, Berlin: Mercator Institute for China Studies, 2020；李芷娴：《美国智库涉华互联网治理议题设置研究（2010—2019）》，硕士学位论文，暨南大学，2020 年。

主权，保护网络空间关键基础设施和数据不受外国访问；试图说服世界来接受国内处理个人信息和机构的标准，并使其成为自由主义规范的合法替代品，等等。

第一，所谓的强势政府"控制"的论调，忽视了国家和政府依法开展网络空间治理的正当行为。当前，国际社会尚未形成通用的网络空间治理规范与最佳实践，中国、美国、欧盟等主要经济体均基于自身战略目标、优先事项与治理传统，加快制定互联网监管规则，由此形成了差异化的全球治理格局。中国网络空间治理上统筹安全与发展，推进依法治网，形成了以党委领导、政府管理、企业履责、社会监督、网民自律等构成的、多主体参与的"同心圆"治理结构。而相对来讲，美国在对本国互联网平台的监管上立法阻滞不前，目前更强调行业自律；欧盟则以个人权益保护为目标立法加强平台监管，政府与企业之间更偏向基于立法的协同合作，并产生了强大的"布鲁塞尔效应"①。而一些研究有着浓郁的意识形态对立立场，渲染"互联网是作为政府控制社会的一种工具"，过分强调中外网络空间治理理念、制度、方式的差异，来妖魔化中国政府在网络空间治理中的角色，以制造矛盾。此外，正如有研究指出的那样，这种观点过误解了国家与社会力量之间在真实世界的权力斗争②。我国网络空间治理主体之间也存在复杂的互动过程，如在突发舆情事件中，网民群体可通过传受身份的转化参与到网络传播中来，形成强大的舆论效应以推进事件解决；而互联网企业提供的技术产品和服务嵌入政府数字治理的框架之中，通过"数据多跑路"推动实现了"群众少跑路"的治理方针。

第二，持这一类观点的许多研究，缺乏对中国网络空间治理实际进程的关照，往往基于虚构或引用与事实有偏差的案例形成简单的逻辑推演，得出错误结论。比如对于中国跨境数据政策的解读，一些海外研究误读了"数据

---

① "布鲁塞尔效应"的概念最初由美国哥伦比亚大学阿努·布拉德福德（Anu Bradford）教授在 2012 年《布鲁塞尔效应：欧盟如何统治世界》（*The Brussels Effect: How the European Union Rules the World*）一书中正式提出。它被用来描述欧盟在调节全球市场方面的能力。在数字时代，欧盟的数字监管能力使得布鲁塞尔效应日益凸显。

② 郑永年：《技术赋权：中国的互联网、国家与社会》，东方出版社 2014 年版。

主权"的内涵，指出中国采取的是"绝对的数据本地化"政策。而在事实层面，我国在跨境数据监管上采取的是自由和安全并列的"双原则模式"①，即推进数据利用的同时保障数据安全，并没有一刀切地禁止数据传输至境外。近年来，我国根据《网络安全法》《数据安全法》《个人信息保护法》等法律法规，形成了数据出境安全评估、订立个人信息保护标准合同、个人信息安全保护认证、自由贸易试验区负面清单制度等数据出境合规的监管框架，并规定了不包含个人信息或者重要数据的出境、部分个人信息出境等豁免条件。因此，鼓吹所谓"威胁控制论"，是一种对中国治理模式与监管技术的"无尽想象"，与事实大相径庭。

第三，在当前的网络空间环境中，政府扮演着越来越重要的作用，政府参与或主导治理进程是对现实形势的重要回应。互联网发展的很长一段时间里，多利益相关方模式作出了重要贡献，特别是在互联网技术架构搭建、标准建设以及全球基础设施的互联互通上，直至今日仍然发挥着不可替代的作用。但随着网络空间的多层架构、新兴技术的迭代式发展以及其与现实社会的深度交融，网络发展从自由主义互联网（libertarian Internet）、平台化互联网（platformized Internet）迈向了监管互联网（regulated Internet）②。以社交媒体内容治理为例，美国政府在虚假信息、政治选举等涉及国家安全的方面加强监管，同时通过立法拟对所谓外国对手控制的社交平台采取打压措施，要求这些在美运营的平台与母公司进行资产剥离，否则其将面临禁令。欧盟在 2016 年美国总统大选操纵事件和英国脱欧公投事件发生后，通过《防止恐怖主义内容在线传播条例》《数字服务法》等法律法规，采取提高算法透明度、独立审计、删除非法内容、共同监管等方式来落实平台责任。英国政府则发布《在线安全法案》，采取零容忍方式来保护儿童免受网络伤害，对违法企业处以最高 1 800 万英镑或企业全球年收入 10% 的罚款（以较大金额为准）。新加坡的《防止网络假信息和网络操纵法案》赋予政府更大的权力，可强制发

---

① 许可：《自由与安全：数据跨境流动的中国方案》，《环球法律评论》2021 年第 1 期，第 32 页。
② Terry Flew, *Regulating Platforms*, John Wiley & Sons, 2021.

布虚假信息的社交媒体平台更正信息或撤下假新闻，不遵守规定的平台可被判罚款 100 万新元；此外，恶意散播假信息、企图损害新加坡公共利益的个人可被判处 10 年徒刑、罚款最高 10 万新元。因此，无论是美国、欧盟的监管模式，还是其他国家的做法，都不是绝对的市场导向、权力驱动或是国家主导安全导向，在具体的议题和场景方面存在共同偏向或者重合点，且出现了政府主导网络空间治理的趋势。

二、被污名化的"技术威胁"

持"技术威胁论"①的观点认为，在强势政府的主导下，数字技术的出口即意味着治理模式和意识形态的输出，这样的互联网技术具有"威胁性"；且通过所谓的商业外交、项目合作，输出国可以"掌握"大量的数据，威胁接受国的国家安全。而值得注意的是，这种论调往往有着成熟的"知识生产链"来歪曲基本事实。例如，一些研究文章或智库报告引用了《纽约时报》《世界报》、BBC、CNN 等海外媒体的不实报道素材并进行案例分析，或者以非黑即白的论述方式，甚至炮制假新闻，将中国描述为所谓的"网络间谍"和网络攻击行动的"组织者"，却拿不出确凿的事实依据。同时，这些研究成果往往也会发布在相关媒体上，引发海外舆论的进一步关注。通过"学界—智库—媒体"的多向互动，中国网络空间治理"技术威胁论"得以被塑造和放大。

事实上，一些国家仅从它们自己的视角和思维出发，以它们以往的行径判断中国今后的发展方向②，所谓的"技术威胁"正是一些国家现实做法的反照。互联网最先是作为一种制度理念和自由民主的工具而传入发展中国家。美国前国务卿马德琳·奥尔布赖特（Madeleine Albright）曾指出，"中国不会拒绝互联网这种技术，因为它要现代化，这是我们的'可乘之机'，我们要利用

---

① 有关研究请参见：Hearing on "A 'China Model?' Beijing's Promotion of Alternative Global Norms and Standards", Mar. 13, 2020, https://www.uscc.gov/sites/default/files/testimonies/SFR%20for%20USCC%20TobinD%2020200313.pdf; Amy Chang, "How the 'Internet with Chinese Characteristics' Is Rupturing the Web", Dec. 15, 2014, https://www.huffpost.com/entry/china-internet-sovereignty_b_6325192。

② 孟献丽：《"中国威胁论"批判》，《马克思主义研究》2021 年第 3 期，第 117 页。

互联网把美国的价值观送到中国去"[1]。因此,这些国家对外倡导所谓的"互联网自由",其本质是将互联网上的言论自由置于"人权"金字塔的顶端[2],从而有利于对发展中国家进行意识形态渗透。此外,一些国家近年来为实现其军事、政治和侦察目的对他国开展网络攻击,以控制他国网络基础设施、窃取关键数据。例如,近二十年来,美国的网络安全战略已从传统的"防御网络攻击"转向"持续威慑对手",提出所谓的"积极防御""持续交手""前沿狩猎"等网络威慑理念,通过先发制人的对外网络攻击行动削弱对手能力[3],并在全球实施大规模网络监听和窃密活动[4]。

同时,通过鼓吹"威胁"论调,将中国以及其科技公司描绘成想要削弱"数字民主的越轨行为者",一些国家将自己置于更高的道德地位[5],用以实现更深的经济和政治意图。例如,一些研究通过强化宏大叙事,从意识形态、价值体系、治理理念和地缘政治等方面的异同切入,简单武断地将当前的互联网分为四类发展形态:硅谷主导的"开放互联网"、欧盟倡导的受监管的"资产阶级互联网"、寡头垄断的"商业互联网"和中国推行的"威权互联网"[6],并且试图将美中两国科技生态系统的竞逐描绘为"善恶"之争,认为投资、创新和互联网治理理念的竞争[7],是两种截然不同的制度之间的政

---

① 肖黎:《美国政要和战略家关于对外输出意识形态和价值观的相关论述》,《世界社会主义研究》2016 年第 2 期,第 100 页。

② Blayne Haggart, Natasha Tusikov, and Jan Aart Scholte (eds.), *Power and Authority in Internet Governance: Return of the State?*, London: Routledge, 2021.

③ 张心志、唐巧盈:《美国进攻性网络威慑战略已严重威胁全球网络空间安全稳定》,环球网,2024 年 3 月 22 日,https://hqtime.huanqiu.com/article/4H54Rr60Z6L。

④ 例如,据黑客组织"影子经纪人"爆料,美国国家安全局针对包括俄罗斯、日本、西班牙、德国、意大利在内的超过 45 个国家和地区的 287 个目标进行了网络攻击,持续时间长达十几年。美国还曾对包括日本经济产业大臣和央行行长在内的日本 35 个目标进行网络窃密。2023 年 4 月的"泄密门"事件则显示,美国监听乌克兰总统泽连斯基与乌官员的内部对话,并获取了韩国和以色列等盟国内部沟通情况。

⑤ Mandira Bagwandeen, "Don't Blame China for the Rise of Digital Authoritarianism in Africa", Sep. 13, 2021, https://www.fpri.org/article/2021/09/dont-blame-china-for-the-rise-of-digital-authoritarianism-in-africa.

⑥ Kieron O'Hara, Wendy Hall, *Four Internets: Data, Geopolitics, and the Governance of Cyberspace*, New York: Oxford University Press, 2021.

⑦ James A. Lewis, Technological Competition and China, Washington: CSIS, 2018.

治较量①,甚至是价值观之战②。这种强拉意识形态阵营的做法也为少数国家近年来实施的"科技脱钩""小院高墙""数字联盟""去风险化""去供应链中国化"等政策和行动提供了理论依据。

三、"威胁控制论"的谬论逻辑

关于中国网络空间治理的"威胁控制论"是一种充满意识形态的话语体系,其通过单一政治归因质疑和推测,为中国网络空间治理议题贴上政治标签,凸显政治属性而淡化其他要素,借此"揭示"中国进行网络空间治理和提升网络能力背后的"政治意图"。目前,一些国家已形成由智库、政府、国际媒体以及政客构成的国际话语塑造体系,加快推动中国治理政策与治理模式的意识形态化解读,并形成了跨部门合作、优势互补和多位一体的结构性运作机制。

第一,一些西方智库、政界人士炮制反华新概念,并以理论化、政治化方式构建意识形态话语。以"数字威权"的概念炒作为例,具有明显反华倾向的"自由之家"、新美国安全中心、"新美国"等智库先后发布了多篇研究报告,系统塑造中国在国内外推行"数字威权"的意识形态话语。与此同时,美国参议院外交关系委员会、美国国务院东亚和太平洋事务局以及"网络空间日光浴委员会"等政府部门,通过举办听证会、发布研究报告、组织研讨会等方式邀请学界、智库等相关人员参与,积极推动"数字威权"话语的政治化。

第二,一些西方媒体、智库加强议题联动,通过模糊信源、制造话题等方式设置国际议程。"媒体报道错误事实→智库报告作为引用→媒体对智库成果再报道",这种"互为印证"的叙事模式让深处后真相时代的人们难以分辨事实。同时,西方智库和媒体机构善于抓住重大节点、重要会议、重要场合等

---

① James A. Lewis, "Securing the Information and Communications Technology and Services Supply Chain", Apr. 2, 2021, https://www.csis.org/analysis/securing-information-and-communications-technology-and-services-supply-chain.

② Maya Wang, "China's Techno-Authoritarianism Has Gone Global", Apr. 8, 2020, https://www.foreignaffairs.com/articles/china/2021-04-08/chinas-techno-authoritarianism-has-gone-globall.

制造反华话题，随后这些热点噱头在脸谱网、X、YouTube 等社交媒体传播，进一步扩大了影响力。

第三，一些西方智库、媒体善用话语修辞，潜移默化地塑造具有威胁性的中国形象。一方面，这些机构歪曲翻译中国互联网和科技政策，遮蔽所谓"客观事实陈述"背后的意识形态偏向。有研究通过对美国安全与新兴科技中心翻译的中国科技政策译文进行分析，发现这一智库对关键概念及表述的翻译脱离语境并具有强烈的意识形态引导，且有意省略言语角色主语，从而在西方语境下再建构了"称霸世界、好战备战、阶级分化、远离民众"的中国国家形象[1]。另一方面，一些研究夸大中外科技政策不同点，进行意识形态划线。它们通过对比中国与美国、欧盟等地域的网络政策，刻意忽视这背后的国情差异和共同之处。而回归到网络空间威胁与治理本身来看，中西方也有着客观现实的认识分野和差异。一是，从国家竞争来看，近年来的美国官方声明将中国定义为"最重要的战略竞争对手"，并强调了中国对美国的网络空间构成了比以往任何时候都更大的威胁。对此，中国政府有力回应，认为美国的看法充满冷战和阵营对抗思维，指出美方应与中方一道努力找到新形势下中美相互尊重、和平共处、合作共赢的正确相处之道。[2] 中国人民也普遍认为美国痴迷于维护网络空间的绝对优势和安全，这是扼杀中国全球崛起决心的一部分。[3] 二是，从治理理念来看，中国总体上强调"网络主权"的概念与"自上而下"的统筹协调来推进网络空间治理，而美国更主张技术社群、企业和民间社会"有机"发展起来的治理制度与"自下而上"的原则。但目前的发展趋势是政府在网络空间治理中将发挥越来越重要的作用。三是，从网络威胁的层面看，中国可能更关注国家和社

---

[1] 雷璇、张威：《中国国家形象在科技政策翻译中的再建构》，《外国语（上海外国语大学学报）》2023年第5期，第66页。

[2] 《美报告称中国为"最重要的战略竞争对手"　外交部回应》，人民网，2022年3月30日，http://usa.people.com.cn/n1/2022/0330/c241376-32387646.html。

[3] Lyu Jinghua, Ariel（eli）Levite, "Is There Common Ground in U. S. -China Cyber Rivalry?", Mar. 15, 2019, https://carnegieendowment.org/2019/03/15/is-there-common-ground-in-u. s.-china-cyber-rivalry-pub-78725.

会层面的安全稳定,美国因其政治生态普遍存在对政府"不信任"的情况,治理的目标更强调个人层面的自由。

回归到"威胁控制论"中对于互联网内容监管的争议,抛开具体语境来空谈"互联网自由",既不合理,也不具有现实意义。归根结底,网络自由实际上是一个古老问题的一部分,即个人自由和社会秩序之间的适当平衡是什么①。现实经验告诉我们,自由和控制总是相对的,互联网绝非绝对自由的空间。一些国家所推出的"互联网自由"本身是主观且具有强语境性的概念,服务于其本国的经济和地缘政治利益。如美国政府依靠强大的商业网络和科技巨头公司成为"遥远的监护人",借助其强大的国际实力与国际传播能力,"互联网自由"这一概念不仅被贴上"普适性价值观"的标签,还获得了联合国人权委员会等国际组织认可②。然而,通过前一章的中外发展路径对比,我们能够发现中外在网络信息内容治理上存在诸多相同之处,特别是对于那些破坏国家政权和社会稳定的信息内容均采取了较强的治理措施。例如,面对恐怖主义的威胁以及它们愈发熟练地运用互联网开展行动和推广意识形态的形势,G7 均对治理网络不良内容采取了措施;欧盟则在治理仇恨言论领域有严格的立法,包括反对种族主义和犹太主义③,等等。如今的现实是,不管是东方还是西方,不管是转型中国家还是成熟的西方民主国家,互联网过滤已经成了普遍实践,对网络空间的监管不再是大众视野之外偷偷摸摸的行为,而是正在形成一种全球常态和规范④。因此,有观点认识到,在自由与控制全球互联网的辩论中,中国基本上是正确的,而美国是错误的,重要的监管和言论控制是一个成熟和繁荣的互联网不可避免的组成部分,政府必须

---

① Rebecca MacKinnon,"Cyber-ocracy:How the Internet is Changing China",Feb. 19, 2009, https://carnegieendowment. org/2009/02/19/cyber-ocracy-how-internet-is-changing-china-event-1263.

② 刘小燕、崔远航:《话语霸权:美国"互联网自由"治理理念的"普适化"推广》,《新闻与传播研究》2019 年第 5 期,第 6 页。

③ [瑞士]约万·库尔巴里贾:《互联网治理(第七版)》,清华大学出版社 2019 年版,第 223—224 页。

④ 蔡翠红:《国家-市场-社会互动中网络空间的全球治理》,《世界经济与政治》2013 年第 9 期,第 112 页。

在这些实践中发挥重要作用，以确保互联网符合社会规范和价值观①。当然，我们也应该看到，在相关政策执行过程中"一刀切"的、封闭式的网络信息内容控制是不可取的，这既不符合国家顶层设计中有关统筹安全与发展、推动建设网络空间命运共同体等方面的要求，也有损于广大人民群众的切身利益。有鉴于此，网络信息内容治理需要在法治轨道上进行，处理好安全和发展的关系，进一步强化制度设计和规则透明性，不断完善治理方式和治理手段，提升治理效果。

第三节　"发展互动论"：中国路径与世界发展互相影响

在"发展互动论"的研究范式下，海外的诸多研究普遍关注中国国情及其网络空间治理实践，聚焦中国网络空间治理何以形成当前的发展道路，试图去阐述和探析中国网络空间治理的路径及原因。

一、中国网络空间"发展"的再认识

与"崛起扩张论"不同，持有"发展互动论"的海外研究，多从中国的历史进程和现实国情出发，来阐释中国网络空间"发展"的意义和本质。

其一，一些研究将中国网络空间治理置于中国百余年历史发展进程之中进行分析，考察网络空间对中国现代化的意义。这类观点普遍认为，中国利用互联网技术，旨在促进自主创新，推进其在"百年屈辱"之后恢复中国在世界上的合法地位②。中国政府将科学技术作为一种核心生产力来看待，有关科学和技术的发展，长期以来根植于中国人的思维观念中，互联网等信息技

---

① Jack Goldsmith, Andrew K. Woods, "Internet Speech Will Never Go Back to Normal", Apr. 25, 2020, https://www.theatlantic.com/ideas/archive/2020/04/what-covid-revealed-about-internet/610549.

② James A. Lewis, Cyber War and Competition in the China-U.S. Relationship, Washington: CSIS, 2010.

术不仅被视作科学和技术进步的最现代的指针,也被认为是中国国家现代性的象征,更重要的是,它还被视为经济可持续增长的一根核心支柱,而经济增长是执政党政治"合法性"的基础①。因此,建设强大的"本土"信息技术产业和服务业被视为经济发展的最重要杠杆之一,有助于中国跃居领先地位,重新获得经济实力和自主权,从而重建国内和全球的政治合法性和认可②。也有学者将其归纳为"具有中国特色的技术民族主义"。这些研究指出,面对19世纪中晚期的权力之手的羞辱,中国共产党认为,自力更生是中华文明复兴的根本,由此制定了全面、长期的产业政策,以发展具有国际竞争力的国内企业。而中国的技术民族主义进步是其系统地优先发展本土技术和发展强大科技产业的国家战略的直接产物。③

其二,"发展论"强调中国互联网的自主创新,并进一步指出作为一个网络大国强调这种"独立性"的目的。一方面,一些研究④指出,中国在科技政策中强调自主创新,以保障国家安全,提升国际地位。有观点认为,中国在网络空间发展和治理上取得成功的同时,并没有采纳自由的价值观以及西方倡导的开放互联网,而是采取了更为独立的积极措施,促进本地企业发展,支持本土技术,以推行更大程度上的技术自力更生政策。另一方面,一些研究⑤强调,"网络主权"概念一直是中国网络政策和外交的底线,从2010年国务院发布的具有里程碑意义的《中国互联网白皮书》开始,这一思想在中国的各种官方文件和声明中都得到了一致的肯定;评价这一理念对中国保持独立

① 郑永年.《技术赋权:中国的互联网、国家与社会》,东方出版社2014年版。

② Lee C. Bollinger, Agnès Callamard, *Regardless of Frontiers: Global Freedom of Expression in a Troubled World*, New York: Columbia University Press, 2021, pp.288-308.

③ Mahika S. Krishna, "Chinese Technonationalism: An Era of 'TikTok Diplomacy'", Oct. 28, 2020, https://www.orfonline.org/expert-speak/chinese-technonationalism-era-tiktok-diplomacy.

④ 详见: Rogier Creemers, China's Approach to Cyber Sovereignty, Washington: CSIS, 2007; James A. Lewis, Building an Information Technology Industry in China, Washington: CSIS, 2007; ODNI, 2021 Annual Threat Assessment, Washington: Office of the Director of National Intelligence, 2021.

⑤ 详见: Séverine Arsène, "Global Internet Governance in Chinese Academic Literature Rebalancing a Hegemonic World Order?", *China Perspectives*, Iss.2, 2016, p.28;郑永年:《技术赋权:中国的互联网、国家与社会》,东方出版社2014年版。

稳定有着重要意义，并分析了产生带来的推动作用，如缔造和扶持了大量的中国互联网民族企业。

二、"开放"与"互动"的融合统一

在"开放"和"互动"层面，不少观点认为近年来中国的网络空间治理不再使用单一的"由上至下"的管控，而更多地与企业、社会团体等形成了积极的互动；同时，在国际舞台中，中国不再站在国际社会的"后排"，而是主动开放，通过提出倡议、制定标准、开展合作，构建了新的互联网合作"朋友圈"。总体来看，这种"开放"和"互动"体现在对内和对外两个层面。

对内来看，这类观点认为，中国网络空间治理虽然强调的是独立自主，但在网络空间的内部治理上，国家和社会强化了互动关系。如研究认为，中国借助互联网与社会进行互动，从而不断学习和实践了有关互联网管理和控制的尺度所在，并根据不同时期的特征对网络的控制进行不同程度的调整，从而显得愈发成熟[1]。

而在对外方面，有研究指出，中国强调开放合作下的互动性，多次对外阐述要深化改革开放而非分裂和孤立，并以发展中国家的身份通过互动和合作的方式，不断提高和强化其国际地位。例如，有学者提出，从整体上看，北京行为的驱动力和它在多利益相关方模式下的全球互联网技术治理体制中面临的结构限制，共同导致了中国成为挑战美国霸权地位的角色、传统的威斯特伐利亚主权的倡导者角色和发展中国家的利益代表的角色[2]。由此，可以理解中国对互联网的倡导和中国为获得能在全球范围内访问的中文域名系统所作出的努力，以及其在这种背景下发展专利技术的科研投入。[3] 此外，部分来自发展中国家的研究者提出了中国经验的可借鉴性，认为可在与中国

---

① 郑永年：《技术赋权：中国的互联网、国家与社会》，东方出版社 2014 年版。

② 详见：Tristan Galloway, Baogang He, "China and Technical Global Internet Governance: Beijing's Approach to Multi-Stakeholder Governance within ICANN, WSIS and the IGF", *China: An International Journal*, Vol.12, No.3, 2014, pp.72 - 93.

③ Séverine Arsène, "The Impact of China on Global Internet Governance in an Era of Privatized Control", Jan. 23, 2014, https://hal.archives-ouvertes.fr/hal-00704196v1/document.

的互动中提升本国的互联网发展。例如，有观点认为，中国在网络空间治理方面实施一系列举措，关停了涉及低俗内容的信息网站，净化了网络空间环境，中国的治理方式和治理理念对印度互联网创新发展具有启发意义，可加强互动和经验借鉴来推动印度"智慧城市"的建设①。

三、"发展互动论"存在双重属性

总体来看，"发展互动论"对于发展中且日益强大的中国互联网持有较大的包容性。这些研究从实际出发，较为清晰地梳理了中国在国内和国际两个层面的战略发展与互动路径，并认识到在这场重塑网络空间治理世界秩序的全球性复杂运动中中国所发挥的独特而重要的作用②。这背后的实质是，在世界成为"地球村"、网络无处不在的今天，这种发展互动关系是双向的，即中国的网络空间治理不可能是孤立于世界而存在的，而世界上其他国家和地区也可以从中国的治理经验中得到借鉴。因此，有观点评论到，对新兴技术的持续竞争取决于古老的驱动因素——经济安全、民族主义和主权，在如此高风险的比赛中，许多国家的第一直觉是筑墙和蹲下也就不足为奇了，然而，全球化所建立的联系即使不是不可能，也是很难切断的③。这就不难解释，为什么在涉及互联网主权、关键技术、和技术标准的问题上，各国会发现，中国并不是唯一一个强烈考虑对未来发展进行统一监管的国家④。

中国和其他国家的治网实践也印证了"发展互动论"具有双重属性。一方面，中国的网络空间发展和治理经验在这种互动关系中不断为一些发展中国家所接受，甚至将其直接吸收纳入本国的网络空间治理体系。例如，越南网络空间治理组织架构和治理政策中有明显的中国"影子"。《越南网络安全

---

① 《为国际网络空间治理贡献力量》，《网络传播》2018 年第 5 期，第 36 页。

② Séverine Arsène, "Global Internet Governance in Chinese Academic Literature Rebalancing a Hegemonic World Order?", *China Perspectives*, Iss.2, 2016, pp.25 – 35.

③ Trisha Ray, "Separation Anxieties: US, China and Tech Interdependence", Apr. 9, 2020, https://www. orfonline. org/expert-speak/separation-anxieties-us-china-tech-interdependence-64369.

④ Jon R. Lindsay, "The Impact of China on Cybersecurity: Fiction and Friction", *International Security*, Vol.39, No.3, 2014, pp.7 – 47.

法》吸纳了中国网络主权的理念，明确开展对不良的网络内容进行治理，要求"互联网公司必须删除被政府认定为'有毒'的网上内容，管制越南互联网用户在互联网上散布反政府信息或歪曲历史"；并采取了数据本地化的相关措施，提出脸谱网、谷歌等国际科技巨头在越南开展业务时必须在越南国内设立代表处。① 另一方面，我国的网络空间治理不论是在体制机制的形成，还是在法律法规的制定等方面，都受到全球互联网发展进程及世界其他主要网络大国的影响。② 如 2021 年发布的《中华人民共和国个人信息保护法》一定程度上借鉴了欧盟的数据立法思路，特别是在个人信息跨境流动机制上，在基于中国国情的前提下参考了欧盟《通用数据保护条例》的"标准合同"等制度。

　　与此同时，我们也应看到，这种"发展互动"也有可能因为机制设计、对外阐述差异等问题而被误读，甚至被意识形态化解读。例如，当前我国已形成了"网络主权""网络空间命运共同体"等兼具中国特色和国际影响力的网络空间治理理念。其中，网络主权理念强调各国拥有对本国网络空间进行自主管理的权力，对于对抗网络霸权、推进国际网络空间治理有着重要作用。而网络空间命运共同体的理念则意味着，在尊重主权的前提下，各国在网络空间中休戚与共，一国的政府行为会影响到他国的政府、企业和用户，中国始终坚持互联互通、共享共治。因此，网络主权并非"封闭不开放"，将传统概念机械地应用于网络空间，而是将主权视为"尊重每个政府选择自己的网络发展和互联网政策的权利"。但若像一些观点那样，简单地网络主权解释为所谓的"政治控制"，并将其与网络空间的"巴尔干化"相关联，则是一种错误的理解。

　　此外，不同国家基于自身利益对网络主权的理解是存在分歧的。例如，美国倾向于对网络主权理念进行模糊化处理，既提倡所谓的互联网自由，又

① 《越南实施新网络安全法　谷歌等需将用户数据交政府》，环球网，2019 年 1 月 2 日，转引自 https://baijiahao.baidu.com/s?id=1621533480538844875&wfr=spider&for=pc。
② 侯伟鹏、徐敬宏、胡世明：《中国互联网治理研究 25 年：学术场域与研究脉络》，《郑州大学学报（哲学社会科学版）》2020 年第 1 期，第 42 页。

在涉及自身利益时妄加干涉他国网络空间治理，甚至为自己的进攻性网络活动寻求辩解空间，反映了其网络霸权思维。欧盟的数字主权则偏向于在中美竞争格局下保持自身在网络空间中的技术战略自主，通过规则制定强化数字时代的"布鲁塞尔效应"。俄罗斯迫于内忧外患的网络安全境遇，着重强调自主和安全，出台《主权互联网法》以确保极端情况下的互联网正常运行。印度则更加信奉技术民族主义，并以此为由排除一些国家的互联网技术和企业的工具进入印度。例如，印度以国家安全为由封杀和下架了多款中国 App，严重影响中国互联网企业出海发展。无独有偶，网络空间命运共同体理念也被部分国家指责为中国输出意识形态和进行价值观同化的政治手段和理论工具。由此可见，中国需要在发展互动中进一步加强中国的原创性理论阐释，破除分歧，凝聚共识，推进网络空间治理的机制构建和国际影响力。

值得关注的是，持"发展互动论"这种观点的研究者当中，相当一部分人有着在中国发展、与中国交往的背景，对中国的历史、政治、经济和文化有着一定的了解和切身感受，如前文研究文章的作者吕晶华、安诗琳等专家学者。因此，这些研究者在一定程度上更能撇开"西方中心主义"，从中国的实际国情出发，来较为客观地评价中国的网络空间治理。

本 章 小 结

本章从世界中国学的视角切入，重点回答了导言中提出的"国际社会对中国网络空间治理如何评价，怎样看待这些域外声音"这一问题。伴随着中国网络空间的发展进程，"崛起扩张论""威胁控制论""发展互动论"等多个不同论调相继出现。这些评价既有正面和中性评价，也有负面态度。其中，"崛起扩张论"是一种陷于既有思维的误读，其主要从"崛起"和"扩张"两方面来审视中国网络空间发展和治理的独特性与正当性，但并未从中国的国情出发来进行分析，而是认为中国的"崛起"伴随着"发展模式的有意输出"。"威胁控制论"则是一种充满意识形态的谬论，通过妖魔化政府的治理方式，污名化相关治理技术，基于单一政治归因质疑和推测中国将对全球网络空间形势构成威胁。"发展互动论"聚焦中国何以形成当前的网络空间治理道路，并试图从中国的历史进程和现实国情出发展开阐述，其中既有中性和正面评价，也存在误读的情况。

而面对这些域外声音，需要我们客观看待基本事实和既有差异，积极理性面对褒扬和质疑。

其一，海外对中国网络空间治理的研究取向受到所在国网络空间发展实力、意识形态及其与中国的竞争关系等多重因素影响。

一方面，对于互联网先发国家而言，互联网最先是作为一种传播西方制度和民主的工具而传入发展中国家。例如，克林顿曾多次暗示，互联网的普及将导致"威权政权"的衰败，尤其是在中国。① 对此，丹·席勒（Dan Schiller）评论道，"自我吹捧和自我直接推广的浪潮，不仅将因特网打造成令人叹为观止的、无限传播潜力的承载者，而且使其在表面上看似通往人类自由的康庄大道"②。由此，互联网的便捷通道，成为西方反华势力寄予厚望的"栈道""陈仓"。③ 而与西方的设计不同，中国未采取了一套与西方不同的治理模式，却在网络空间领域的发展和治理上取得了重大成就，并将互联网等信息技术作为推动国家治理体系和治理能力现代化的重要驱动力。为这一现象作出阐释和解读，成为许多研究者的重要目的。而从国际竞争看，美国近年来不断泛化国家安全，通过出口管制、投资审查、盟友协调、舆论造势等手段开展对华技术竞争。一些研究和观点难免会受战略竞争大环境的影响，对中国的网络空间治理特别是治理理念、内容治理、技术治理等，在未弄清基本事实的情况下，采取带有意识形态的反对立场，渲染"中国威胁论"。对此，有观点清醒地认识到，中国和美国目前是全球网络空间中最大的两个参与

① William J. Drake, Shanthi Kalathil, "Dictatorships in the Digital Age: Some Considerations on the Internet in China and Cuba", Dec. 23, 2000, https://carnegieendowment.org/2000/10/23/dictatorships-in-digital-age-some-considerations-on-internet-in-china-and-cuba-pub-531.

② ［美］丹·席勒：《信息资本主义的兴起与扩张：网络与尼克松时代》，北京大学出版社 2018 年版，第 167 页。

③ 秦安、轩传树：《"构建网络空间命运共同体"进程中的"中国时代"》，《网信军民融合》2017 年第 6 期，第 25 页。

者,如果它们继续将短视的国家经济和安全利益提升到议程首位,全球都将需要面对不好的后果,应保持竞合心态,渲染炒作和高度政治化的趋势是不必要和有害的①。

另一方面,对那些发展中国家或者社会主义国家而言,意识形态和制度设计的相似性使得其对中国的网络空间治理政策有着熟悉的"亲近感"。因此,它们在理解和阐述中国网络空间治理的时候,往往能够较为客观或者正面地评价。例如,对同为发展中国家和社会主义国家的越南来说,其与西方发达国家的互联网发展水平有很大差距,为了尽快克服短板,提升互联网水平,越南在网络空间治理上突出体现了"追赶"特点,即以较短的时间、较快的速度缩小与世界互联网先进水平之间的差距,最大化地实现互联网发展的经济社会效益②。鉴于此,学习和借鉴中国网络空间治理的经验成为重要关切。越南的诸多研究从中国网络强国战略阐释、中国电子政务发展、中国互联网公共政策制定的公民参与、中国如何通过网络空间提升中国形象、中国应对工业 4.0 革命的做法、中国金融科技治理等方面,提出越南可借鉴的发展经验和对策建议。

其二,由外部看内部,海外的相关研究客观上为中国网络空间治理提升提供了参考建议。

尽管不少研究将中美科技竞争作为研究的大前提,中国网络空间在部分领域能够与美国等世界技术领先国家竞争,如 5G、人工智能技术的飞跃发展以及跨国互联网企业的整体实力,但从海外诸多的研究报告和相关数据看,中国网络空间的整体力量、全球影响力、核心技术创新能力、产业竞争力、市场活跃度、互联网企业自律程度、顶尖人才吸引力等方面,客观上仍与美国存在差距。因此,也有一些智库明确表示美国政府采取"激进的脱钩战略不可行",建议美国不应直接走上对抗的道路,而要以"渐进"的方式逐步恢复对华

---

① Lyu Jinghua, Ariel (eli) Levite, "Is There Common Ground in U.S. -China Cyber Rivalry?", Mar. 15, 2019, https://carnegieendowment.org/2019/03/15/is-there-common-ground-in-u.s.-china-cyber-rivalry-pub-78725.

② 阚道远:《中国越南互联网治理比较研究》,人民日报出版社 2019 年版,第 99 页。

对话,使得盟友和伙伴相信华盛顿优先考虑同盟关系①,同时继续推行限制性对华数字政策,削弱中国数字地缘战略资源②。

　　而在具体的治理实践中,海外一些研究也客观分析了中国网络内容监管中存在的不足,这也一定程度上反映了当前网络内容监管机制及其依托的监管技术可能存在一些“一刀切”的问题,对正常的学术研究和人文交流形成了壁垒,长此以往不利于国内外互联互通,也不利于网络空间命运共同体的构建。从这个意义上看,这些研究为中国网络空间发展与治理寻找到了差距和问题,并可基于相关发展经验和对策建议提前形成精准可靠、灵活调试、敏捷应对的措施,为中国未来互联网发展和网络空间治理提供一定借鉴。

　　从网络空间治理的理论构建看,中国一直将网络空间的发展和治理视为本国现代化发展的重要组成部分。但正如部分研究所提出的,中国逐渐增长的存在感和影响力才是最令一些国家和地区担忧的,一个核心的问题是,如何从技术标准和道德准则方面来评估中国在互联网领域中可能采取的新规范的影响力③。这对新时期我国网络空间治理理论和治理规则构建提出了新的要求。中国应一方面构建完善中国特色网络空间治理理论体系,厘清现有理论的边界,深化相关概念,阐释应有内涵,提升表达渠道的影响力,防范被误读和恶意利用;另一方面,应从本国国情出发,吸纳先进经验,处理好普遍性和特殊性的关系,求同存异,真正形成有国际影响力的原创性理论和创新性理论及规则体系。

　　其三,积极回应海外评价,进一步强化学术对话和国际交流,澄清基本事实,直面“污名化”和所谓的“冲突”。

　　一方面,中国在网络空间领域的技术创新和发展应用走在了世界前列,特别是在社会治理、城市治理等领域,大数据、人工智能、云计算等新一代信

①　Ryan Hass, Ryan Mcelveen, and Robert D. Williams, *The Future of US Policy Toward China Recommendations for the Biden Administration*, Washington: Brookings, 2020.

②　Michael J. Green, Richard C. Bush, and Bonnie S. Glaser, Toward a Stronger U. S. -Taiwan Relationship, Washington: CSIS, 2020.

③　Séverine Arsène, "The Impact of China on Global Internet Governance in an Era of Privatized Control", Jan. 23, 2014, https://hal.archives-ouvertes.fr/hal-00704196v1/document.

息技术渗透应用的程度较深，构建了集成式的大型数字平台，并形成了多个微创新、微应用。但对个人数据和隐私保护意识强、文化差异较大的国家和地区来说，基于大数据的社会治理可能会被理解为一种"技术监控"和"隐私窥探"。例如，近年来，欧盟在人工智能监管方面动作频频，发布了《可信人工智能伦理指南》(2019)和《关于构筑对以人为本的人工智能的信任的通信》(2019)、《人工智能白皮书——追求卓越和信任的欧洲方案》(2020)、《人工智能法案》(2024)等文件。其中，2021年4月，欧盟委员会提出了基于"风险分级"的《人工智能法案》草案。2022年12月，欧盟理事会就欧盟委员会起草的法案达成一致立场，进一步在人工智能系统定义、禁用范围以及风险划分等方面明确细则，大致确定了草案基本内容。2023年4月，欧洲议会成员就提案达成临时政治协议，就生成式人工智能模型开发商披露使用数据、基础模型应遵守言论自由原则等方面提出合规要求。2023年6月，欧洲议会表决通过《人工智能法案》草案，并在全面禁止人工智能用于生物识别监控、情绪识别、预测性警务等方面提出修订条款。2024年3月，欧洲议会批准《人工智能法案》，新增了对具有系统性风险的通用人工智能模型提供者的监管要求，包括透明性义务、风险评估、报告事件等。2024年8月，全球第一部关于人工智能的综合性立法《人工智能法案》正式生效。由此可见，欧洲对人工智能较早实施强监管和审慎利用态度，通过立法强化全球规则制定和风险防范。而中国在前沿技术立法上更多坚持"有所为有所不为"的总策略，在发展中看问题，以"不为"为"有为"创造条件，鼓励人工智能技术产业创新的同时，加强人工智能伦理规范，尤其重视人脸识别技术、推荐算法、深度合成、生成式人工智能等具体领域的法律监管。因此，海外研究对中国网络空间治理存在天然的"误解""不适应"，甚至是"立场对立"，有一定的客观原因存在。

另一方面，无论是学界，还是实务界，对待大国竞争和博弈易陷入"修昔底德陷阱"①。在科技竞争与政治博弈的有机互动里，特别是在一些核心竞

---

① "修昔底德陷阱"这一说法源自古希腊著名历史学家修昔底德的观点，即一个新崛起的大国必然要挑战现存大国，而现存大国也必然会回应这种威胁，后由哈佛大学教授格雷厄姆·艾利森引入学术界。

争领域,大国容易出现"对立"的态势。这一"对立"很可能促使部分国家采取"零和博弈"、全面对抗的策略,因为在它们眼里,这是不同生活方式(ways of life)之间的终极对抗①。例如,中国试图影响标准化的努力使一些参与网络空间治理的西方国家感到担忧,引发了强烈的警觉心和政策反弹,它们认为,"这些努力挑战了西方国家之前认为它们有高度竞争力并且可以用来很容易对抗中国作为制造业大国的崛起的领域"②。

　　对此,中国需避免零和思维,对待客观上有分歧或者主观上意识形态对立的海外评价,在国际上澄清基本事实,积极回应海外的疑惑和误读,切勿将复杂的治理问题扁平化、片面化、政治化,同时应进一步加强学术对话和国际交流,积极寻找共同的合作点,并在海外中国网络空间治理研究中,深化以下几个方面的研究:(1)呈现中国,即向世界阐述中国网络空间治理的发展成就、发展经验、发展特点等,从"人"本身出发,通过多种形式、多维渠道更好讲述网络空间治理的"中国故事",积极利用社交媒体、新型平台等互联网手段构建中国叙事,通过话语设计、共情传播等积极回答时代诉求和关注热点,破除国际传统主流媒体的传播错位;(2)解释中国,即阐明中国网络空间是如何发展的,为什么会形成现在的中国网络空间治理形态等,中国方案在推进中国国家现代化中具有怎样的历史方位,之于推动全球网络空间治理变革甚至是后发国家的发展道路和现代化有什么特殊贡献,并通过学术研究,对中国网络空间治理的合法性、特殊性、一般性、贡献力等进行有力论证,在此基础上,拟定配套话语体系和叙事逻辑,面对不同国家选择特定叙事角度③;(3)发展中国,即客观阐述中国网络空间面临的问题以及我们如何从世情、国情、党情出发,形成解决方案

---

① Lyu Jinghua, Ariel (eli) Levite, "Is There Common Ground in U.S. -China Cyber Rivalry?", Mar. 15, 2019, https://carnegieendowment. org/2019/03/15/is-there-common-ground-in-u. s.-china-cyber-rivalry-pub-78725.

② Yangyue Liu, "The Rise of China and Global Internet Governance", *China Media Research*, Vol. 8, No.2, 2012, p.46.

③ 刘小燕、崔远航:《话语霸权:美国"互联网自由"治理理念的"普适化"推广》,《新闻与传播研究》2019年第5期,第20页。

和未来之路。

对于上述需要深化研究的问题，特别是怎样准确阐述中国网络空间治理经验、路径特点与发展影响，本书将在下一章展开讨论。

第五章　网络强国何以可能：中国网络空间治理的经验、特点与意义

　　互联网发展至今已有五十多年的历程，其带给全球的不仅仅是一个人造的技术空间或者虚拟空间，这一空间还与世界政治、经济、文化、社会、军事等高度融合，已成为某种意义上的现实空间。当前，各个国家基于各自不同的国情，形成了不同的网络空间治理模式。同样地，中国也在长期的理论创新和发展实践中形成了具有中国特色的治网之道。前文用四章篇幅分别分析了中国网络空间治理的理论脉络、历史变革、中外异同与国际评价，这为探索中国网络空间治理的具体内涵提供了丰富的理论依据和实践基础。在此基础上，本章将重点阐述中国网络空间治理的发展经验、治理特点和历史意义，系统总结中国网络空间治理之道在加快推进网络强国建设上所扮演的重要角色。换而言之，中国网络空间治理现代化的实现，对丰富和深化网络空间治理理论，构建更高层次、更高水平的网络空间治理新格局，推进网络强国、数字中国建设，推进中国式现代化，助力中华民族伟大复兴，具有重大作用。

第一节　宝贵经验：遵循历史规律，坚持中国道路

　　从宏观层面看，中国网络空间治理演变是根据生产力发展水平适时调整

的,符合马克思强调的"自然历史过程"规律①。从中观层面看,中国网络空间治理政策与时代背景、发展国情与发展实践密切联系,中国网络空间治理进程,既是一部互联网等信息技术治理的演变史,也是党和国家治理体系和治理能力的发展史。从微观层面看,中国网络空间治理在把握历史规律,坚持中国道路的前提下,在具体实践中形成了宝贵的治理经验。

一、坚持党对网络空间治理的领导

网络空间发展和治理是一项需要长期奋斗的系统工程,必须要有一个坚强有力的领导核心,总揽全局、统筹推进、久久为功②。中国网络空间治理的实践一再有力地证明,中国共产党始终发挥着规划者、组织者、推动者和领航者的关键作用③,坚持中国共产党的领导是中国网络空间治理最根本的发展经验,是中国网络空间治理保持长久韧性的根本原因,是确保网信事业始终沿着正确方向前进的核心支柱④,也是推进网络空间治理现代化的应有之义。

其一,党和国家领导人的科技发展和网络空间治理思想始终引领正确的方向。百年来,中国共产党把马克思主义的基本原理与新民主主义革命时期、社会主义革命和建设时期、改革开放和社会主义现代化建设新时期、新时代中国特色社会主义下的具体实践相结合,与时俱进、开拓创新,形成了毛泽东思想、邓小平理论、"三个代表"重要思想、科学发展观、习近平新时代中国特色社会主义思想⑤。这些思想理论,特别是有关科技发展与网络空间治理的论述,准确把握了新一轮信息化革命与产业变革的发展浪潮和历史规律,结合世情、国情、党情,对中国网络空间治理的战略统筹和顶层设计起着重要

---

① 马克思在《资本论(第一卷)》中提出,"社会经济形态的发展是一种自然历史过程"。其强调,要把握社会的本质,把生产关系归结于生产力的高度。
② 郑振宇:《改革开放以来我国互联网治理的演变历程与基本经验》,《马克思主义研究》2019 年第1 期,第65 页。
③ 陈家喜、张基宏:《中国共产党与互联网治理的中国经验》,《光明日报》2016 年 1 月 25 日。
④ 《敏锐抓住信息化发展历史机遇 自主创新推进网络强国建设》,《紫光阁》2018 年第 5 期,第8 页。
⑤ 《中共中央关于党的百年奋斗重大成就和历史经验的决议》,《人民日报》2021 年 11 月 17 日。

引领作用。

在网络空间治理的预备期,中国的科学技术与国际先进水平差距很大,邓小平提出了"科学技术是第一生产力"的重要论断①,即以充分发挥科学技术对经济社会的驱动价值,加快推进社会主义现代化建设。因此,这一阶段中国充分解放思想,重在将电子计算机等先进信息技术"引进来",为后续互联网的引入和普及奠定了重要基础。在网络空间治理的起步阶段,互联网的"双刃剑"效应初步显现,以江泽民同志为核心的党中央对信息时代、信息化等关键概念形成了一系列论述,在此基础上形成了"积极发展,充分运用,加强管理,趋利避害"②的"十六字方针"网络空间治理导向,即在趋利避害的前提下,加强创新利用,运用唯物辩证法来应对互联网等新技术带来的挑战,同时进一步拓展了中国网络空间发展道路。在网络空间治理的发展期,以胡锦涛同志为总书记的党中央提出了"积极利用、科学发展、依法管理、确保安全"③的"新十六字方针",既重视如何更好科学利用互联网,又进一步加强对互联网负面效应的管理,在统筹发展和安全的同时,更加强调"科学"和"依法",在具体实践中不断完善中国网络空间治理治理体系。

在网络空间治理的深化期,特别是党的十八大以来,以习近平同志为核心的党中央站在历史高度,指出"必须旗帜鲜明、毫不动摇坚持党管互联网,加强党中央对网信工作的集中统一领导,确保网信事业始终沿着正确方向前进"④,以确保党的路线、方针、政策在互联网领域得以落实⑤;而随着网络强国战略的提出和实施,习近平总书记遵循客观规律,深化提出了"五个明确",全方位概括了中国网络空间治理的重要地位、战略目标、原则要求、国际主张和基本方法,将网络空间治理作为党和国家的一项长期任务,系统部署,科学

①　《邓小平文选(第3卷)》,人民出版社1993年版,第274页。

②　江泽民:《论"三个代表"》,中央文献出版社2001年版,第138页。

③　中共中央文献研究室编:《十七大以来重要文献选编(中)》,中央文献出版社2011年版,第397页。

④　《敏锐抓住信息化发展历史机遇　自主创新推进网络强国建设》,《紫光阁》2018年第5期,第9页。

⑤　胡树祥、韩建旭:《论习近平总书记关于网络强国的重要思想的思想品格》,《高校马克思主义理论教育研究》2021年第5期,第31页。

统筹。具有鲜明的时代性、全局性、科学性和引领性的中国特色网络空间治理体系日益完善,网络治理能力大幅提升,中国特色网络空间治理的体系框架已然形成。

其二,加强党对网络空间治理的集中统一领导,积极发挥党总揽全局、协调各方作用。在互联网、大数据、云计算、人工智能、区块链等新一代信息技术的推动下,万物互联的时代已经到来,网络空间无所不包、无所不融的特性进一步显现。正如习近平总书记强调的,网络空间已经成为人们生产生活的新空间,那就也应该成为我们党凝聚共识的新空间①。"过不了互联网这一关,就过不了长期执政这一关"②,这就要求把党管互联网作为网络空间治理的根本性政治原则。由此,中国共产党的领导和统筹工作应进一步延伸至网络空间治理的方方面面,将网络空间治理纳入党和国家的重点工作计划和重要议事日程,及时处理网络空间中的各类矛盾关系,并在组织架构、队伍建设、责任落实等方面重点做好统筹工作。

在组织体系统筹方面,网络空间治理的领导体制机制更加理顺,从根本上解决了过去有机构、缺统筹,有发展、缺战略,有规模、缺安全等问题③。从国务院层面成立的国家信息化领导小组到由总书记担任主任的网络安全和信息化委员会④,党在网络空间治理中的领导地位日益突出。党的十八大以来,党中央将网络安全与信息化放在整体战略中一并考虑,并在委员会下设了具体办事机构⑤,优化中央网络安全和信息化委员会办公室职责,各省、各地市也都相应成立了地方网络安全和信息化委员会,省委(市委)书记任主任,相关委员会下设网信办作为其具体办事机构,三级网信体系不断健全。

① 中共中央宣传部编:《习近平新时代中国特色社会主义思想学习问答》,学习出版社 2021 年版,第 347 页。
② 《中共中央关于党的百年奋斗重大成就和历史经验的决议》,《人民日报》2021 年 11 月 17 日。
③ 中央网络安全和信息化委员会办公室:《习近平总书记关于网络强国的重要思想概论》,人民出版社 2023 年版,第 160 页。
④ 该机构原为中央网络安全和信息化领导小组,在 2018 年机构改革后改名为中央网络安全和信息化委员会。
⑤ 中央网络安全和信息化办公室为网信委的具体办事机构,与国家互联网信息办公室为"一个机构、两块牌子"。

这种党的序列和履行政府职能的双重架构,从中央到地方的网信三级工作体系,较以往更有权威协调党、政、军、人大等各方,形成互联网监管的强大合力①,一定程度上破解了网络空间中部门林立、多头监管、权责不清的"九龙治水"式治理格局,进一步强化了党对网络安全和信息化工作的总体布局、统筹协调、整体推进、督促落实。

在人才体系统筹方面,党的十八大以来,习近平总书记高度重视网络安全和信息化的人才队伍建设。他强调党的领导干部要注重运用互联网思维,提高"学网、懂网、用网",提升"对互联网规律的把握能力、对网络舆论的引导能力、对信息化发展的驾驭能力、对网络安全的保障能力"四种能力②,主动适应互联网时代的发展特点,善于运用互联网提升执政能力和执政水平。与此同时,习近平总书记指出,要聚天下英才为我所用,选贤举能,针对网络空间相关人才的特性,倡导制定特殊的人事政策、薪酬政策和评价政策,建立适应网信特点的人事制度、薪酬制度,积极吸纳群团组织、企业、行业组织、科研院校、智库等各领域、综合性的人才,凝聚全社会力量,共同推进中国网络空间治理。

在分工和责任统筹方面,面对权责不清等问题,加强党的统一领导和协调,进一步明确划分了相关权力与责任边界,并对一些关键性岗位和关键性工作强化了责任要求。例如,在网络安全责任落实上,各级党委的领导班子成为第一负责人,且在党内法规中予以确立。中共中央印发了《党委(党组)网络安全工作责任制实施办法》③这一文件,从责任主体、责任范围、责任事项、问责主体、启动问责的条件、问责措施等方面确立了我国网络安全责任制,即"按照谁主管谁负责、属地管理的原则,各级党委(党组)对本地区本部门网络安全工作负主体责任,领导班子主要负责人是第一责任人,主管网络

---

① 郑志平:《国家与社会关系视角下的中国虚拟社会治理方式创新研究》,博士学位论文,湘潭大学,2016年。
② 中共中央党史和文献研究院编:《习近平关于网络强国论述摘编》,中央文献出版社2021年版,第6页。
③ 中共中央于2017年8月印发《党委(党组)网络安全工作责任制实施办法》,并于2021年对外公开该文件。

安全的领导班子成员是直接责任人"①，并通过表彰奖励、干部考核、网络安全审计等方式加以保障。

其三，保持党的先进性，勇于自我革新，主动适应数字化时代新形势和网络空间新变化。一方面，党的十八大以来，以习近平同志为核心的党和国家领导人强化对网络空间发展和治理的学习，互联网技术发展、网络文化、网络强国战略、媒体融合、区块链、量子计算、数字经济、平台反垄断、科技自立自强等相关议题被纳入党中央政治局集体学习的范畴（如表5-1所示），进一步深化顶层设计，保持了网络空间治理政策的科学性、针对性和连贯性。另一方面，在加强网信领域党的建设方面，习近平总书记高度重视网信队伍建设，统筹党内和党外选人用人机制，推进网络空间人才的规划、选拔、培训，进而打造一支高素质专业化的队伍，为网络空间治理提供强大的组织保障；同时，加强互联网企业和网络社会组织的党建工作，扩大党在新兴领域的号召力和凝聚力。② 此外，在国家重要规划和政策制定中，"推进党委信息化工作"③"强化智慧党建"④等要求和措施被纳入其中，以此推进互联网服务党的执政能力建设，将全面从严治党通过信息化、数字化手段加以落实和巩固。在此背景下，一些智慧党建应用不断涌现，推进了基层党组织和党员的学习先进性，典型的如中宣部主管开发的"学习强国"平台。

---

① 中共中央办公厅法规局编：《中国共产党党内法规汇编》，法律出版社2021年版，第126页。
② 中央网络安全和信息化委员会办公室：《习近平总书记关于网络强国的重要思想概论》，人民出版社2023年版，第165页。
③ 《国家信息化发展战略纲要》提出，"推进党委信息化工作，提升党委决策指挥的信息化保障能力。充分运用信息技术提高党员、干部、人才管理和服务的科学化水平。加强信息公开，畅通民主监督渠道，全面提高廉政风险防控和巡视工作信息化水平，增强权力运行的信息化监督能力。加强党内法规制度建设信息化保障，重视发挥互联网在党内法规制定和宣传中的作用。推进信息资源共享，提升各级党的部门工作信息化水平"。参见《国家信息化发展战略纲要》，人民出版社2016年版，第20页。
④ 2019年2月中共中央印发的《关于加强党的政治建设的意见》提出，"增强党内政治生活的时代性，主动适应信息时代新形势和党员队伍新变化，积极运用互联网、大数据等新兴技术，创新党组织活动内容方式，推进'智慧党建'，使党内政治生活始终充满活力，坚决防止和克服党内政治生活不讲创新、不讲活力、照搬照套的倾向。"参见《中共中央关于加强党的政治建设的意见》，《人民日报》2019年2月28日。

表 5-1　第十八至二十届中共中央政治局集体学习的部分议题

时　　间	会　　议	议　　题
2013 年 9 月	第十八届中共中央政治局第九次集体学习	敏锐把握世界科技创新发展趋势，切实把创新驱动发展战略实施好
2016 年 10 月	第十八届中共中央政治局第三十六次集体学习	实施网络强国战略
2017 年 12 月	第十九届中共中央政治局第二次集体学习	实施国家大数据战略
2018 年 10 月	第十九届中共中央政治局第九次集体学习	人工智能发展现状和趋势
2019 年 1 月	第十九届中共中央政治局第十二次集体学习	全媒体时代和媒体融合发展
2019 年 10 月	第十九届中共中央政治局第十八次集体学习	区块链技术发展现状和趋势
2020 年 10 月	第十九届中共中央政治局第二十四次集体学习	量子科技研究和应用前景
2021 年 10 月	第十九届中共中央政治局第三十四次集体学习	推动我国数字经济健康发展
2022 年 4 月	第十九届中共中央政治局第三十八次集体学习	依法规范和引导我国资本健康发展
2023 年 2 月	第二十届中共中央政治局第三次集体学习	切实加强基础研究　夯实科技自立自强根基

资料来源：根据《人民日报》等官方媒体新闻报道综合整理。

二、坚持以人民为中心的发展思想

马克思主义哲学的历史唯物主义始终把人民群众看作创造人类历史的主体、把人民群众看作历史的主人。[1]　习近平强调，人民利益是我们党一切

---

[1]　杨保军：《当前我国马克思主义新闻观的核心观念及其基本关系》，《新闻大学》2017 年第 4 期，第 21 页。

工作的出发点和落脚点，党的一切工作都必须以最广大人民根本利益为最高标准①。在网络空间与现实空间虚实融合、万物互联的数字经济时代，坚持走群众路线，"坚持人民至上""坚持以人民为中心"的发展思想是中国网络空间治理的根本价值追求和初心起点。作为一个系统、完整、科学的理论体系，"坚持以人民为中心"强调的是发展依靠人民、发展为了人民、发展成果由人民共享，体现的是一切从人民出发的政治立场，彰显的是人民至上的价值取向②。

其一，始终将人民立场作为网络空间治理的根本立足点。

在中国网络空间治理的各个时期，党和国家领导人对于互联网等先进技术发展和治理的目的形成了一系列论述。

在网络空间治理的预备期，邓小平指出，要"开发信息资源，服务四化建设"，目的是加强对信息的获取、利用、转化，通过信息技术创新赋能作用推动农业、工业、国防和科技现代化等四化建设，从而提升人民生活水平和生活满意度。邓小平又进一步强调，"我们工人阶级的杰出人才，是来自人民的，又是为人民服务的"③，这充分体现了他对人民力量在国家现代化建设中发挥的重要作用的肯定。在网络空间治理的起步期，江泽民提出，"面向国家现代化建设、面向市场经济发展、面向广大人民需求，确定科技攻关的方向和重点项目"④，要"运用一切科学技术成果为人民服务、为社会主义事业服务"⑤，进一步明确了信息技术等科学技术研发、应用和发展要为广大人民服务的本质要求。在网络空间治理的发展期，以胡锦涛同志为总书记的党中央提出强调的科学发展观，其核心是"以人为本"，例如，在网络信息内容治理方面，胡锦涛提出，"加强网络文化建设和管理……更好满足人民群众日益增长的精神

---

① 周佑勇：《习近平法治思想的立场观点方法》，《中国社会科学报》2020 年 11 月 23 日。
② 杨怀中：《习近平网络空间治理思想论析》，《武汉理工大学学报（社会科学版）》2019 年第 2 期，第 6 页。
③ 《邓小平文选（第 2 卷）》，人民出版社 1994 年版，第 96 页。
④ 中共中央文献研究室编：《十五大以来重要文献选编（下）》，人民出版社 2003 年版，第 693 页。
⑤ 中共中央文献研究室编：《江泽民思想年编（1989—2008）》，中央文献出版社 2010 年版，第 18 页。

文化需要"①。这对先进网络文化的生产、分发、传播等作出了根本性的指引，即为人民群众精神生活服务。

在网络空间治理的深化期，党的十八大以来，习近平总书记多次指出，"网信事业要发展，必须贯彻以人民为中心的发展思想"②，并在中央政治局集体学习会上反复强调，需加强大数据、人工智能、区块链等现代信息技术在民生领域的运用③，强化民生福祉。因此，以人民为中心的发展理念是以实现最广大人民的根本利益为指向，坚持人民主体，调动人民的积极性、主动性、创造性④，破除一切命令式、控制式、敷衍式、唯上式的管理思路，无论是网络空间治理的顶层设计、政策规划、流程再造，还是信息创建、组织和呈现方式，都要不断增强为人民服务的意识，始终强调从人民作为网络时代的"用户"视角出发，为人民群众提供更为便捷、更高质量、更具人性化的互联网服务，高效解决网络空间治理中的"堵点""痛点"和"难点"，让人民群众在信息化发展中有更多获得感、幸福感和安全感。

其二，紧紧依靠人民，加快推进网络空间全民共治。

人民是历史的创造者，是推动社会变革的决定性力量。⑤ 坚持网络空间治理依靠人民，就是要把人民作为网络空间治理的主体和力量源泉，充分激发广大人民群众的主体性作用，生动展现了贯彻互联网时代"如何从群众中来"。

一方面，中国网络空间治理积极发挥了人民的主动性与参与性。在网络

---

① 《胡锦涛文选（第 2 卷）》，人民出版社 2016 年版，第 693 页。

② 中共中央党史和文献研究院编：《习近平关于网络强国论述摘编》，中央文献出版社 2021 年版，第 18 页。

③ 在十九届中央政治局第二次集体学习时，习近平同志指出，要运用大数据促进保障和改善民生，使大数据在保障和改善民生方面大有作为；在十九届中央政治局第九次集体学习时，习近平同志指出，要加强人工智能同保障和改善民生的结合，运用人工智能为人民创造美好生活；在十九届中央政治局第十八次集体学习时，习近平同志指出，要探索"区块链＋"在民生领域的运用，提升人民群众生活质量。

④ 胡树祥、韩建旭：《论习近平总书记关于网络强国的重要思想的思想品格》，《高校马克思主义理论教育研究》2021 年第 5 期，第 32 页。

⑤ 周佑勇：《习近平法治思想的人民立场及其根本观点方法》，《东南学术》2021 年第 3 期，第 44 页。

文化建设与网络舆论引导工作、网络安全工作、"互联网＋"政务服务等网络空间重要议题上，中国网络空间治理紧紧依靠人民的特点进一步显现。例如，在当前的网络内容生态中，微博、微信、抖音、今日头条等社交平台成为重要网络舆论场，网民既是传播受众，也成为内容生产者，以人民群众为主体的各类社会主体成为舆论生态结构的主要构建者和塑造者①。又如，在网络安全治理工作中，近年来国家网络安全周将"网络安全为人民　网络安全靠人民"②作为宣传主题，强化人人有责、人人参与的治理氛围。

另一方面，广大人民群众充分利用互联网等信息化手段进一步强化了网络空间治理。习近平总书记指出，对网上那些出于善意的批评，对互联网监督，不论是对党和政府工作提的还是对领导干部个人提的，不论是和风细雨的还是忠言逆耳的，我们不仅要欢迎，而且要认真研究和吸取。③例如，广大网民踊跃参与互联网监督，开展网络监督举报互联网违法不良信息，推动网络生态内容治理；通过 96110 全国反电诈电话、网络违法犯罪举报网站、国家反诈中心 App 等多样化渠道进行电信网络诈骗举报，强化网络监督，防范网络犯罪。

其三，造福人民，让人民共享网络空间发展和治理成果。

将网络空间发展和治理成果共享于民，是互联网时代深入贯彻"到群众中去"的一种具象体现。党的十八大以来，在对"互联网＋"医疗、"互联网＋"教育、"互联网＋"社会治理、"互联网＋"政务服务、数字鸿沟、网络精准扶贫、科技助力疫情防控等与人民群众生产生活密切相关的发展和民生议题上，党和国家领导人多次作了批示和论述，指出网络空间发展和治理要造福人民，即以互联网的大众性、共享性和普惠性促进人的全面发展。

而在治理实践层面，以人民为中心的治理理念贯穿在我国网络空间治理

① 杨保军：《"脱媒主体"：结构新闻传播图景的新主体》，《国际新闻界》2015 年第 7 期，第 75 页。
② 《网络安全为人民　网络安全靠人民》，《四川日报》2018 年 9 月 20 日。
③ 中共中央党史和文献研究院编：《习近平关于网络强国论述摘编》，中央文献出版社 2021 年版，第 45 页。

的全过程、全领域。党的十八大以来，中国网络空间发展迅速，互联网日益普及，数字经济蓬勃兴起，带来了丰富的数字治理成果。在线教育、远程医疗、网络购物、数字文娱、网上办事等大量平台和应用涌现，使得智能新生活变为现实。① 在网络普惠方面，我国进一步加快信息化普及，降低上网成本，推进信息无障碍建设，发挥互联网在精准扶贫、乡村振兴等领域的重要作用。以面向老年群体的信息无障碍适老化改造为例，国家层面高度重视，发布了一系列政策（如表5-2所示），并相继开展专项治理行动，指导 App 适老化改造等相关工作推进，进一步弥合数字鸿沟。

表5-2 近年来我国弥合老年人数字鸿沟政策和行动

时 间	发布单位	政策名称	内 容 要 点
2020年9月	工信部、中国残疾人联合会	《关于推进信息无障碍的指导意见》	一是加强信息无障碍法规制度建设；二是加快推广便利普惠的电信服务；三是扩大信息无障碍终端产品供给；四是加快推动互联网无障碍化普及；五是提升信息技术无障碍服务水平；六是完善信息无障碍规范与标准体系建设；七是营造良好信息无障碍发展环境
2020年11月	国务院办公厅	《关于切实解决老年人运用智能技术困难的实施方案》	一是坚持传统服务方式与智能化应用创新并行；二是切实解决突发事件应急状态下老年人的服务保障，同时又全面考虑老年人实际日常生活的高频事项和服务场景；三是坚持抓紧解决当前面临的突出问题，同时注重加快建立长效机制
2021年3月	银保监会	《关于银行保险机构切实解决老年人运用智能技术困难的通知》	一是保留和改进传统金融服务方式；二是提升网络消费便利化水平；三是推进互联网应用适老化改造；四是加强教育宣传和培训；五是保障信息安全

---

① 《让亿万人民在共享互联网发展成果上拥有更多获得感——党的十八大以来我国网信事业发展取得新成就》，新华网，2018 年 8 月 19 日，http://www.xinhuanet.com/politics/2018-08/19/c_1123292288.htm。

续表

时 间	发布单位	政策名称	内 容 要 点
2021年4月	工信部	《关于进一步抓好互联网应用适老化及无障碍改造专项行动实施工作的通知》	要求相关互联网网站、App在2021年9月30日前，参照《互联网网站适老化通用设计规范》和《移动互联网应用（App）适老化通用设计规范》完成适老化及无障碍改造，并分别向中国互联网协会、中国信息通信研究院申请评测
2021年11月	中国残疾人联合会、住房和城乡建设部、中央网信办、教育部、工信部、公安部、民政部、交通运输部、文旅部、国家卫生健康委、国家广电总局、中国民用航空局、中国国家铁路集团有限公司	《无障碍环境建设"十四五"实施方案》	方案细化了"十四五"无障碍环境建设的主要指标，对与民生密切相关的互联网网站无障碍改造、与民生密切相关的手机App无障碍改造等六个指标提出具体要求；明确需加快信息化与无障碍环境的深度融合，将信息无障碍作为新型智慧城市、数字乡村建设的重要组成部分。在信息无障碍建设中，充分兼顾老年人的需求，切实解决老年人使用智能技术困难问题

资料来源：根据国务院、工信部等政府网站内容综合整理。

三、坚持理论创新与治理实践并举

马克思主义是我们立党立国、兴党强国的根本指导思想，马克思主义理论不是教条而是行动指南，必须随着实践发展而发展，必须中国化才能落地生根、本土化才能深入人心。[①]

在中国网络空间治理过程中，我国始终坚持把马克思主义基本原理同世情、国情、党情实际相结合，历经了网络空间治理的预备期、起步期和发展期，在网络空间治理的深化期，特别是党的十八大以来，以习近平同志为核心的党中央提出了网络强国战略思想，形成了丰富的理论体系（图5-1）。

[①] 《中共中央关于党的百年奋斗重大成就和历史经验的决议》，《人民日报》2021年11月17日。

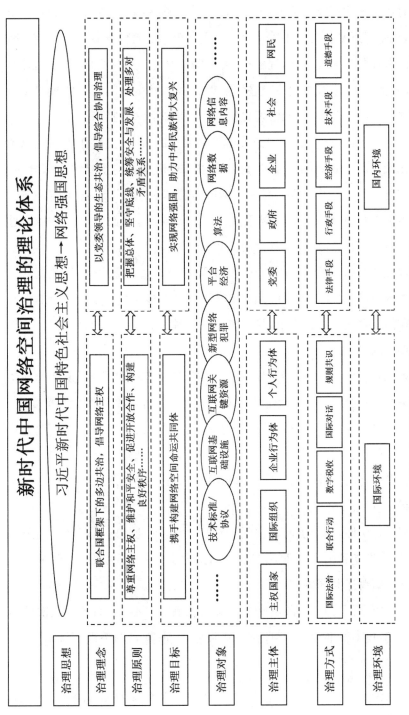

图 5 - 1 新时代中国网络空间治理的理论体系

　　新时代中国网络空间治理的理论体系是习近平网络强国思想的有机组成部分，也是习近平新时代中国特色社会主义思想的具体体现。该理论体系统筹国内国际两个大局，从治理思想、治理理念、治理原则、治理目标、治理对象、治理主体、治理方式等角度概述了新时代我国网络空间治理的顶层设计与实施思路，为我国网络空间治理提供了理论基础和建构指南。

　　治理思想层面，习近平总书记关于网络强国的重要思想，作为马克思主义中国化最新理论成果，是中国特色社会主义理论体系的重要组成部分，是把脉中国现实、总结中国理论、彰显中国道路的体现①。由此，我国网络空间治理在习近平新时代中国特色社会主义思想指导下，全面贯彻网络强国思想，形成了强有力的顶层设计和全局性战略保障。

　　治理理念层面，我国倡导综合协同治理，着力构建以党委领导、政府管理为核心主导力量，企业履责、社会监督、网民自律等多元主体参与共治的生态体系。在网络空间国际合作上，我国倡导联合国框架体系下的"以网络主权"为核心理念的多边共治。

　　治理原则层面，我国把握总体、坚守底线，统筹安全与发展，正确处理各类矛盾关系，在网络空间国际治理上，倡导"尊重网络主权""维护和平安全""促进开放合作""构建良好秩序"四项原则，提出"加快全球网络基础设施建设，促进互联互通""打造网上文化交流共享平台，促进交流互鉴""推动网络经济创新发展，促进共同繁荣""保障网络安全，促进有序发展""构建互联网治理体系，促进公平正义"五点主张②。

　　治理目标层面，以中国网络空间治理现代化，推动我国从网络大国迈向网络强国，推进党和国家事业迈向新成就，助力实现中华民族伟大复兴，推动构建网络空间命运共同体。

　　治理对象层面，国内国际的相关议题交叉融合，网络空间各个层次的问题界限模糊，技术标准治理、互联网基础设施治理、互联网关键资源治理、平

---

① 郝保权：《习近平网络战略思想论析》，《理论探索》2017 年第 6 期，第 58 页。
② 中共中央党史和文献研究院编：《习近平关于网络强国论述摘编》，中央文献出版社 2021 年版，第 153 页。

台经济治理、网络信息内容治理、网络数据治理、算法治理、新型网络犯罪等新兴议题不断涌现,这就要求网络空间治理理论的进一步创新。

治理主体层面,我国党委、政府、企业、社会、网民各自承担相关治理责任,形成了以党委和政府为核心的"同心圆"治理体系,在网络空间国际治理上倡导以主权国家为主导型力量,并根据治理议题的变化调整有关机制,推进国际组织、企业、个人等其他行为体的积极参与。

治理方式层面,法律、行政、经济、技术、道德等多种综合手段被纳入我国网络空间治理体系之中,在国际上,国际法、国际规范、联合行动、多边/双边对话、国际论坛等成为我国推进网络空间国际治理的重要机制。

值得一提的是,新时代中国网络空间治理的理论体系是基于我国多年来的网络空间治理实践而形成的理论创新,体现了网络强国建设的实际需要。而正是基于这样一套较为完备、灵活调整、具有中国特色的理论体系,我国网络空间治理实践才得以不断创新。以如何统筹"安全与发展"之间的关系为例,我国既从思维辩证法的高度提炼了统筹发展和安全之具有总体性的基本理念,又从实践辩证法的高度阐明了统筹发展和安全之具有针对性的时代要求。①

具体来看,在网络空间治理预备阶段,中国未接入互联网,且各项信息技术与先进发达国家有较大差距,因此将发展作为第一要务,把发展作为安全保障的先决条件,为互联网进入中国后的迅速发展奠定了重要基础。在网络空间治理的起步阶段,"十六字方针"既体现中国高度重视以互联网等先进技术来推动发展,同时趋利避害,强化安全管理,这种"重发展、避危害"的理念为中国网络空间发展形成了创新发展的环境,一定程度上促进了中国互联网产业的蓬勃发展。在网络空间治理发展阶段,"新十六字方针"的"科学发展"与"确保安全",明确了要把安全作为发展的前提,为中国网络空间健康发展提供基础保障。

在网络空间治理深化阶段,特别是党的十八大以来,我国在如何统筹安

---

① 冯志鹏:《深入把握发展和安全的辩证法》,《学习时报》2021年2月26日。

全与发展方面已积累了丰富的理论基础与实践经验，并集中体现在习近平总书记关于网络强国的重要思想之中，即"网络安全和信息化是相辅相成的，安全是发展的前提，发展是安全的保障，安全和发展要同步推进"①。这种安全与发展双轮驱动、互为支撑的治理理念以辩证唯物主义和历史唯物主义为哲学基础，并在实际工作中对数字经济治理、区块链治理、跨境数据治理等网络空间重大议题的治理上得到了良好的实践。

四、坚持独立自主和开放合作相平衡

坚持独立自主和开放合作相平衡的发展道路是保证中国网络空间治理生命力的重要经验。独立自主是中华民族精神之魂，是我们立党立国的重要原则②。我国坚持科技创新要把"方针放在自己力量的基点上"这个中国特色自主创新道路的根本原则③，把中国网络空间发展进步的命运始终牢牢掌握在自己手中。而我国强调独立自主绝非与世隔绝，而是基于人类发展大潮流、世界变化大格局、中国发展大历史正确认识和处理同外部世界的关系④，同时坚持开放、不搞封闭，开拓创新，促进技术、数据等创新要素资源高效流动、高效配置、高效增值，持续增强高质量发展动力和活力，强化"双循环"新发展格局建设。

其一，强化战略定力，坚持自立自强，将独立自主贯穿到网络空间治理的关键环节。

一方面，我国将关键核心技术的自主创新提到了前所未有的战略高度，把"自主发展"作为发展的"火车头"和长期战略⑤。由于世情、国情发生深刻变化，科技创新对中国来说不仅是发展问题，更是生存问题⑥。从提出若干

---

① 中共中央党史和文献研究院编：《习近平关于网络强国论述摘编》，中央文献出版社 2021 年版，第 90 页。

②④ 《中共中央关于党的百年奋斗重大成就和历史经验的决议》，《人民日报》2021 年 11 月 17 日。

③ 贾宝余、刘立：《中国共产党百年科技政策思想的"十个坚持"》，《中国科学院院刊》2021 年第 7 期，第 836 页。

⑤ 欧树军：《国家间竞争与中国发展战略转型》，《中国政治学》2019 年第 2 期，第 195 页。

⑥ 刘鹤：《必须实现高质量发展》，《人民日报》2021 年 11 月 24 日。

技术领域的自主创新到实施创新驱动发展战略再到科技强国(如表5-3所示),科技自立自强被纳入顶层设计和国家战略之中。近年来,因为在科技体制机制改革、科技研发投入、基础研究发展、重大科技创新平台建设、企业技术创新能力、科技人才培养等方面不断深化形成"多轮"驱动,加之不排斥国外先进技术的引进、吸纳和发展经验借鉴,中国在科技前沿领域实现了重大突破①。这就要求我们改变网络空间关键核心技术受制于人的被动局面,强化自主可控,积极推进信息技术创新,破除"技术孤岛",将创新主动权牢牢掌握在自己手中。对此,习近平总书记形象地作了类比,"一个互联网企业即便规模再大、市值再高,如果核心元器件严重依赖外国,供应链的'命门'掌握在别人手里,那就好比在别人的墙基上砌房子,再大再漂亮也可能经不起风雨,甚至会不堪一击"②。同样地,一个国家,如果在互联网核心技术上只能依附于他国,没有自主创新能力,那么也难以立足于全球网络空间之中,更无从谈起在网络空间治理方面获得新的竞争优势。

表5-3　我国有关科技自主创新和自立自强的政策/文件

时　间	政策/文件	相　关　内　容
2002 年	党的十六大报告	鼓励科技创新,在关键领域和若干科技发展前沿掌握核心技术和拥有一批自主知识产权
2006 年	《国家中长期科学和技术发展规划纲要(2006—2020 年)》	该纲要确定了"自主创新、重点跨越、支撑发展、引领未来"作为今后 15 年科技工作的方针

---

① 有研究指出,2018 年中国研发总投入已经逼近美国总量,跃居全球第 2 位;国家尊重基础研究、技术创新、成果转化和产业化各个环节的创新活动规律,基础研究经费占比小幅攀升,试验发展经费占比较高;基础科学研究论文总产出已占比全球 18.61%,我国成为仅次于美国的世界上第二大研究论文产出国;高质量基础科研论文、高价值专利数量、知识和技术密集型产业正在不断增长;研发人员数量在 2009—2018 近 10 年中始终保持显著增长趋势,2018 年研发人员总计约 186 万人,中国已经成为全球首位科技研发人员数量大国。参见原帅、何洁、贺飞:《世界主要国家近十年科技研发投入产出对比分析》,《科技导报》2020 年第 19 期,第 58 页。
② 中共中央党史和文献研究院编:《习近平关于网络强国论述摘编》,中央文献出版社 2021 年版,第 108—109 页。

续表

时 间	政策/文件	相 关 内 容
2007 年	党的十七大报告	提高自主创新能力,建设创新型国家,要坚持走中国特色自主创新道路,把增强自主创新能力贯彻到现代化建设各个方面
2012 年	党的十八大报告	实施创新驱动发展战略,要坚持走中国特色自主创新道路,以全球视野谋划和推动创新,提高原始创新、集成创新和引进消化吸收再创新能力,更加注重协同创新
2017 年	党的十九大报告	树立科技是核心战斗力的思想,推进重大技术创新、自主创新
2020 年	党的十九届五中全会公报	坚持创新在我国现代化建设全局中的核心地位,把科技自立自强作为国家发展的战略支撑
2021 年	《国民经济和社会发展第十四个五年规划和 2035 年远景目标纲要》	制定科技强国行动纲要,健全社会主义市场经济条件下新型举国体制,打好关键核心技术攻坚战,提高创新链整体效能;将全社会研发经费投入增长、每万人口高价值发明专利拥有量、数字经济核心产业增加值占 GDP 比重纳入创新驱动的指标之中
2022 年	党的二十大报告	将科技自立自强能力显著提升作为未来 5 年的主要目标任务,提出到 2035 年,实现高水平科技自立自强,进入创新型国家前列

资料来源：根据新华社等主流媒体、国务院官网等内容综合整理。

另一方面,我国加快创新数字时代的国家主权理论,在标准制定、互联网基础资源管理、网络信息内容治理等关键领域强化网络主权完整。当前,一些国家倡导多利益相关方的治理理念,反对国家和政府作为主导力量进入网络空间治理领域,由此也陷入了一种"自由平等"幻象。但正如前文所述,这些制度设计和机制执行仍为网络空间先发国家的公司、团体组织所掌控,其国家和政府实则为"遥远的监护人"和"幕后操控人",甚至可以通过这种制度行使"网络霸权",新兴发展中国家则往往沦为规则的被动接受者。在此背景下,我国提出网络主权理念,其实质反映的是网络空间安全的核心,其中基础安全是信息安全,核心焦点是社会稳定,根本问题是执政安全①。基于此，我国倡导在联合国框架下，以主权国家的"觉醒"与"回归"推进当前网络空间国际治理体系变革，意在破除原先单向度的网络空间治理制度安排。而对于网络信息内容治理，我国反对以所谓的"互联网自由"之名进行网络意识形态渗透、颠覆国家主权的行为，制定和形成了有关网络信息内容生态治理，互联网信息服务算法推荐管理，互联网新闻信息服务许可、转载和管理，互联网信息内容管理行政执法程序，互联网信息服务从业人员管理等较为完备、体系化的法律法规，推进互联网平台履责，强化技术治理，保障网络空间安全运行，从而保障社会稳定。

其二，加强开放合作，促进全球数据、技术、资金等要素资源在网络空间中高效、安全地流动、配置和增值，共同解决网络空间中的治理难题，携手推进网络空间命运共同体建设。

网络空间的开放性、连接性、交互性、全球性使得"地球村"真正得以实现，并使得人类命运更加紧密地联系在一起。历史和实践证明，任何一个国家不可能完全封闭和脱离互联网而获得现代化发展。作为网络空间后发国家的中国，并非关起门来发展互联网，即使在关键核心技术突破方面，强调的也是独立自主形成强大的防御能力，而非闭关自守固步自封，是以开放的姿态积极促进国际创新资源的流通，积极主动融入国际产业分工体系中，鼓励互联网科技企业"走出去"，加强国际交流和合作，在互动发展中不断夯实自身的网络空间实力，在交流互鉴中共享网络空间和数字经济发展红利。

与此同时，当前网络空间治理议题越发趋向国际化，数字地缘政治逐步抬头，大国间有关技术、理念、话语权的博弈日益严峻，但事实上国际网络犯罪治理、暗网治理、跨境数据流动治理、数字税、数字货币等方面的国际标准和规则制定，往往都需要国际协商和合作才能解决。② 由此，在推进全球互联网治理体系和治理秩序改革这一议题上，中国创新性地提出了构建网络空间命运共同体理念，倡导在共同的愿景下，全球坚持多边参与、多方参与，包

---

① 吴世忠：《浅析信息安全管理的网络思维》，《中国信息安全》2014 年第 4 期，第 27 页。
② 郑振宇：《改革开放以来我国互联网治理的演变历程与基本经验》，《马克思主义研究》2019 年第 1 期，第 58 页。

括政府、国际组织、互联网企业、技术社群、民间机构、公民个人[①]在内的各种主体，就当前共同面临的治理难题开展深度的国际合作。

正如有学者提到的，"近代以来，中国面临双重挑战和双重危机，一是主体性的存续，二是现代化的实现……没有现代化的主体性，或没有主体性的现代化，都不能使中国摆脱困境"[②]。在网络空间治理中，这种主体性和现代化的统一性表现为独立自主和开放合作相平衡，即中国统筹安全与发展，既在关键环节中强化主体性，牢守安全底线，在把握网络主权、开展科技自立自强、推进关键核心技术突破、打赢网络意识形态斗争等关于生存和主体的治理议题上始终坚守独立自主的立场，又在开展国际网络空间规则制定、促进国际创新要素流动、推进数字经济国际交流合作等方面加速现代化建设的议题上保持开放合作、积极开拓的发展态度，强调责任共担、风险共治、成果共享，大力推进网络空间命运共同体建设。

第二节　路径特点：治理"三性"，彰显中国特色

网络空间治理并非在真空条件下鼓励进行的，它必须与一个国家的经济社会总体发展水平相适应，受政治、经济、文化、社会、技术、制度等多种因素影响。因此，尽管全球网络空间治理存在一定的规律，但并没有所谓的放之四海而皆准的网络空间治理模式。我们不能因为西方发达国家在经济社会和网络空间发展上领先于发展中国家，就认定西方的治理模式是网络空间治理的普适选择；也不能因为西方国家大搞特搞网络自由和制度输出，就放弃符合本国国情的网络空间治理实践的探索。[③] 正如前文所述，中国的网络空间治理在遵循历史规律的前提下，坚持中国道路，形成了宝贵的经验，而这些

---

① 中共中央党史和文献研究院编：《习近平关于网络强国论述摘编》，中央文献出版社 2021 年版，第 158 页。
② 乔兆红：《现代化的中国逻辑》，新华出版社 2019 年版，第 2 页。
③ 阚道远：《中国越南互联网治理比较研究》，人民日报出版社 2019 年版，第 3—4 页。

经验共同构成了中国网络空间治理的丰富内涵，并进一步凸显出中国网络空间治理的特点。

一、普遍性：把握历史脉络，遵循一般性发展规律

中国网络空间治理路径体现了一般性的发展规律，即顺应新一轮信息革命浪潮下数字化、网络化、智能化的发展趋势，掌握和遵循了网络空间发展与治理的一般规律。

从网络空间演进规律看，中国网络空间遵循了全球互联网的变革特点，经历了"学术网""政府网""商业网"到"第五空间"，网络空间越发与现实社会所交融，对人们的生产生活的影响力也越来越大。作为网络空间"后来者"的中国，一方面顺应时代发展规律，快速认识到互联网等信息技术对于发展中国家实现现代化的重大意义，并针对网络空间所具有的"双刃剑"发展特性，开展了一系列治理活动；另一方面根据网络空间的分层框架及其发展成熟度，制定了适应不同时期社会经济发展水平的网络空间治理方针和治理策略。

从网络空间治理实践看，中国的网络空间治理与其他国家存在诸多共同之处，而这些共同之处构成了网络空间治理的一般规律。例如，对于互联网等新一代信息技术对经济社会融合渗透、发展驱动的特性，各国普遍制定网络空间发展战略，加大新技术研发投入，推进数字经济创新发展，促进传统社会数字化转型。针对网络空间匿名性特征引发的网络信息内容生态失衡问题，尽管存在意识形态与法律制度的差异，但各国对于网络谣言、仇恨言论等有害信息内容都作了一定程度的审查和监管，尤其重视儿童和青少年网络保护。而对于网络空间具有的连接性及社会性，各国均意识到，无论是坚持多利益相关方模式还是多边主义模式，单一力量进行网络治理的效果往往有限，只有各方协同合作才能解决根本问题，因此各国在治理数据泄露与个人隐私保护问题，防范网络攻击、勒索病毒等网络安全事件中积极吸纳社会多元主体，加强跨国、跨部门、跨领域合作，等等。

二、特殊性：立足世情、国情、党情，创新治理范式

网络空间治理存在不同的模式。一方面，虚实融合的网络空间与现实世界存在差异，这就使得网络空间治理范式与现实社会治理存在一定差异。另一方面，网络空间治理又与现实社会密切相关，其必须与一个国家的政治、经济、文化、社会、技术、制度等发展水平相适应，这就导致了网络空间治理模式的多样性。在网络空间发展的不同阶段，我国从世情、国情、党情出发，不照搬照抄先发国家网络空间治理模式，既保持了长期发展的韧性，同时立足本国实际作好动态调整，走出了一条中国特色社会主义的网络空间治理道路。

从对网络空间的战略研判看，没有一个国家和政党，像中国和中国共产党这样高度重视互联网、运用互联网、发展互联网、治理互联网[①]。我国将互联网等信息技术所带来的新一轮信息革命作为实现"两个一百年"奋斗目标和中华民族伟大复兴的重要历史机遇，从实际出发，不固步自封和自我隔离，结合中国国情，与时俱进，灵活调整，在如何推进实施上强化顶层设计，实施网络强国战略、数字中国战略、"互联网＋"行动计划、大数据战略等顶层设计，作出了一系列决策和部署，推动中国网络空间取得令人瞩目的发展和治理成就。

从中国的治理范式演变看，无论是治理理念、治理主体的变化，还是治理议题、治理手段的转变，中国网络空间治理范式并非一成不变和封闭僵化的，而是保持一定的开放空间，灵活、动态调整治理模式，以适应不断变化的网络空间新形势，开创了有别于先发国家的治理路径，积累了坚持党的全面领导、坚持以人民为中心、坚持理论与实际相结合、坚持独立自主和开放合作相平衡等重要治理经验，形成了独特的、综合性的、体系化的网络空间治理道路。

与此同时，这种特殊性还突出表现在治理理念差异上。我国作为发展中国家、社会主义国家的代表，在政治、经济、文化、社会等方面与其他国家特别

---

① 陈家喜、张基宏：《中国共产党与互联网治理的中国经验》，《光明日报》2016 年 1 月 25 日。

是实行资本主义制度的西方发达国家有所不同。西方发达资本主义国家具备明显的先发优势，突出表现在互联网技术、互联网科技巨头、互联网国际规则、网络文化等方面的领先，这对发展中国家来说具有一定吸引力。但随着西方国家对互联网技术"军转民"后的全球推广，同时包藏在这一系列优势背后的社会制度、价值理念和意识形态得到了变相推广和输出。正如美国前总统比尔·克林顿在公开演讲中提到的，"在新世纪，自由将通过手机和电缆调制解调器传播……我们知道互联网给美国带来了多大的改变，我们已经是一个开放的社会。想象一下它可以给中国带来多大的改变……在知识经济中，经济创新和政治赋权都不可避免地齐头并进"①。可见，彼时的美国政府希冀通过"美式互联网"来影响中国政治、经济的发展。

但是，对于这一技术的引进和治理，我国作为社会主义国家并未全盘接受，而是以马克思主义先进理论作为指导，从辩证提出网络空间治理的"十六字方针"，完善形成"新十六字方针"，到习近平总书记关于网络强国重要思想的提出，我国在网络空间治理中发扬和运用了马克思主义科学技术观、马克思主义新闻舆论观、马克思主义社会治理观。也正是基于道路自信、理论自信、制度自信和文化自信，我国近年来在联合国、G20、"一带一路"倡议、亚太经济合作组织、上海合作组织、金砖国家等国际治理机制上展现了负责任的新兴发展大国形象，主张网络主权、网络空间命运共同体等中国理念，积极倡导网络安全、数据安全、数字经济等方面的国际合作，改变网络空间"丛林法则"下"跑马圈地"的无序发展②，推进网络空间国际秩序重构与国际话语重塑。

三、引领性：发挥制度优势，彰显社会主义优越性

我国网络空间治理具有一定的引领性，这是我国社会主义制度优越性在

---

① "Clinton Says Trade Deal and Internet Will Reform China", Mar. 29, 2000, http://www.techlawjournal.com/trade/20000309.htm.

② 秦安、轩传树：《"构建网络空间命运共同体"进程中的"中国时代"》，《网信军民融合》2017 年第 6 期，第 24 页。

网络空间治理领域的具象显现。

其一，发挥"集中力量办大事"①的制度优势，抓住重点，攻破网络空间治理的难点、堵点和痛点。一方面，中国共产党在网络空间治理中发挥着总揽全局、协调各方的领导核心作用，主动适应数字化时代新形势和网络空间新变化，始终引领正确的前进方向，由此建立了统一协调、体系完善、职责明确、开放运行的领导指挥体系，将各类主体凝聚和动员起来，坚持全国一盘棋，形成党委领导、政府管理、企业履责、社会监督、网民自律等多主体参与，经济、法律、技术等多种手段相结合的综合治网格局②。另一方面，走中国特色网络技术创新之路，面向国家重大需求，发挥社会主义市场经济条件下的新型举国体制③优势，形成网络空间核心技术攻关体制，尊重科学规律、经济规律和市场规律，凝心聚力，统筹整合各方力量，坚持开放协同创新，强化有效市场和有为政府的有机结合，作好规划引导和系统布局，解决长期以来包括人才、资金、平台等在内的各类创新资源分散、低端重复等问题④，推进"政产学研用"一体化合作，加快破解芯片、操作系统、工业软件等网络空间核心技术受制于人的局面。

其二，发挥人民主体地位的显著优势，不断利用互联网等信息技术保障和改善民生。我国在进行网络空间治理进程中始终以人民为中心，将人民利益摆在至高无上的地位，这集中体现在治理成果的普惠性和治理手段的大众性上。例如，我国将信息化便民为民、数字普惠思想纳入国家信息化战略、数字经济规划等顶层设计之中（如表5-4所示），开展网络精准扶贫、数字乡村、数字化应用普及、数字化社会公共服务、信息无障碍建设等诸多行动，满足人民群众的多样性数字化需求，增进民生福祉，减少贫富差

① 人民日报理论部编：《讲中国故事 说制度优势》，人民出版社2020年版，第98页。
② 中共中央宣传部编：《习近平新时代中国特色社会主义思想学习纲要》，学习出版社2019年版，第153页。
③ 《中华人民共和国国民经济和社会发展第十四个五年规划和2035年远景目标纲要》，《人民日报》2021年3月13日。
④ 韩保江主编：《"十四五"〈纲要〉新概念——读懂"十四五"的100个关键词》，人民出版社2021年版，第54页。

距，让亿万人民在共享数字红利和互联网发展成果上拥有了更多获得感、幸福感和安全感①。与此同时，我国也重视人民群众在网络空间治理中的重要作用，积极推进全民共治，进一步深化治理成效。

表5-4　国家重大规划中有关数字普惠的战略部署

发布时间	政策文件	主要原则/主旨思想	相关内容
2016年12月	《"十三五"国家信息化规划》	坚持以惠民为宗旨	形成普惠便捷的信息惠民体系，拓展民生服务渠道，创新民生服务供给模式，建设信息惠民工程
2021年3月	《国民经济和社会发展第十四个五年规划和2035年远景目标纲要》	坚持以人民为中心	加快数字社会建设步伐，提供智慧便捷的公共服务，建设智慧城市和数字乡村，构筑美好数字生活新图景
2021年12月	《"十四五"国家信息化规划》	坚持以人民为中心	构建普惠便捷的数字民生保障体系，开展终身数字教育，提供普惠数字医疗，优化数字社保、就业和人力资源服务，丰富数字文旅和体育服务
2022年1月	《"十四五"数字经济发展规划》	坚持公平竞争、安全有序	持续提升公共服务数字化水平，提高"互联网＋"政务服务效能，提升社会服务数字化普惠水平，推动数字城乡融合发展，打造智慧共享的新型数字生活

资料来源：根据新华社、国家发改委官网等内容综合整理。

其三，发挥依法治网根本优势，形成具有引领性的制度成果，为网络强国提供核心保障。法治化是现代化的基本维度和根本标志，从我国全功能接入国际互联网起，我国的网络空间法治化建设道路就已开启。特别是党的十八大以来，党中央、国务院等各部门相继发力，深入贯彻依法治网的理念，不断推进理论创新和实践创新，从数字经济和技术产业发展、数字生活、网络信息内容规范、网络安全保障、网络空间国际合作等方面着力强化

---

① 吴阿娟：《"以人民为中心"亮出网络强国思想价值底色》，澎湃网，2021年4月2日，https://m.thepaper.cn/baijiahao_12024005。

网络空间法治化建设，建立了由法律、行政法规、部门规章、规范性文件、政策文件、标准规范等构成的多层级多领域网络空间法制体系。这既是在实践中形成的具有引领性的制度化成果，又对网络空间治理实践形成了根本性指导。

第三节 发展影响：中国网络空间治理的重大意义

一、实现弯道超车，展现了马克思主义的强大生命力

马克思主义揭示了人类社会发展规律，是认识世界、改造世界的科学真理。[①] 马克思主义经典作家生活的时代，互联网还没有出现，对于网络空间治理这些问题，他们的经典理论不可能给出具体答案。但马克思主义之所以行，既在于它与时俱进，不断吸收人类文明发展成果，也在于中国共产党不断推进马克思主义中国化时代化并用以指导实践[②]。马克思主义科学技术观、马克思主义新闻舆论观、马克思主义国家安全观、马克思主义社会治理思想等一系列理论思想所体现的先进性、人民性、发展性，在我国网络空间治理中得到充分检验和贯彻。而我们党始终坚持和发展马克思主义，在网络空间治理实践中推进马克思主义中国化，不断加强理论创新，形成网络强国思想。这一思想的核心要义包括"时势论""布局论""性质论""驱动论""融合论""命门论""安全论""治网论""体系论""增量论""人才论""共赢论""保证论"，是对马克思主义经典作家一系列理论思想在新时代的继承和发展，是对我国"科学技术现代化"理论、制度与实践的创新发展，是对全球新一轮信息革命的回答和研判，是新时代由"网络大国"向"网络强国"跨越的"行动指南"[③]。

事实上，互联网最早起源于美国军方的阿帕网，是由西方世界主导的信

---

① 《中共中央关于党的百年奋斗重大成就和历史经验的决议》，《人民日报》2021年11月17日。

② 人民日报评论员：《不断推进马克思主义中国化时代化》，《人民日报》2022年1月13日。

③ 徐汉明：《习近平"网络强国"重要论述及其时代价值》，《法学》2022年第4期，第3页。

息革命产物，其所支撑和构建的网络空间也带有一定的资本主义属性。而社会主义国家应如何面对互联网以及进行网络空间治理，各界都有不同的观点和争论。其中存在几种典型的论点：第一种观点是社会主义与以互联网为代表的信息化存在根本冲突，如西方学者阿尔文·托夫勒和曼纽尔·卡斯特曾指出，社会主义与信息化根本对立、无法调和①；第二种观点认为，社会主义国家应当对互联网等信息技术抱有强烈的警觉心，自觉地自我隔离于具有资本主义属性的信息全球化之外，强调互联网是资本主义挑战社会主义的工具，是对社会主义国家进行渗透和剥削的新形式和新途径；第三种观点则指出，社会主义国家应该全盘接受西方的先进技术和治理模式，以此快速推进和实现现代化。显然，上述三种观点均具有一定的局限性，它们限制于固有思维，或忽视了社会主义制度的优越性，轻视了社会主义国家对信息化技术的把握能力；或夸大了西方资本主义国家的全球扩张，过分强调互联网技术本身的意识形态；或根本性舍弃社会主义国家的自主性，盲目模仿，过于依赖西方资本主义的网络空间发展路径。

反观我国的网络空间治理实践，作为较晚进入网络空间的社会主义国家，我国始终坚持马克思主义的基本观点，始终坚持从我国经济社会发展的现实以及网络空间发展的实际出发②，始终坚持马克思主义中国化的理论创新，形成了网络强国思想等重大原创性思想，并实现了网络空间治理的实践创新。而正是因为坚持了马克思主义，我国抓住了互联网迭代发展的历史性机遇，在信息基础设施建设、数字经济、部分核心技术突破等领域实现了"弯道超车"，以信息化驱动经济社会数字化转型，让人民群众在信息化发展中有了更多获得感、幸福感、安全感，在从网络大国迈向网络强国的进程中，真正实现了与具有网络空间先发优势的发达国家在部分领域形成强势竞争。这充分展现了马克思主义的强大生命力，一定程度上也使马克思主义以崭新形象展现在世界上，使世界范围内社会主义和资本主义两

---

① 详见阿尔文·托夫勒《第三次浪潮》、曼纽尔·卡斯特《网络社会的崛起》中的相关论述。
② 郑振宇：《改革开放以来我国互联网治理的演变历程与基本经验》，《马克思主义研究》2019 年第1 期，第 65 页。

种意识形态、两种社会制度的历史演进及其较量发生了有利于社会主义的重大转变①。

二、积累丰富成果，促进了国家治理体系和治理能力现代化

国家治理体系和治理能力现代化②是党和国家提出的一个重大命题。网络空间的交融性、复杂性与重要性，使得网络空间治理成为国家治理以及体现党和政府执政能力的全新领域③，网络空间治理由此成为国家治理的必要环节和组成部分，已渗透到国家治理的各个环节、各个领域。经历中国网络空间治理的不同阶段，中国积累了丰富的治理成果，进一步促进了国家治理体系和治理能力现代化。

一方面，我国信息化与数字化成就斐然，为推进国家治理现代化提供了强大动力。一个国家的信息化、数字化水平已经成为其现代化程度的重要标准，两者之间具有高度的正相关关系。换而言之，没有哪个发达国家是信息化、数字化水平滞后的国家，也少有哪个综合实力靠后的国家能够进入信息化的国际先进行列。我国网络空间治理的丰富成果构筑了新时期国家竞争优势，为国家改革和制度管理能力提供了强大驱动力，从而进一步推动经济社会发展、促进国家治理体系和治理能力现代化、推进社会主义现代化强国建设。可以说，互联网等信息化手段在促进社情民意的高效沟通、加强政策决策的透明度和科学性、提供优质化数字公共服务等国家重要治理议题上发挥着重要作用。例如，近年来，我国推进数据资源共享，加快破除"数据孤岛"，加强数字政务建设，深化"互联网＋"服务。又如，在新冠疫情防控期间，5G、大数据、云计算、人工智能、物联网、区块链等新兴技术发挥了关键作用，电子政务、数字政府推进信息公开、信息发布，线上服务等为民众提供生活及

---

① 《中共中央关于党的百年奋斗重大成就和历史经验的决议》，《人民日报》2021年11月17日。

② 党的十八届三中全会颁布了《中共中央关于全面深化改革若干重大问题的决定》，该决定提出"全面深化改革的总目标是完善和发展中国特色社会主义制度，推进国家治理体系和治理能力现代化"。

③ 阙天舒：《中国网络空间中的国家治理：结构、资源及有效介入》，《当代世界与社会主义》2015年第2期，第163页。

复工保障，数字经济扮演着重要的经济稳定器角色。与此同时，互联网、大数据、人工智能等信息技术在风险监测、预防预控、决策处置、恢复重建等疫情风险治理全生命周期中形成了各类应用创新，如健康码、行程码等，为公共安全事件的事前、事发、事中、事后等不同环节的智能化高效处理提供了基础支撑。

另一方面，我国加快以网络空间治理体系和治理能力现代化，促进国家治理现代化。从网络空间的基本属性看，互联网有着显著的"双刃剑"效应①，且互联网天然的匿名性和去中心化的发展趋势使得传统的治理方式难以有效解决问题。面对这一系列严峻形势，我国没有回避网络空间发展和治理中的问题和矛盾，加快治理形式和治理手段创新，改变传统国家治理中的单向管理思路，强化统筹协调的同时，积极纳入多元主体协同推进，建立完善国家网络空间治理的法规体系、管理体系、监督体系和保障体系，推进网络空间治理的现代化。通过不断强化网络空间治理作为国家治理的有效动能这一正面效应，我国以网络空间治理体系的完善、治理能力的提升、治理经验的积累，加快赋能国家治理现代化。

三、贡献中国智慧，推进全球网络空间治理体系良性变革

中国既是全球互联网发展的受益者，也始终是国际网络空间和平的建设者、发展的贡献者、秩序的维护者。② 在网络空间国际治理方面，我国主张的"网络主权"理念，已经被很多国家特别是发展中国家所接受和践行，"网络空间命运共同体"则为网络空间国际治理和国际合作设定了目标愿景。随着网络空间国际治理进程从原则、主张转向具体秩序的生成，我国也在结合自身实践，在数字经济、互联网内容、信息通信技术供应链、网络军事安全等领域贡献了很多中国智慧③。

---

① 中国网络空间研究院编：《世界互联网发展报告(2019)》，电子工业出版社 2019 年版，第6—7页。

② 中央网络安全和信息化委员会办公室：《习近平总书记关于网络强国的重要思想概论》，人民出版社 2023 年版，第 152 页。

③ 王滢波、鲁传颖：《网络空间全球秩序生成与中国贡献》，《上海对外经贸大学学报》2022 年第 2 期，第 75 页。

　　在数字经济领域,我国致力于促进全球数据实现安全有序的跨境流动。随着世界经济朝着数字化方向转型,国际社会需要共同努力建立具有国际共识、统一框架的方案,来协调数据主权和数据流动需求①。我国基于当前国家安全需要、数字经济产业能力和数据保护水平等基本国情,构建了我国数据资源战略和数据治理能力,促进数据跨境安全、自由流动,并积极参与全球治理,提出制定和参与国际规则的策略方案②。例如,我国提出《全球数据安全倡议》,为各国围绕数据安全和数据合作提供了思路;同时在北京、上海、海南、粤港澳大湾区等地设立了多个数据跨境试点,探索数据跨境流动的最佳实践。

　　在网络内容治理领域,目前网络空间呈现出过度意识形态化趋势,甚至出现了以意识形态为工具来指责和污蔑他国数字技术、产品和企业的现象。这放大了不同政治制度国家之间的意识形态分歧。对此,我国坚决反对在网络空间中滥用意识形态工具,在面对网络空间的差异时,认为各方要防止把网络信息内容传播、网络内容管理制度差异与意识形态问题杂乱无章地联系在一起,避免零和博弈、技术问题政治化、狭隘的技术民族主义等思维模式③;并主张各国应在联合国框架体系下,共同制定网络空间国家行为规范,利用联合国的现有机制缓和、规避大国在网络内容领域中的直接对抗,为不同文明在网络空间中和谐共处提供更加有利的环境。

　　在信息通信技术供应链治理方面,由于信息通信技术产业供应链具有鲜明的特点,其产品和服务通过高度分散的全球供应链实现开发、集成和交付,而技术的缺陷、市场的垄断和地缘政治交织在一起,使得全球数字安全生态呈现恶化趋势,信息通信技术供应链安全也成为全球网络安全领域的主要关切之一。对此,我国持续完善法律法规体系建设,加强自身信息通信技术供

---

① 刘云:《中美欧数据跨境流动政策比较分析与国际趋势》,《中国信息安全》2020 年第 11 期,第 78 页。
② 唐巧盈、杨嵘均:《跨境数据流动治理的双重悖论、运演逻辑及其趋势》,《东南学术》2022 年第 2 期,第 72 页。
③ 赛博研究院:《〈全球数据安全倡议〉重磅发出! 业界专家联合权威解读》,赛博研究院官网,2020 年 9 月 10 日,http://www.sicsi.org.cn。

应链体系建设,同时积极推进建立产业界和国家间的信任基础,倡导以信息通信技术生态的多样性来维护供应链体系的稳定性。

在避免网络空间军事化方面,我国一直强调和平利用网络空间,提倡和平解决网络空间中出现的争端,反对网络空间军事化。我国主张,各方应通过坦诚沟通,建立冲突调解机制、数据安全的规则体系、供应链安全稳定体系,参与和支持联合国框架下的网络空间国际规则制定。例如,中国已在联合国《特定常规武器公约》第六次审议大会上提交了《中国关于规范人工智能军事应用的立场文件》,聚焦人工智能军事应用涉及的研发、部署、使用等重要环节,并就如何在军事领域负责任地开发和利用人工智能技术提出解决思路①。

四、拓展发展途径,尤其为广大发展中国家提供了全新选择

不可否认,中国的网络空间治理道路不仅对中国实现现代化有着重要的推进作用,而且具有显著的全球"外溢效应"。中国网络空间治理的理论探索和实践经验,为全球网络空间规则、秩序和格局重塑贡献了重要的理论源泉和生动实践,也为广大发展中国家提供了全新选择,从而有利于全球网络空间朝着更为和平、安全、开放、合作、有序的方向前进。从这个层面来说,中国的网络空间治理具有世界意义。

在全球网络空间治理进程中,发达国家的治理模式可谓开了先河,但不能因为其具有先发优势就认定这种治理模式是领先成熟且普适通用的。提出"软实力"(soft power)概念的约瑟夫·奈指出了信息技术对权力机制的影响,并进一步提出了"网络权力"(cyber power)的概念,强调政府、高度网络化的组织、个人等在网络空间中的参与权力分配②。而从今天的现实情况看,一些发达国家、跨国科技巨头等依托技术、人才、语言、市场、规则等优势在网络空间治理方面推行所谓的"互联网自由",在全世界的"信息博弈"中占据主

---

① 聂晓阳、陈俊侠:《中国首次就规范人工智能军事应用问题提出倡议》,新华网,2021 年 12 月 14 日,http://www.xinhuanet.com/2021-12/14/c_1128160251.htm。

② 〔美〕约瑟夫·奈:《权力大未来》,中信出版社 2012 年版,第 171—184 页。

导地位，而非西方国家的民众长期面临着西方媒体的"灌输"和隐形的"思想控制"①。事实上，美国前国务卿希拉里发表全球互联网战略演讲，进一步阐述"互联网自由"理念，并以突尼斯、埃及事件为例，渲染所谓"互联网具有的变革性力量"，明确表示美国将采取"外交与技术手段相配合的方式推进互联网自由"②。可见，拥有绝对技术优势的美国准备以较低的成本实现其核心国家利益——霸权的稳定，并把网络意识形态渗透视为高效的方式③。这实质上是一些发达国家借助看似自由的互联网发展和治理模式向发展中国家输出其意识形态，甚至颠覆他国政权的典型做法。

因此，对发展中国家来说，发达国家的网络空间治理模式可能并不适应其发展国情，若盲目套用可能引发更为深层的政治危机和社会稳定问题。从中东到北非，从乌克兰、埃及、叙利亚到泰国、哈萨克斯坦，诸多主权国家的民众在外国网络政治势力的影响下走上了街头大搞"颜色革命"，严重影响本国社会稳定和日常生产生活。而中国网络空间的发展理念、发展经验则对其具有重大启示，特别是中国在习近平总书记关于网络强国的重要思想指引下，形成了一个强有力的组织保障、完备系统的制度保障，在治理实践中高度重视网络空间意识形态斗争，并综合运用多种方法和手段，走出了一条具有中国特色的网络空间治理自主发展道路。这大大提振了发展中国家的战略定力和战略信心，一定程度上遏制了西方资本主义的网络霸权扩张，对后发国家开展网络空间治理具有重要借鉴意义。事实上，在实践层面，当前越来越多的发展中国家（如越南、西非国家）正在追随中国的脚步，借鉴我国网络空间治理经验，并基于本国国情，形成了其独有的治理模式。

这一点同样体现在发达国家对中国网络空间治理理念的参考借鉴上。以网络主权理念为例，尽管其理论内涵和治理边界在国际上存在争议，但维护网

---

① 文学：《当代美国全球霸权：历史缘起、现实支柱及其再审视》，《南京政治学院学报》2014 年第 5 期，第 86 页。
② 方兴东、胡怀亮：《网络强国：中美网络空间大博弈》，电子工业出版社 2014 年版，第 157 页。
③ 马立明：《从信息全球化到信息地缘政治：互联网思维逻辑的演进与趋势》，《国外社会科学》2021 年第 6 期，第 93 页。

络主权日益得到更多国家的认同。发达国家方面，近年来，欧盟提出了"数字主权""技术主权""数据主权"等理论和概念，旨在减少对外国科技巨头的过度依赖，强化欧洲数字空间的独立自主性，保护欧洲人管理自己网络和数字空间的自由。而国外智库界的一些研究也借鉴了网络主权的概念，指出为了促进公共利益，发达国家需要对其社会/经济生活所依赖的交通和通信网络进行有效控制的原则——至少是应用于网络基础设施领域的国家主权①。

值得注意的是，中国的网络空间治理道路和治理经验是一种寓于特定领域、特殊情境但具有一般指导意义的方法论，中国网络空间治理之道的真正价值不是手把手教别人做什么，而是提供一面镜子，令不同政体通过这面镜子看到自己，对照镜子中的自己寻找并发现可以借鉴的经验，然后根据自己国家的国情来设计发展道路。②

本 章 小 结

可以看到，从现实社会到网络空间，人类社会的历史在不断演进和能力扩张中曲折前进。③ 在这个发展过程中，中国网络空间治理历经预备期、起步期、发展期、深化期，特别是党的十八大以来，随着网络强国战略的提出和实施，取得了重要进展，为全球网络空间治理贡献了中国智慧。本章则是对中国网络空间治理经验、特点和意义的分析阐述。

其中，坚持党对网络空间治理的领导、坚持以人民为中心的发展思想、坚持理论创新与治理实践并举、坚持独立自主和开放合作相平衡是中国网络空间治理的四大宝贵经验。其路径特点可概括为普遍性、特殊性、引领性这"三

---

① Andrew Clement，"Canadian Network Sovereignty：A Strategy for Twenty-first-century National Infrastructure Building"，Mar. 26，2018，https://www.cigionline.org/articles/canadian-network-sovereignty.

② 彭波、张权：《中国互联网治理模式的形成及嬗变(1994—2019)》，《新闻与传播研究》2020年第8期，第64页。

③ 秦安、轩传树：《"构建网络空间命运共同体"进程中的"中国时代"》，《网信军民融合》2017年第6期，第25页。

性"，具体包括：把握历史脉络，遵循网络空间治理的一般性规律；立足世情、国情、党情，创新治理范式；发挥制度优势，彰显社会主义优越性。在发展影响方面，中国网络空间治理道路的重大意义主要有：实现弯道超车，展现了马克思主义的强大生命力；积累丰富成果，促进了国家治理体系和治理能力现代化；贡献中国智慧，推进全球网络空间治理体系良性变革；拓展发展途径，尤其为广大发展中国家提供了全新选择。

与此同时，我们也应清楚地看到当前中国的网络空间治理道路并非一成不变，治理实践也不是完美无缺的。善弈者谋势，不善弈者谋子，如何更好把握中国网络空间治理的内涵，积极推进中国方案，也成为当前和未来一个重要的研究议题。对此，本书将在结语部分作相关探讨，以期为深化中国网络空间治理理论，构建更高层次、更高水平的网络空间治理新格局，加快实现网络强国贡献理论支撑。

结　语

　　"到底什么是互联网？我们该如何理解我们的日常世界中这个无处不在和熟稔无比的特征？互联网能做什么，在它能做的事情当中，哪些是崭新的？它又引发了什么新的伦理、社会和政治能力？它使得什么东西过时了，成为问题，甚至变得不可能？随着我们周围的世界不断重组，我们称为互联网的那个社会-技术组合对于构成我们居住之地的许多熟悉的假设以及想象都提出了关键挑战。"①这是麻省理工学院媒体实验室的发起人尼古拉·尼葛洛庞帝在1995年发布的《数字化生存》一书中所提出的问题，也是其关于旧制度与数字革命的"冲突"的一种思考。彼时，我国刚全功能接入国际互联网不久，对于互联网将带来何种机遇与挑战还未可知，但相关网络空间发展和治理的脚步已经开启。历经了近三十年的发展，我国走出了一条中国特色网络空间治理道路，但当前，学术界对于这条道路的理论脉络、历史变革、中外异同、国际评价、具体内涵等关键议题研究仍显不足，系统回答"何为中国网络空间治理之道"的必要性和重要性日益凸显，其核心关涉的是复杂的国际政治经济环境下中国的道路自信、理论自信、制度自信、文化自信。

一、中国网络空间治理的再思考

　　网络空间治理是一项复杂的社会系统工程。随着复杂融合、紧张激烈的国际竞争，中国正从网络大国迈入网络强国，网络空间治理的"中国特色"不

---

① ［美］尼古拉·尼葛洛庞帝：《数字化生存（20周年纪念版）》，电子工业出版社2017年版，第19—20页。

断强化,其与时俱进的理论体系与丰富内涵已然形成。

第一,中国网络空间治理具有深刻的理论渊源。中国马克思主义中国化的发展路径也伴随着中国网络空间治理理论的发展。早期马克思主义经典作家对于科学技术发展、新闻舆论传播、社会治理等议题的论述和日益与现实社会融合的网络空间密切相关,而历届党和国家领导人的思想理论以及其对于网络空间治理的一系列重要论述,特别是习近平新时代中国特色社会主义思想以及习近平总书记关于网络强国的重要思想,为中国网络空间治理在理论指导层面增添了发展源动力。

第二,中国网络空间治理经受了实践的检验。中国网络空间治理经历了预备期、起步期、发展期和深化期的历史演变,这一过程中治理对象从互联网本身的"双刃剑"效应转向网络空间与现实空间交融的政治、经济、文化、社会等多维议题;治理主体从单一的党和政府为绝对管理力量转向互联网领导管理体制的"自适应"调整、多元主体积极参与的治理结构;治理方式则从政策行政主导演变为法律、经济、技术等多手段结合。历经了发展变革,中国网络空间治理取得了巨大的成就,同时也存在一些问题。

第三,中国网络空间治理在治理范式和治理路径上同其他国家和地区存在异同点。其中,我国网络空间的治理理念、治理主体结构与国外有较大差异,但两者的治理对象和治理方式,则呈现越来越趋同的态势。在治理理念方面,网络空间中的先发国家倾向于延续原有的网络空间治理机制,推行多利益相关方模式治理,中国则倡导在联合国体系下主权国家作为主导力量参与网络空间治理;在治理主体方面,当前具有代表性的两类治理主体结构为"三角互动"结构和"同心圆"结构;在治理对象方面,中外治理议题均涵盖发展议题和安全议题,并未有显著差异,且治理对象逐渐从物理网络层、传输网络层的技术性议题转向应用网络层和行为网络层,并与现实社会相融合;在治理方式方面,中外网络空间治理方式存在相互借鉴的趋势,法律、行政、经济、技术、自律等多种治理手段均被综合运用其中。

第四,中国网络空间治理在国际上具有多种评价。当前国际社会关于中国网络空间治理存在多种论调:"崛起扩张论"是一种陷于既有思维的误读,其主要从"崛起"和"扩张"两方面来审视中国网络空间发展和治理的独特性与正当性,但并未从中国的国情出发来分析;"威胁控制论"则是一种充满意识形态的谬论,通过妖魔化政府的治理方式,污名化相关治理技术,基于单一政治归因质疑和推测中国将对全球网络空间形势构成威胁;"发展互动论"则聚焦中国何以形成当前的网络空间治理道路,并试图从中国的历史进程和现实国情出发开较为中性的阐述。对此,我们应客观看待基本事实和既有差异,积极理性面对褒奖和质疑。

第五,中国网络空间治理之道的内涵丰富,具有历史性、现实性和世界性的重大意义。中国网络空间治理的内涵集中体现在坚持党对网络空间治理的领导、坚持以人民为中心的发展思想、坚持理论创新与治理实践并举、坚持独立自主和开放合作相平衡等"四个坚持"的发展经验,以及具有普遍性、特殊性、引领性这"三大特性"上。而在发展影响方面,中国特色网络空间治理道路生动地展现了马克思主义的强大生命力,促进了国家治理现代化,推进国际网络空间治理体系良性变革,拓展全球网络空间治理的发展途径,尤其为广大发展中国家提供了全新选择。

然而,我们也应清楚地看到目前中国的网络空间治理情况并非完美。一方面,中国的网络空间治理路径是在遵循一般规律的前提下,结合中国国情和时代特征开展的治理。因此,相关的发展路径不是一成不变的,其也在历史潮流中依势而行,不断演化和进步。另一方面,在具体实践层面,与具有先发优势的部分网络空间强国相比,中国的网络空间治理也具有一定的挑战,如在政策执行上,存在认知偏差、僵化控制的思维尚未完全破除、路径依赖和管理机制碎片化依旧存在、审核机制的透明度有待提升、运动式执法时有显现、易采取消极防守的治理策略、对于新兴议题应对不足等问题。此外,对于"中国特色"的国内外理解仍存在较大分歧,大国之间信息科技竞争博弈日趋激烈,网络空间意识形态斗争不断。未来,随着中美"冷接触"和"热竞争"同时上演,网络空间的技术和产业竞争、意识形态斗争甚至网络冲突将进一步凸显,这也对中国网络空间治理工作提出了全新要求。

风雨兼程,继往开来,中国应在习近平新时代中国特色社会主义思想特别是习近平总书记关于网络强国重要思想的指引下，准确把握网络空间治理规律，充分发挥中国特色社会主义的制度优势，积极推进网络空间治理的中国方案，为全面建设社会主义现代化强国作出应有贡献。

二、积极推进网络空间治理的中国方案

习近平总书记关于网络强国的重要思想是中国特色社会主义治网之道的理论升华和全局统筹[①]，是应对日益严峻的网络安全风险挑战的全局性策略和系统性方案，是彰显网络空间治理"中国特色"的科学总结和集中体现。该思想的形成和发展折射出波谲云诡的"百年未有之大变局"的深刻时代背景，揭示了中国共产党三次"于危机中育新机，于变局中开新局"的成功秘诀，以及引领"中国之治"由站起来、富起来向强起来的实践方向，从而为世界提供了构建互联互通、共享共治网络空间命运共同体的中国方案[②]。

一方面，我国要强化顶层设计，坚定不移走中国网络空间治理道路。

随着网络强国战略、数字中国战略、网络主权、网络空间命运共同体理念的提出，以及《网络空间国际合作战略》《网络安全法》《数据安全法》《个人信息保护法》等重要文件的发布，加之涵盖信息技术、数字经济、网络安全与数据安全、网络内容等网络空间各个领域的法规、标准的出台，中央网信委和相关机构成立及互联网管理体制理顺，我国网络空间治理的制度设计已经基本完成。

然而，当前全球网络空间治理面临诸多复杂交融的现实问题，涉及科技竞争、软实力、地缘政治、制度价值多个层面，这就要求我国进一步强化顶层设计。对此，我国应把握新一轮信息革命时代潮流，着眼战略和全局需要，继续强化顶层设计，全面贯彻习近平新时代中国特色社会主义思想特别是习近平总书记关于网络强国的重要思想，坚持党对网络空间治理的领导、以人民为中心的发展思想、理论创新与治理实践并举、独立自主和开放合作相平衡

---

① 李亚鹏：《习近平关于建设网络强国的重要论述研究》，硕士学位论文，长春理工大学，2019 年。

② 徐汉明、李辉：《习近平关于网络强国的重要思想的理论渊源、核心要义及其总体性特征》，《经济社会体制比较》2022 年第 1 期，第 25 页。

等中国网络空间治理的发展经验,在网络空间的理论研究、制度体系、法制建设、技术创新、数字经济、网络安全、内容治理、国际合作等领域强化战略决策,科学谋划,走出一条中国特色的网络空间治理之道。

例如,对于网络空间综合治理的顶层设计,其背后的一系列紧密协同的制度设计和模式机制至关重要(如图 6-1 所示),我国可在治理思想、治理主体、治理对象、治理方式等方面进一步深化。总体来看,该框架在保障各方参与互动的同时,强调政策制定者的主导性与顶层设计,结合"自上而下"和"自下而上"的混合治理模式,提出两种关键机制(信任机制、权责机制),五类治理主体(党委、政府、企业、社会、网民),五种权责关系(党委/领导责任、政府/监管责任、企业/平台责任、社会/监督责任、网民/自律责任),以及五大治理手段(法律、行政、经济、技术、道德)。这种治理理念的时代化、治理主体的多元化、治理手段的多样化、治理权责的清晰化、治理过程的协同化、治理资源的共享化①共同提高了网络空间治理的整体效应。

另一方面,我国需抓住若干关键领域,系统打造中国网络空间治理体系。

在核心技术突破上,发挥新型举国体制优势,加快实现高水平科技自立自强。其一,立足国内大循环构建核心技术供应链体系,从国家安全的高度着眼,短期内注重化解少数国家科技脱钩带来的技术应急和技术保障问题,长期则要避免技术锁死而导致的社会经济发展停滞②;支持建立"政产学研用"深度合作的协同攻关机制,同时注重国内数字经济市场的培育和引导,积极通过内循环发挥国内超大规模市场优势,加快核心技术突破。其二,加快打造技术要素国内国际双循环的枢纽功能,进一步加强统筹协调,推进多部门协同,强化上海临港、海南、粤港澳等地国内国际要素流动的枢纽功能,通过政策创新和市场开放,建设和引进国际化开源项目和开源社区;提前布局 5G、人工智能、芯片等关键领域的技术标准、安全能力与监管体系,重点

---

① 韩志明、刘文龙:《从分散到综合——网络综合治理的机制及其限度》,《理论探讨》2019 年第 6 期,第 32 页。

② 李彦、曾润喜:《新冠疫情会成为国际互联网治理制度变迁的新节点吗? ——制度变迁、中美冲突与国家安全因应》,《情报杂志》2020 年第 9 期,第 114 页。

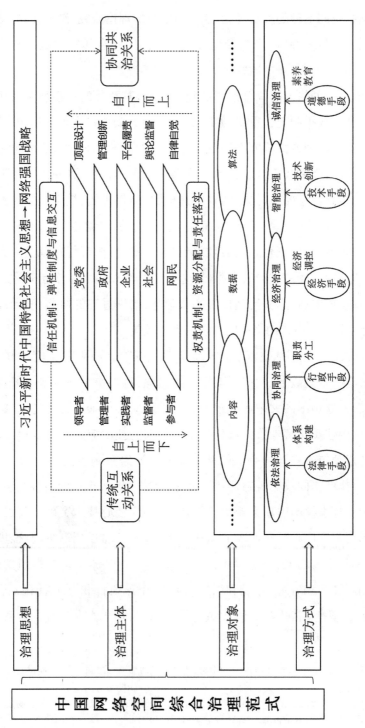

图 6-1 中国网络空间综合治理范式框架

围绕关键信息基础设施领域以及重要行业需求,推动相关企业、协会等机构围绕技术需求和业务场景制定国家标准和国际标准,积极主导规则制定话语权。

在网络信息内容治理上,开展网络综合治理,破除僵化控制思维,攻守兼备。其一,强化党的领导,推进社会动员,落实多元主体协同共治,其中,党委领导是网络治理沿着正确方向前进的保障,政府管理是主导依法治网进程的基本要求,互联网企业履行平台责任是关键的环节,社会监督和网民自律是重要基础。其二,破除"一刀切"的技术治理方式,深入贯彻习近平总书记关于网络空间"三个地带论"的治理理念,形成精细化治理。其三,密切跟踪新技术发展趋势,积极防范和应对 Web3.0、"元宇宙"、推荐算法、生成式人工智能、区块链、量子计算等带来的内容风险与挑战。其四,充分借鉴国际先进经验,采取刚柔并济、疏堵结合的灵活治理手段。以依法治理为根本,强化制度设计和规则透明性,结合技术、经济、伦理、道德、行业监督等多种手段,这既坚守了意识形态安全底线,又能达到"润物细无声"的治理效果。

在网络安全治理上,全面践行总体国家安全观,坚持系统思维,夯实网络安全保障能力。其一,统筹安全与发展,将网络安全工作贯穿落实到信息化建设的全过程和各领域。其二,加强依法治理,在《网络安全保护法》《数据安全法》《个人信息保护法》等指导下,推进落实网络安全等级保护、关键信息基础设施保护、数据安全保护、数据安全出境评估、个人信息保护、信息技术应用创新、商用密码规范应用等规范制度。其三,推进多元主体参与治理,发挥企业、高校、科研机构等的作用,加快网络安全关键核心技术攻关,大力培养网络安全人才,支持网络安全产业发展,提高全民网络安全意识。

在互联网国际治理上,强化开放合作,推进构建网络空间命运共同体。其一,加强网络强国战略与网络空间国际战略之间的互动,提高决策者对于网络空间安全、发展与开放之间关系的认知[1],基于"四项原则"和"五点

---

① 鲁传颖:《网络空间治理的力量博弈、理念演变与中国战略》,《国际展望》2016 年第 1 期,第 134 页。

主张"制定更加符合客观规律的发展政策，又能回避西方所谓的"模式输出"的污蔑。其二，以网络主权理论为基础，在理念上通过多种方式积极回应发展中国家对网络空间治理的诉求，将其纳入我国相关治理机制改革推进战略与政策的整体考虑之中。其三，在实践中将发展中国家的基础设施建设和网络安全能力建设作为国际交流合作的重要内容，共同打击网络犯罪，在安全事件预警、威胁信息共享、数字经济建设、弥合数字鸿沟等方面加强合作，并依托"一带一路"倡议、金砖国家、上海合作组织等国际机制加以推进。其四，在联合国机制下通过多边、双边合作，打破霸权话语对现有网络空间治理的固化和束缚，对网络安全的概念、规范进行建构，对自身的主张进行合法化表述，以达到明确主张、团结朋友和驳斥霸权的目的①，推动完善网络空间国际规则。

在人才保障上，打造高素质、高水平的网络空间治理人才队伍。一方面，加强网络空间人才培引，聚焦前沿和关键领域，通过产学研合作等形式培育大量具有自主创新能力的优秀人才；加大扶持和投入力度，打造人才创新创业高地；以重大专项和重大工程为依托，面向全球加大对高精尖国际性人才的引进力度；通过技能大赛、创新创业大赛、新型职业认证等挖掘和吸收一批实干型和应用型人才。另一方面，加快完善网络空间人才评价体系，制定适应互联网人才发展的政策，吸引更多优秀人才投身网络空间治理工作，建立灵活的人才激励机制和认证体系。

在国际传播上，正本清源，塑造中国网络空间治理良好形象。当前，西方国家以英语的全球普及、强大的技术能力、发达的新闻媒体等垄断网络信息的发布与传播，总体上对我国网络空间治理充满了意识形态偏见。对此，我国要加强中国网络空间治理工作的国际话语能力，强化国际议程设置，组织我国互联网企业、技术专家、专业智库、媒体等多方力量，针对一些西方国家对我国网络空间治理工作持续抹黑打压进行系列性的专业讨论，通过在国际媒体发文、发布专业性报告、组织在线论坛等向国际社会发声，立足事实，据

---

① 赵瑞琦：《全球网络治理改革：崛起国的路径选择》，《学术界》2021 年第 1 期，第 56 页。

理力争,逐步影响国际社会对中国网络强国建设、中美竞争的认知和态度,在国际战略博弈中锻造我国国际舆论引导力和传播力。同时,进一步改进传播方式,可依托"广结好友"(如与知华友人建立密切的互利伙伴关系)、"借船出海"(如与外国媒体建立友好商业关系以报道中国)、新兴媒体载体(如开设国际社交网络平台账号)等方式主动设置和引导议题,采用国际化、故事化、富有人情味的表达方式和叙事风格,不断扩大中国的"朋友圈",通过中国网络空间治理的传播,全面阐述我国网络空间治理的发展观、文明观、安全观、人权观、国际秩序观和全球治理观。①

三、未来深化研究的方向

本书聚焦"何为中国网络空间治理之道"这一关键议题,坚持马克思主义的立场与观点,系统梳理和总结中国网络空间治理的历史演变及其特点,从域内和域外双重视角对中国网络空间治理作出评价,并结合全球主要国家和地区在典型议题上的治理实践,比较发现其治理框架和治理路径的异同之处以及背后的机制和机理。基于上述分析,本书在最后归纳中国网络空间治理的宝贵经验、路径特点、历史意义,全面总结中国特色网络空间治理道路,并提出如何更好推进网络空间治理的中国方案,以期回答开头提出的"元问题"。但遗憾的是,面对网络空间治理这样一个跨学科的研究议题,囿于个人能力、视野和实践水平,尽管已作了较多努力,但在议题把握、理论的运用和研究深度上仍然有所欠缺,这导致本书存在诸多不足。

未来,笔者将进一步深化中国网络空间治理道路的研究,一方面将沿着马克思主义中国化的路径,进一步结合中国文化和治理传统、西方治理理论,丰富中国网络空间治理理论。例如,著名汉学家费正清曾指出,一个统一的中国,是历代的人民为之奋斗的理想,也是中国一直以来的、根深蒂固的传

---

① 张莉:《加强国际传播建设,提升全球治理中的中国国际话语权》,光明思想理论网,2021 年 6 月 9 日,https://theory.gmw.cn/2021-06/09/content_34910538.htm。

统，只有一个统一的中央政府才能维持这种传统。① 而对于网络空间的治理必然会继承和延续一部分中国的国家治理传统，这对理解我国当前形成的"一核多主体协同互动"的"同心圆"治理结构有着重要的启发意义。而国外自下而上的"多利益相关方"治理模式也给中国完善网络空间国际治理和国际合作的理论和实践带来了启示。

另一方面，笔者将在把握宏观视野的基础上，见微知著，结合具体案例和分析调研，针对当前网络空间治理中存在的突出问题，从中微观层面提出更有针对性、实践性的发展建议，更好阐释"中国网络空间治理的理论与实践"这一宏大命题。例如，可就跨境数据流动治理这一具体议题，分析国内外的政策取向，调研跨境电商、大数据、人工智能等领域的互联网企业，实地走访上海、北京、海南、广东等开展跨境试点的自贸区，并采访相关政策制定者、学者、业界专家，由此分析中国跨境数据流动治理的现状、问题、特点和经验，并结合国际经验，系统总结跨境数据流动治理的中国方案。

---

① ［美］罗德里克·麦克法夸尔、［美］费正清：《剑桥中华人民共和国史》，中国社会科学出版社1998年版，第18—25页。

参 考 文 献

一、图书

1. 《马克思恩格斯全集(第 1 卷)》,人民出版社 1956 年版。
2. 《马克思恩格斯全集(第 1 卷)》,人民出版社 1995 年版。
3. 《马克思恩格斯全集(第 2 卷)》,人民出版社 1957 年版。
4. 《马克思恩格斯全集(第 3 卷)》,人民出版社 2002 年版。
5. 《马克思恩格斯全集(第 10 卷)》,人民出版社 1998 年版。
6. 《马克思恩格斯全集(第 19 卷)》,人民出版社 1963 年版。
7. 《马克思恩格斯全集(第 22 卷)》,人民出版社 1956 年版。
8. 《马克思恩格斯全集(第 25 卷)》,人民出版社 2001 年版。
9. 《马克思恩格斯全集(第 28 卷)》,人民出版社 2018 年版。
10. 《马克思恩格斯全集(第 37 卷)》,人民出版社 2019 年版。
11. 《马克思恩格斯全集(第 46 卷下)》,人民出版社 1980 年版。
12. 《马克思恩格斯选集(第 1 卷)》,人民出版社 2012 年版。
13. 《马克思恩格斯选集(第 2 卷)》,人民出版社 2012 年版。
14. 《马克思恩格斯选集(第 3 卷)》,人民出版社 2012 年版。
15. 《马克思恩格斯选集(第 4 卷)》,人民出版社 1995 年版。
16. 《列宁全集(第 3 卷)》,人民出版社 1959 年版。
17. 《列宁全集(第 4 卷)》,人民出版社 1984 年版。
18. 《列宁全集(第 12 卷)》,人民出版社 1987 年版。
19. 《列宁全集(第 31 卷)》,人民出版社 1986 年版。
20. 《列宁全集(第 34 卷)》,人民出版社 1985 年版。
21. 《列宁选集(第 3 卷)》,人民出版社 1972 年版。
22. 《毛泽东文集(第 1 卷)》,人民出版社 1993 年版。
23. 《毛泽东文集(第 2 卷)》,人民出版社 1993 年版。
24. 《毛泽东文集(第 8 卷)》,人民出版社 1999 年版。
25. 《毛泽东选集(第 3 卷)》,人民出版社 1991 年版。
26. 《毛泽东著作专题摘编(上)》,中央文献出版社 2003 年版。
27. 《毛泽东著作专题摘编(下)》,中央文献出版社 2003 年版。
28. 《邓小平文选(第 2 卷)》,人民出版社 1994 年版。

29.《邓小平文选(第 3 卷)》，人民出版社 1993 年版。

30.《江泽民论有中国特色社会主义(专题摘编)》，中央文献出版社 2002 年版。

31.《江泽民文选(第 1 卷)》，人民出版社 2006 年版。

32.《江泽民文选(第 3 卷)》，人民出版社 2006 年版。

33. 江泽民：《高举邓小平理论伟大旗帜，把建设有中国特色社会主义事业全面推向二十一世纪》，人民出版社 1997 年版。

34. 江泽民：《论科学技术》，中央文献出版社 2001 年版。

35. 江泽民：《论"三个代表"》，中央文献出版社 2001 年版。

36. 江泽民：《论中国信息技术产业发展》，上海交通大学出版社 2009 年版。

37.《胡锦涛文选(第 2 卷)》，人民出版社 2016 年版。

38. 胡锦涛：《在人民日报社考察工作时的讲话》，人民出版社 2008 年版。

39.《习近平谈治国理政(第一卷)》，外文出版社 2018 年版。

40. 习近平：《论党的宣传思想工作》，中央文献出版社 2020 年版。

41.《国家信息化发展战略纲要》，人民出版社 2016 年版。

42.《中国共产党第十八届中央委员会第三次全体会议文件汇编》，人民出版社 2013 年版。

43.《中共中央关于构建社会主义和谐社会若干重大问题的决定》，人民出版社 2016 年版。

44. 国家互联网信息办公室、北京市互联网信息办公室编著：《中国互联网 20 年·网络大事记篇》，电子工业出版社 2014 年版。

45. 人民日报理论部编：《讲中国故事 说制度优势》，人民出版社 2020 年版。

46. 中共党史和文献研究院编：《习近平关于网络强国论述摘编》，中央文献出版社 2021 年版。

47. 中共中央办公厅法规局编：《中国共产党党内法规汇编》，法律出版社 2021 年版。

48. 中共中央文献研究室编：《建国以来重要文献选编(第 8 册)》，中央文献出版社 1994 年版。

49. 中共中央文献研究室编：《江泽民思想年编(1989—2008)》，中央文献出版社 2010 年版。

50. 中共中央文献研究室编：《十七大以来重要文献选编(中)》，中央文献出版社 2011 年版。

51. 中共中央文献研究室编：《十五大以来重要文献选编(下)》，人民出版社 2003 年版。

52. 中共中央宣传部编：《习近平新时代中国特色社会主义思想学习纲要》，学习出版社 2019 年版。

53. 中共中央宣传部编：《习近平新时代中国特色社会主义思想学习问答》，学习出版社 2021 年版。

54. 中华人民共和国国务院新闻办公室：《中国互联网状况》，人民出版社 2010 年版。

55. 中央社会治安综合治理委员会办公室编：《社会治安综合治理工作读本》，中国长安出版社 2009 年版。

56. 中央网络安全和信息化委员会办公室：《习近平总书记关于网络强国的重要思想概

论》，人民出版社 2023 年版。

57. 方兴东、胡怀亮：《网络强国：中美网络空间大博弈》，电子工业出版社 2014 年版。

58. 韩保江主编：《"十四五"〈纲要〉新概念——读懂"十四五"的 100 个关键词》，人民出版社 2021 年版。

59. 韩立红：《中国共产党的社会管理创新之道》，人民出版社 2017 年版。

60. 黄相怀：《互联网治理的中国经验：如何提高中共网络执政能力》，中国人民大学出版社 2017 年版。

61. 惠志斌：《全球网络空间信息安全战略研究》，上海世界图书出版公司 2013 年版。

62. 阚道远：《中国越南互联网治理比较研究》，人民日报出版社 2019 年版。

63. 马俊等：《中国的互联网治理》，中国发展出版社 2011 年版。

64. 彭兰：《网络传播概论（第四版）》，中国人民大学出版社 2017 年版。

65. 乔兆红：《现代化的中国逻辑》，新华出版社 2019 年版。

66. 全国干部培训教材编审指导委员会编写：《全面建成小康社会与中国梦》，人民出版社、党建读物出版社 2015 年版。

67. 邵华泽：《马克思主义新闻观及其在当代中国的运用和发展》，人民出版社 2009 年版。

68. 谭文华：《科技政策与科技管理研究》，人民出版社 2011 年版。

69. 王世伟、李安方主编：《国外社会科学前沿》，上海人民出版社 2015 年版。

70. 夏赞君、卿明星：《马克思主义新闻观教程》，湖南科学技术出版社 2005 年版。

71. 杨剑：《数字边疆的权力与财富》，上海人民出版社 2012 年版。

72. 杨秀：《依法治国背景下的网络内容监管》，电子工业出版社 2017 年版。

73. 张平主编：《中国改革开放：1978—2008·综合篇（下）》，人民出版社 2009 年版。

74. 赵宏瑞：《网络主权论》，九州出版社 2017 年版。

75. 郑永年：《技术赋权：中国的互联网、国家与社会》，东方出版社 2014 年版。

76. 中国网络空间研究院编：《世界互联网发展报告（2019）》，电子工业出版社 2019 年版。

77. 钟忠：《中国互联网治理问题研究》，金城出版社 2010 年版。

78. 周宏仁：《信息革命与信息化》，人民出版社 2001 年版。

79. ［美］阿尔文·托夫勒：《第三次浪潮》，中信出版社 2018 年版。

80. ［美］丹·席勒：《数字资本主义》，江西人民出版社 2001 年版。

81. ［美］丹·席勒：《信息资本主义的兴起与扩张：网络与尼克松时代》，北京大学出版社 2018 年版。

82. ［美］凯文·凯利：《失控：全人类的最终命运和结局》，中信出版社 2015 年版。

83. ［美］劳拉·德拉迪斯：《互联网治理全球博弈》，中国人民大学出版社 2017 年版。

84. ［美］罗德里克·麦克法夸尔、［美］费正清：《剑桥中华人民共和国史》，中国社会科学出版社 1998 年版。

85. ［美］曼纽尔·卡斯特：《网络社会的崛起》，社会科学文献出版社 2003 年版。

86. ［美］米尔顿·穆勒：《从根上治理互联网：互联网治理与网络空间的驯化》，电子工业出版社 2019 年版。

87. ［美］尼古拉·尼葛洛庞帝：《数字化生存（20 周年纪念版）》，电子工业出版社 2017 年版。

88. ［美］约瑟夫·奈：《权力大未来》，中信出版社 2012 年版。

89. ［瑞士］约万·库尔巴里贾：《互联网治理》，清华大学出版社 2019 年版。

90. Blayne Haggart, Natasha Tusikov, and Jan Aart Scholte, *Power and Authority in Internet Governance Return of the State?*, London：Routledge, 2021.

91. Carol Glen, *Controlling Cyberspace: The Politics of Internet Governance and Regulation*, New York：Praeger, 2017.

92. David Sheff, *China Dawn: The Story of a Technology and Business Revolution*, New York：Harper Collins Inc., 2002.

93. Guobin Yang (ed.), *China's Contested Internet*, Copenhagen：NIAS Press, 2015.

94. Iginio Gagliardone, *China, Africa, and the Future of the Internet*, London：Zed Books, 2019.

95. Jack Goldsmith, Tim Wu, *Who Controls the Internet? Illusions of Borderless World*, New York：Oxford University Press, 2006.

96. Joseph Nye, *Perspectives for a China Strategy*, Washington：National Defense University Press, 2020.

97. Kieron O'Hara, Wendy Hall, *Four Internets: Data, Geopolitics, and the Governance of Cyberspace*, New York：Oxford University Press, 2021.

98. Laura Denardis, Derrick Cogburn, Nanette S. Levinson, and Francesca Musiani (eds.), *Researching Internet Governance: Methods, Frameworks, Futures*, Massachusetts：The MIT Press, 2020.

99. Lee C. Bollinger, Agnès Callamard, *Regardless of Frontiers: Global Freedom of Expression in a Troubled World*, New York：Columbia University Press, 2021.

100. Nigel Inkster, *China's Cyber Power*, London：The International Institute for Strategic Studies, 2015.

101. Yu Hong, *Networking China: The Digital Transformation of the Chinese Economy*, Chicago：University of Illinois Press, 2017.

二、论文

1. 《1994 年中国首次接入互联网》，《创新科技》2009 年第 10 期，第 54 页。

2. 《国家经济信息化联席会议》，《电子科技导报》1994 年第 2 期，第 39 页。

3. 《国家网络空间安全战略（全文）》，《中国信息安全》2017 年第 1 期，第 26—31 页。

4. 《国家信息化领导小组第一次会议召开，朱镕基强调：推进国家信息化必须遵循五大方针》，《信息网络安全》2002 年第 1 期，第 9 页。

5. 《胡锦涛、李长春在全国宣传思想工作会议上强调：宣传思想工作要重视的几个重大问题》，《党建》2004 年第 1 期，第 4—7 页。

6. 《胡锦涛总书记同网友在线交流》，《共产党员》2008 年第 13 期，第 28 页。

7. 《敏锐抓住信息化发展历史机遇　自主创新推进网络强国建设》，《紫光阁》2018 年第 5 期，第 8—9 页。

8. 《万山磅礴看主峰——习近平总书记掌舵领航网信事业发展纪实》，《中国产经》2022

年第 7 期,第 8—9 页。

9. 《网民可"直通"中南海》,《国际新闻界》2010 年第 9 期,第 42 页。

10. 《为国际网络空间治理贡献力量》,《网络传播》2018 年第 5 期,第 36—37 页。

11. 《温家宝总理到中国政府网与网友在线交流》,《中国传媒科技》2009 年第 3 期,第 12 页。

12. 《习近平出席全国网络安全和信息化工作会议并发表重要讲话》,《保密科学技术》2018 年第 4 期,第 4—6 页。

13. 《习近平在第二届世界互联网大会开幕式上的讲话(摘要)》,《共产党员(河北)》2016 年第 3 期,第 4—5 页。

14. 《中共中央关于加强党的执政能力建设的决定(2004 年 9 月 19 日中国共产党第十六届中央委员会第四次全体会议通过)》,《江淮》2004 年第 10 期,第 7—15 页。

15. 《中国网民数量达 2.53 亿　远超美国跃居世界第一》,《计算机与网络》2008 年第 14 期,第 1 页。

16. 《庄永廉:运用网络新"枫桥经验"治理互联网犯罪——第二届网络新"枫桥经验"高峰研讨会综述》,《人民检察》2018 年第 3 期,第 57—59 页。

17. 安钰峰:《学习习近平网络强国战略思想　建设中国特色网络强国》,《学校党建与思想教育》2021 年第 15 期,第 4—7 页。

18. 蔡翠红:《国家-市场-社会互动中网络空间的全球治理》,《世界经济与政治》2013 年第 9 期,第 90—112、158—159 页。

19. 蔡翠红:《基于网络主权的三维国际协作框架分析》,《中国信息安全》2021 年第 11 期,第 71—72 页。

20. 蔡广俊:《习近平网络治理论述的时代背景、辩证逻辑和当代价值》,《武夷学院学报》2019 年第 2 期,第 10—15 页。

21. 曹建峰、方龄曼:《欧盟人工智能伦理与治理的路径及启示》,《人工智能》2019 年第 4 期,第 39—47 页。

22. 曹建峰:《全球互联网法律政策趋势研究》,《信息安全与通信保密》2019 年第 4 期,第 49—56 页。

23. 曹建峰:《人工智能治理:从科技中心主义到科技人文协作》,《上海师范大学学报(哲学社会科学版)》2020 年第 5 期,第 98—107 页。

24. 曹银忠、马静音:《习近平网络强国战略思想研究》,《攀枝花学院学报》2019 年第 1 期,第 10—17 页。

25. 陈蔚:《论习近平关于"一体两翼"网络强国的思想》,《观察与思考》2016 年第 8 期,第 21—26 页。

26. 陈侠:《美国对华网络空间战略研究》,博士学位论文,外交学院,2015 年。

27. 陈翼凡:《中美网络空间治理比较研究》,《公安学刊(浙江警察学院学报)》2018 年第 4 期,第 61—66 页。

28. 程昊琳:《我国互联网管理的现状及对策探讨——中外互联网管理模式比较及经验借鉴》,《视听》2018 年第 3 期,第 155—156 页。

29. 程群:《互联网名称与数字地址分配机构和互联网国际治理未来走向分析》,《国际论坛》2015 年第 1 期,第 15—21、79 页。

30. 樊宇航、何华沙、陈毅：《网络综合治理评估指标体系构建研究》，《理论导刊》2019 年第 10 期，第 78—84 页。

31. 方滨兴、邹鹏、朱诗兵：《网络空间主权研究》，《中国工程科学》2016 年第 6 期，第 1—7 页。

32. 方兴东、陈帅：《中国互联网 25 年》，《现代传播（中国传媒大学学报）》2019 年第 4 期，第 1—10 页。

33. 方兴东、潘可武、李志敏、张静：《中国互联网 20 年：三次浪潮和三大创新》，《新闻记者》2014 年第 4 期，第 3—14 页。

34. 方兴东、钟祥铭、彭筱军：《全球互联网 50 年：发展阶段与演进逻辑》，《新闻记者》2019 年第 7 期，第 4—25 页。

35. 冯哲：《互联网内容治理评价体系研究》，《信息通信技术与政策》2019 年第 10 期，第 17—20 页。

36. 葛悦炜：《运用新时代枫桥经验治理电信网络诈骗研究》，《辽宁警察学院学报》2021 年第 5 期，第 21—25 页。

37. 光明网评论员：《翻过长城，我们就能到世界任何地方》，《作文与考试》2017 年第 35 期，第 5—6 页。

38. 韩志明、刘文龙：《从分散到综合——网络综合治理的机制及其限度》，《理论探讨》2019 年第 6 期，第 30—38 页。

39. 郝权：《习近平网络战略思想论析》，《理论探索》2017 年第 6 期，第 57—63 页。

40. 洪延青：《国家安全视野中的数据分类分级保护》，《中国法律评论》2021 年第 5 期，第 71—78 页。

41. 侯伟鹏、徐敬宏、胡世明：《中国互联网治理研究 25 年：学术场域与研究脉络》，《郑州大学学报（哲学社会科学版）》2020 年第 1 期，第 35—42、128 页。

42. 胡树祥、韩建旭：《论习近平总书记关于网络强国的重要思想的思想品格》，《高校马克思主义理论教育研究》2021 年第 5 期，第 30—38 页。

43. 胡树祥、韩建旭：《习近平对网络强国战略的思考》，《科学社会主义》2018 年第 4 期，第 93—99 页。

44. 黄旭：《十八大以来我国网络综合治理体系构建的逻辑起点、实践目标和路径选择》，《电子政务》2019 年第 1 期，第 48—57 页。

45. 黄志雄：《互联网监管政策与多边贸易规则法律问题探析》，《当代法学》2016 年第 1 期，第 54—69 页。

46. 黄志雄、孙芸芸：《网络主权原则的法理宣示与实践运用——再论网络间谍活动的国际法规制》，《云南社会科学》2021 年第 6 期，第 15 页。

47. 惠志斌：《全球治理变革背景下网络空间命运共同体构建》，《探索与争鸣》2017 年第 8 期，第 98—102 页。

48. 惠志斌：《网络空间国际治理形势与中国策略——基于 2017 年上半年标志性事件的分析》，《信息安全与通信保密》2017 年第 10 期，第 42—50 页。

49. 惠志斌、张衡：《面向数据经济的跨境数据流动管理研究》，《社会科学》2016 年第 8 期，第 13—22 页。

50. 季为民：《论习近平关于网络强国的重要思想——写在习近平"4·19"讲话发表五周

年之际》,《新闻与传播研究》2021 年第 4 期,第 5—18、126 页。

51. 贾宝余、刘立:《中国共产党百年科技政策思想的"十个坚持"》,《中国科学院院刊》 2021 年第 7 期,第 835—844 页。

52. 贾茵:《德国〈网络执行法〉开启"监管风暴"》,《中国信息安全》2018 年第 2 期,第 77— 79 页。

53. 金蕊:《中外互联网治理模式研究》,硕士学位论文,华东政法大学,2016 年。

54. 匡文波:《中美互联网治理的不同价值取向》,《人民论坛》2016 年第 4 期,第 40— 41 页。

55. 雷少华:《超越地缘政治——产业政策与大国竞争》,《世界经济与政治》2019 年第 5 期,第 131—154、160 页。

56. 雷璇、张威:《中国国家形象在科技政策翻译中的再建构》,《外国语(上海外国语大学 学报)》2023 年第 5 期,第 66—78 页。

57. 李晨:《我国网络内容治理模式及其路径优化研究》,《改革与开放》2019 年第 8 期,第 69—72 页。

58. 李静、谢耘耕:《网络舆情热度的影响因素研究——基于 2010—2018 年 10 600 起舆情 事件的实证分析》,《新闻界》2020 年第 2 期,第 37—45 页。

59. 李良荣、朱瑞:《以人为本:我国互联网治理的理论逻辑与实践路径》,《青年记者》 2020 年第 31 期,第 41—42 页。

60. 李秦梓、张春飞、姜涵:《新技术新监管背景下的算法治理研究》,《信息通信技术与政 策》2019 年第 4 期,第 37—41 页。

61. 李泰安:《新时代网络综合治理体系建设探析》,《中国出版》2018 年第 7 期,第 26— 28 页。

62. 李希光:《习近平的互联网治理思维》,《人民论坛》2016 年第 4 期,第 21—23 页。

63. 李亚鹏:《习近平关于建设网络强国的重要论述研究》,硕士学位论文,长春理工大学, 2019 年。

64. 李彦、曾润喜:《新冠疫情会成为国际互联网治理制度变迁的新节点吗?——制度变 迁、中美冲突与国家安全因应》,《情报杂志》2020 年第 9 期,第 110—115 页。

65. 李艳:《网络空间国际治理中的国家主体与中美网络关系》,《现代国际关系》2018 年 第 11 期,第 41—48 页。

66. 李芷娴:《美国智库涉华互联网治理议题设置研究(2010—2019)》,硕士学位论文,暨 南大学,2020 年。

67. 梁超:《论习近平网络强国战略重要论述的四重维度》,《学术探索》2018 年第 10 期, 第 13—19 页。

68. 刘滨、许玉镇:《网络"舆情问责"的控权机理何以生成?——基于抖音 36 起"涉官"舆 情事件的扎根研究》,《电子政务》2021 年第 4 期,第 90—104 页。

69. 刘仓:《坚持马克思主义在意识形态领域指导地位的根本制度》,《马克思主义理论学 科研究》2021 年第 4 期,第 89—96 页。

70. 刘恩东:《美国网络内容监管与治理的政策体系》,《治理研究》2019 年第 3 期,第 102—111 页。

71. 刘金河、崔保国:《数据本地化和数据防御主义的合理性与趋势》,《国际展望》2020 年第 6 期,第 89—107、149—150 页。

72. 刘书文、郝凤:《习近平对马克思主义科学技术观的时代创新》,《中共成都市委党校学报》2021 年第 3 期,第 10—16、23 页。

73. 刘小燕、崔远航:《话语霸权：美国"互联网自由"治理理念的"普适化"推广》,《新闻与传播研究》2019 年第 5 期,第 5—20、126 页。

74. 刘永志、徐思宇:《新时代我国网络意识形态安全建设的理论指导和行动指南——学习〈习近平关于网络强国论述摘编〉》,《学校党建与思想教育》2021 年第 8 期,第 4—7 页。

75. 刘云:《中美欧数据跨境流动政策比较分析与国际趋势》,《中国信息安全》2020 年第 11 期,第 75—78 页。

76. 鲁传颖:《试析中欧网络对话合作的现状与未来》,《太平洋学报》2019 年第 11 期,第 78—88 页。

77. 鲁传颖:《网络空间治理的力量博弈、理念演变与中国战略》,《国际展望》2016 年第 1 期,第 117—134、157 页。

78. 鲁传颖:《新形势下如何进一步在联合国框架下加强国际网络安全治理》,《中国信息安全》2018 年第 2 期,第 35—36 页。

79. 陆俊、严耕:《信息化与社会主义现代化——兼评托夫勒和卡斯特的信息化与社会主义"冲突"论》,《思想理论教育导刊》2004 年第 8 期,第 34—38 页。

80. 罗昕、李芷娴:《外脑的力量：全球互联网治理中的美国智库角色》,《现代传播（中国传媒大学学报）》2019 年第 3 期,第 74—77、104 页。

81. 罗昕:《习近平网络舆论观的思想来源、现实逻辑和贯彻路径》,《暨南学报（哲学社会科学版）》2017 年第 7 期,第 22—33、130—131 页。

82. 马立明:《从信息全球化到信息地缘政治：互联网思维逻辑的演进与趋势》,《国外社会科学》2021 年第 6 期,第 84—95、158 页。

83. 孟献丽:《"中国威胁论"批判》,《马克思主义研究》2021 年第 3 期,第 110—119、160 页。

84. 孟芸:《网络综合治理格局如何构建》,《人民论坛》2019 年第 24 期,第 216—217 页。

85. 欧树军:《国家间竞争与中国发展战略转型》,《中国政治学》2019 年第 2 期,第 195—213、220 页。

86. 裴炜:《网络犯罪治理中公私合作的障碍及其化解》,《北京航空航天大学学报（社会科学版）》2021 年第 5 期,第 33—34 页。

87. 彭波:《互联网治理的"中国经验"》,《人民论坛》2019 年第 34 期,第 58—62 页。

88. 彭波、张权:《中国互联网治理模式的形成及嬗变（1994—2019）》,《新闻与传播研究》2020 年第 8 期,第 44—65、127 页。

89. 彭錞:《论国家机关处理的个人信息跨境流动制度——以〈个人信息保护法〉第 36 条为切入点》,《华东政法大学学报》2022 年第 1 期,第 32—49 页。

90. 秦安、轩传树:《"构建网络空间命运共同体"进程中的"中国时代"》,《网信军民融合》2017 年第 6 期,第 23—27 页。

91. 阚天舒、李虹:《网络空间命运共同体：构建全球网络治理新秩序的中国方案》,《当代世界与社会主义》2019 年第 3 期,第 172—179 页。

92. 阙天舒：《中国网络空间中的国家治理：结构、资源及有效介入》，《当代世界与社会主义》2015 年第 2 期，第 158—163 页。

93. 任贵祥：《习近平建设网络强国战略研究》，《中共党史研究》2019 年第 8 期，第 5—15 页。

94. 任贤良：《扎实推动网络空间治理体系和治理能力现代化》，《中国发展观察》2019 年第 24 期，第 8—11 页。

95. 宋瑞娟：《大数据时代我国网络安全治理：特征、挑战及应对》，《中州学刊》2021 年第 11 期，第 162—167 页。

96. 孙炳炎：《马克思论科学技术的社会性质及其运用的社会影响——基于〈1861—1863 年经济学手稿〉文本的考察》，《毛泽东邓小平理论研究》2021 年第 10 期，第 26—32、107 页。

97. 孙会岩：《习近平网络安全思想论析》，《党的文献》2018 年第 1 期，第 5—32 页。

98. 孙宇、冯丽烁：《1994—2014 年中国互联网治理政策的变迁逻辑》，《情报杂志》2017 年第 1 期，第 87—91、141 页。

99. 唐巧盈、杨嵘均：《跨境数据流动治理的双重悖论、运演逻辑及其趋势》，《东南学术》2022 年第 2 期，第 72—83 页。

100. 唐巧盈：《资本参与视角下的互联网新闻信息服务发展现状及其治理研究》，《信息安全与通信保密》2018 年第 12 期，第 74—82 页。

101. 万方文：《网络舆情影响因素与政府干预效果的研究与分析——基于 2007—2014 年 130 起重大网络舆情事件》，《情报杂志》2015 年第 5 期，第 159—162、195 页。

102. 汪玉凯：《中央网络安全和信息化领导小组的由来及其影响》，《中国信息安全》2014 年第 3 期，第 24—28 页。

103. 王枫梧：《网络犯罪治理的问题及对策研究——以公安机关为视角》，《公安学刊（浙江警察学院学报）》2021 年第 3 期，第 88—97 页。

104. 王建静：《习近平网络空间命运共同体理念研究》，硕士学位论文，大连理工大学，2021 年。

105. 王明国：《网络空间治理的制度困境与新兴国家的突破路径》，《国际展望》2015 年第 6 期，第 98—116、156—157 页。

106. 王琦：《习近平关于网络强国的重要论述研究》，硕士学位论文，中国青年政治学院，2019 年。

107. 王艳：《习近平总书记关于网络强国重要思想研究》，《学理论》2021 年第 5 期，第 1—3 页。

108. 王滢波、鲁传颖：《网络空间全球秩序生成与中国贡献》，《上海对外经贸大学学报》2022 年第 2 期，第 65—78 页。

109. 温丽华：《习近平网络强国战略思想研究》，《求实》2017 年第 11 期，第 4—13 页。

110. 文学：《当代美国全球霸权：历史缘起、现实支柱及其再审视》，《南京政治学院学报》2014 年第 5 期，第 85—92 页。

111. 吴青熹：《习近平网络社会治理思想的三个维度》，《东南大学学报（哲学社会科学版）》2017 年第 6 期，第 15—20、146 页。

112. 吴沈括：《数据治理的全球态势及中国应对策略》，《电子政务》2019 年第 1 期，第 7—

15 页。

113. 吴世忠：《浅析信息安全管理的网络思维》，《中国信息安全》2014 年第 4 期，第 27—28 页。

114. 吴韬：《习近平的网络观及其现实意义》，《中共云南省委党校学报》2015 年第 4 期，第 29—32 页。

115. 吴赞儿、马建青：《习近平网络意识形态安全观研究述评》，《中共云南省委党校学报》2020 年第 3 期，第 38—42 页。

116. 肖黎：《美国政要和战略家关于对外输出意识形态和价值观的相关论述》，《世界社会主义研究》2016 年第 2 期，第 98—100 页。

117. 谢世红：《网络综合治理的根本遵循》，《当代广西》2018 年第 12 期，第 22 页。

118. 谢烨凤：《互联网治理模式研究》，硕士学位论文，首都经济贸易大学，2018 年。

119. 谢永江：《在实践中全方位提升网络综合治理能力》，《网络传播》2021 年第 8 期，第 17—21 页。

120. 谢永江：《走中国特色治网之道　加强网络综合治理》，《中国信息安全》2018 年第 5 期，第 44—45 页。

121. 熊澄宇、张虹：《新媒体语境下国家安全问题与治理：范式、议题及趋向》，《现代传播（中国传媒大学学报）》2019 年第 5 期，第 64—69 页。

122. 徐汉明、李辉：《习近平关于网络强国的重要思想的理论渊源、核心要义及其总体性特征》，《经济社会体制比较》2022 年第 1 期，18—26 页。

123. 徐汉明：《习近平"网络强国"重要论述及其时代价值》，《法学》2022 年第 4 期，第 3—15 页。

124. 徐培喜：《俄罗斯断网测试对我国参与互联网关键技术资源治理的启示》，《中国信息安全》2020 年第 3 期，第 36—38 页。

125. 许金晶：《中华网第一只登陆纳斯达克的中国概念网络股》，《网络传播》2004 年第 4 期，第 1 页。

126. 许可：《自由与安全：数据跨境流动的中国方案》，《环球法律评论》2021 年第 1 期，第 32 页。

127. 轩传树：《境外舆论关注中国 60 年的几种倾向》，《探索与争鸣》2009 年第 12 期，第 29—30 页。

128. 杨保军：《当前我国马克思主义新闻观的核心观念及其基本关系》，《新闻大学》2017 年第 4 期，第 18—25、40、146 页。

129. 杨保军：《"脱媒主体"：结构新闻传播图景的新主体》，《国际新闻界》2015 年第 7 期，第 72—84 页。

130. 杨馥萌、刘亚娜：《习近平网络强国战略的法治意蕴》，《社会科学家》2021 年第 7 期，第 129—134 页。

131. 杨怀中：《习近平网络空间治理思想论析》，《武汉理工大学学报（社会科学版）》2019 年第 2 期，第 6—10 页。

132. 杨嵘均：《习近平网络强国思想的战略定位、实践向度与理论特色》，《扬州大学学报（人文社会科学版）》2019 年第 3 期，第 10—20 页。

133. 杨先宇：《习近平关于网络发展与治理的重要论述》，《理论建设》2019 年第 4 期，第

28—34 页。

134. 杨学聪：《马克思主义社会治理思想的历史发展及当代价值研究》，硕士学位论文，兰州财经大学，2021 年。

135. 殷铬：《重大突发公共卫生事件背景下网络舆情的问题及其应对策略——以 2020 年河南网络舆情事件为例》，《郑州轻工业大学学报（社会科学版）》2021 年第 2 期，第 46—53 页。

136. 于世梁：《论习近平建设网络强国的思想》，《江西行政学院学报》2015 年第 2 期，第 37—43 页。

137. 原帅、何洁、贺飞：《世界主要国家近十年科技研发投入产出对比分析》，《科技导报》2020 年第 19 期，第 58—67 页。

138. 岳爱武、苑芳江：《从权威管理到共同治理：中国互联网管理体制的演变及趋向——学习习近平关于互联网治理思想的重要论述》，《行政论坛》2017 年第 5 期，第 61—66 页。

139. 张鹐：《依法治网是依法治国的时代课题》，《思想政治工作研究》2015 年第 1 期，第 20—21 页。

140. 张华、黄志雄：《网络主权的权利维度及实施》，《网络传播》2021 年第 1 期，第 60—63 页。

141. 张继红：《国家安全视域下我国数据安全法的制度构造》，《西北工业大学学报（社会科学版）》2021 年第 3 期，第 96—103 页。

142. 张垒：《习近平总书记关于网络强国的重要思想发展脉络及其对新闻舆论工作的指导意义》，《中国出版》2021 年第 11 期，第 5—10 页。

143. 张茉楠：《全球数字治理：分歧、挑战及中国对策》，《开放导报》2021 年第 6 期，第 31—37 页。

144. 章晓英、苗伟山：《互联网治理：概念、演变及建构》，《新闻与传播研究》2015 年第 9 期，第 117—125 页。

145. 赵鹏：《马克思社会发展观研究》，博士学位论文，华中师范大学，2017 年。

146. 赵瑞琦：《全球网络治理改革：崛起国的路径选择》，《学术界》2021 年第 1 期，第 50—59 页。

147. 赵穗生、黄晓婷、刘明：《从"错位的共识"到竞争对手：美国对华政策 40 年》，《人民论坛·学术前沿》2018 年第 23 期，第 19—35 页。

148. 郑保卫、谢建东：《论邓小平、江泽民、胡锦涛、习近平互联网思想的主要观点及理论贡献》，《国际新闻界》2018 年第 12 期，第 50—66 页。

149. 郑昌兴、严明：《新形势下我国网络空间治理的新理念新思想新战略探析》，《南京政治学院学报》2016 年第 5 期，第 57—62 页。

150. 郑振宇：《改革开放以来我国互联网治理的演变历程与基本经验》，《马克思主义研究》2019 年第 1 期，第 58—67 页。

151. 郑志平：《国家与社会关系视角下的中国虚拟社会治理方式创新研究》，博士学位论文，湘潭大学，2016 年。

152. 周汉华：《平行还是交叉——个人信息保护与隐私权的关系》，《中外法学》2021 年第 5 期，第 1167—1187 页。

153. 周佑勇：《习近平法治思想的人民立场及其根本观点方法》，《东南学术》2021 年第 3 期，第 43—53、246 页。

154. 朱锐勋、王俊羊、任成斗：《新时代网络空间治理体系和治理能力现代化关键要素研究》，《云南行政学院学报》2018 年第 5 期，第 110—115 页。

155. 邹吉忠：《习近平网络强国战略思想的脉络嬗变、现实意义及实践路径》，《人民论坛》2019 年第 31 期，第 52—54 页。

156. ［美］亚当·史国力、罗焕林：《中国的网络外交（摘译）》，《汕头大学学报（人文社会科学版）》2017 年第 9 期，第 4、120—125 页。

157. ［美］约瑟夫·奈：《机制复合体与全球网络活动管理》，《汕头大学学报（人文社会科学版）》2016 年第 4 期，第 87—96 页。

158. Christopher M. Cairns, China's Weibo Experiment: Social Media (non-) Censorship and Autocratic Responsiveness, Ph.D dissertation, Cornell University, 2017.

159. Feng Yang, Milton L. Mueller, "Internet Governance in China: A Content Analysis", *Chinese Journal of Communication*, Vol.7, No.4, 2014, pp.446-465.

160. Hong Shen, "China and Global Internet Governance: Toward an Alternative Analytical Framework", *Chinese Journal of Communication*, Vol.9, No.3, 2016, pp.304-324.

161. Jon R. Lindsay, "The Impact of China on Cybersecurity: Fiction and Friction", *International Security*, Vol.39, No.3, 2014, pp.7-47.

162. Kerry B. Dumbaugh, "Technology and Telecommunication in China's Democracy Movement", *CRS Review*, Iss.8, 1990, pp.34-35.

163. Regina M. Abrami, William C. Kirby, and F. Warren McFarlan, "Why China Can't Innovate", *Harvard Business Review*, Vol.92, No.3, 2014, pp.35-37.

164. Rone Tempest, "The Internet Scales Great Wall of Communication with China", *Los Angeles Times*, Apr. 25, 1995, p.2.

165. Séverine Arsène, "Global Internet Governance in Chinese Academic Literature Rebalancing a Hegemonic World Order?", *China Perspectives*, Iss.2, 2016, pp.25-35.

166. Tai Ming Cheung, "The Rise of China As a Cybersecurity Industrial Power: Balancing National Security, Geopolitical, and Development Priorities", *Journal of Cyber Policy*, Vol.3, No.3, 2018, pp.306-326.

167. Thomas Lum, "China's Internet Industry", *CRS Report for Congress*, Iss.8, 2000, pp.12-16.

168. Timothy S. Wu, "Cyberspace Sovereignty: The Internet and the International System", *Harvard Journal of Law & Technology*, Vol.10, No.3, 1997, pp.648-666.

169. Tristan Galloway, Baogang He, "China and Technical Global Internet Governance: Beijing's Approach to Multi-Stakeholder Governance Within ICANN, WSIS and the IGF", *China: An International Journal*, Vol.12, No.3, 2014, pp.72-93.

170. Weishan Miao, Peng Hwa Ang, "Internet Governance: From the Global to the

Local", *Communication and the Public*, Vol.1, No.3, 2016, pp.377 - 384.

171. Yangyue Liu, "The Rise of China and Global Internet Governance", *China Media Research*, Vol.8, No.2, 2012, pp.46 - 55.

三、研究报告

1. 国家互联网信息办公室:《数字中国发展报告(2020 年)》,2021 年。
2. 国家互联网信息办公室:《数字中国发展报告(2022 年)》,2023 年。
3. 国家互联网应急中心:《2020 年中国互联网网络安全报告》,2020 年。
4. 国务院新闻办公室:《携手构建网络空间命运共同体》白皮书,2022 年 11 月 7 日。
5. 国务院新闻办公室:《新时代的中国网络法治建设》白皮书,2023 年。
6. 中国互联网络信息中心:《第 51 次中国互联网络发展状况统计报告》,2023 年。
7. 中国互联网络信息中心:《中国互联网络发展状况统计报告》,2021 年。
8. 中国科学技术信息研究所:《2022 全球人工智能创新指数报告》,2023 年。
9. 中国信息通信研究院:《大数据白皮书(2020 年)》,2020 年。
10. 中国信息通信研究院:《中国数字经济发展白皮书(2020 年)》,2020 年。
11. 中国信息通信研究院:《中国数字经济发展研究报告(2023 年)》,2023 年。
12. Adam Segal, China's Alternative Cyber Governance Regime, New York: Council on Foreign Relations, 2020.
13. CGG, Our Global Neighborhood, Geneva: Commission on Global Governance, 1995.
14. CSR, Digital Autonomy and Cybersecurity in the Netherlands, Amsterdam: Cyber Security Council, 2021.
15. Elizabeth C. Economy, Exporting the China Mode, New York: Council on Foreign Relations, 2020.
16. Graham Allison, Kevin Klyman, Karina Barbesino, and Hugo Yen, The Great Tech Rivalry: China vs the U.S., Boston: Belfer Center for Science and International, 2021.
17. H. Andrew Schwartz, Criteria for Security and Trust in Telecommunications Networks and Services, Washington: CSIS, 2020.
18. Ines Sieckmann, Odila Triebel, A New Responsible Power China? China's Public Diplomacy for Global Public Goods, Stuttgart: ifa, 2018.
19. ITU, Global Cybersecurity Index 2020, New York: International Telecommunication Union, 2020.
20. James A. Lewis, Building an Information Technology Industry in China, Washington: CSIS, 2007.
21. James A. Lewis, China's Pursuit of Semiconductor Independence, Washington: CSIS, 2019.
22. James A. Lewis, Cyber War and Competition in the China-U. S. Relationship, Washington: CSIS, 2010.
23. James A. Lewis, Meeting the China Challenge, Washington: CSIS, 2018.
24. James A. Lewis, National Security Implications of Leadership in Autonomous

Vehicles, Washington: CSIS, 2019.

25. James A. Lewis, Technological Competition and China, Washington: CSIS, 2018.

26. James A. Lewis, The Architecture of Control: Internet Surveillance in China, Washington: CSIS, 2006.

27. John Lee, Jan-Peter Kleinhans, Mapping China's Semiconductor Ecosystem in Global Context: Strategic Dimensions and Conclusions, Berlin: Mercator Institute for China Studies, 2021.

28. John Lee, The Internet Of Things: China's Rise And Australia's Choices, Sydney: The Lowy Institute, 2021.

29. Jonathan Woetzel, Jeongmin Seong, Kevin Wei Wang, James Manyika, Michael Chui, and Wendy Wong, China's Digital Economy: A Leading Global Force, New York: McKinsey Global Institute, 2017.

30. Kristin Shi-Kupfer, Mareike Ohlberg, China's Digital Rise: Challenges For Europe, Berlin: Mercator Institute for China Studies, 2020.

31. Michael J. Green, Richard C. Bush, and Bonnie S. Glaser, Toward a Stronger U.S. - Taiwan Relationshi, Washington: CSIS, 2020.

32. ODNI, 2021 Annual Threat Assessment, Washington: Office of the Director of National Intelligence, 2021.

33. Rogier Creemers, China's Approach to Cyber Sovereignty, Washington: CSIS, 2007.

34. Ryan Hass, Ryan Mcelveen, and Robert D. Williams, The Future of US Policy Toward China Recommendations for the Biden Administration, Washington: Brookings, 2020.

35. Scott Kennedy, The Beijing Playbook: Chinese Industrial Policy and Its Implications for the United States, Washington: CSIS, 2018.

36. Thomas Lum, Internet Development and Information Control in the People's Republic of China, Washington: CRS, 2006.

37. WEF, The Global Risks Report 2021, Geneva: World Economic Forum, 2021.

38. WGIG, Report of the Working Group on Internet Governance, Geneva: Working Group on Intemet Governace, 1995.

四、报纸文章

1. 《江泽民在全国宣传部长座谈会上的讲话》，《人民日报》2001 年 1 月 11 日。

2. 《胡锦涛在省部级主要领导干部社会管理及其创新专题研讨班上发表重要讲话：扎扎实实提高社会管理科学化水平　建设中国特色社会主义社会管理体系》，《人民日报》2011 年 2 月 20 日。

3. 《习近平在中央党校（国家行政学院）中青年干部培训班开班式上发表重要讲话强调：发扬斗争精神增强斗争本领　为实现"两个一百年"奋斗目标而顽强奋斗》，《人民日报》2019 年 9 月 4 日。

4. 习近平：《高举中国特色社会主义伟大旗帜　为全面建设社会主义现代化国家而团结

奋斗——在中国共产党第二十次全国代表大会上的报告》,《人民日报》2022 年 10 月
26 日。

5. 《中共中央关于党的百年奋斗重大成就和历史经验的决议》,《人民日报》2021 年 11 月
17 日。

6. 《中共中央关于加强党的政治建设的意见》,《人民日报》2019 年 2 月 28 日。

7. 《中华人民共和国国民经济和社会发展第十四个五年规划和 2035 年远景目标纲要》,
《人民日报》2021 年 3 月 13 日。

8. 陈家喜、张基宏:《中国共产党与互联网治理的中国经验》,《光明日报》2016 年 1 月
25 日。

9. 陈煜波:《大力发展数字经济》,《人民日报》2021 年 1 月 20 日。

10. 冯志鹏:《深入把握发展和安全的辩证法》,《学习时报》2021 年 2 月 26 日。

11. 贾秀东:《网络安全不容"霸王条款"》,《人民日报海外版》2013 年 7 月 9 日。

12. 零点调查"网络生态环境调查"项目组:《我国网络空间日益清朗》,《光明日报》2015
年 2 月 28 日。

13. 刘鹤:《必须实现高质量发展》,《人民日报》2021 年 11 月 24 日。

14. 曼迪娅·巴格瓦蒂恩、陈康:《非洲数字威权主义怪中国?虚伪》,《环球时报》2021 年
9 月 15 日。

15. 人民日报评论员:《不断推进马克思主义中国化时代化》,《人民日报》2022 年 1 月
13 日。

16. 魏晓燕:《邓小平推动国家信息化发展的历史经验》,《光明日报》2016 年 11 月 23 日。

17. 吴辰光:《CN 域名成全球第一大国家域名》,《北京商报》2008 年 12 月 31 日。

18. 周佑勇:《习近平法治思想的立场观点方法》,《中国社会科学报》2020 年 11 月 23 日。

五、电子文献

1. 《2021 年 9 月全国受理网络违法和不良信息举报 1 524.6 万件》,中央网信办违法和
不良信息举报中心网站,2021 年 10 月 8 日,https://www.12377.cn/wxxx/2021/
2ff58e14_web.html。

2. 《6G 或成下一个兵家必争之地》,中国经济网,2020 年 8 月 28 日,https://baijiahao.
baidu.com/s?id=16762284466431792136&wfr=spider&for=pc。

3. 《国务院关于机构设置的通知》,中国政府网,2018 年 3 月 24 日,http://www.gov.cn/
zhengce/content/2018-03/24/content_5277121.htm。

4. 《江泽民在全国对外宣传工作会议上强调:站在更高起点上把外宣工作做得更好,要
在国际上形成同我国地位和声望相称的强大宣传舆论力量,更好地为改革开放和现
代化建设服务》,人民网,1999 年 2 月 27 日,http://www.people.com.cn/item/ldhd/
Jiangzm/1999/huiyi/hy0002.html。

5. 《美报告称中国为"最重要的战略竞争对手" 外交部回应》,人民网,2022 年 3 月 30
日,http://usa.people.com.cn/n1/2022/0330/c241376-32387646.html。

6. 《美国防部发布〈5G 战略实施计划〉与 5G 作战试验工作进展》,搜狐网,2021 年 1 月 8
日,https://www.sohu.com/a/443397175_120319119。

7. 《全球数据安全倡议（全文）》，新华网，2020 年 9 月 8 日，http://www.xinhuanet.com/world/2020-09/08/c_1126466972.htm。

8. 《网络主权：理论与实践（3.0 版）》，世界互联网大会网站，2021 年 10 月 9 日，https://www.wicwuzhen.cn/web21/information/Release/202109/t20210928_23157328。

9. 《习近平对网络安全和信息化工作作出重要指示强调：深入贯彻党中央关于网络强国的重要思想　大力推动网信事业高质量发展》，中国政府网，2023 年 7 月 15 日，https://www.gov.cn/yaowen/liebiao/202307/content_6892161.htm。

10. 《习近平"四项原则""五点主张"成全球共识》，中央网信办网站，2016 年 12 月 29 日，http://www.cac.gov.cn/2016-12/29/c_1120209665.htm。

11. 《学习习近平网络强国战略思想，走中国特色治网之道》，央广网，2016 年 4 月 24 日，http://news.cnr.cn/native/gd/20160424/t20160424_521967859.shtml。

12. 《中国代表呼吁制定各国普遍接受的网络空间国际规则》，新华网，2021 年 6 月 30 日，http://www.xinhuanet.com/world/2021-06/30/c_1127610603.htm。

13. 《中国高技术发展的第一面旗帜——"863 计划"》，光明网，2004 年 1 月 29 日，https://www.gmw.cn/03zhuanti/2004-00/jinian/50zn/50kj/kj-02.htm。

14. 《中央网络安全和信息化领导小组成立》，国务院新闻办公室网站，2014 年 2 月 28 日，http://www. scio. gov. cn/ztk/hlwxx/zywlaqhxxhldxzdychyzk/30595/Document/1365615/1365615.htm。

15. 《组建国家数据局》，新华网，2023 年 3 月 7 日，http://www.xinhuanet.com/politics/2023-03/07/c_1129419141.htm。

16. 闵大洪：《2003 年的中国网络媒体与网络传播　孙志刚事件掀起"网络舆论年"》，人民网，2014 年 4 月 15 日，http://media. people. com. cn/n/2014/0415/c40606-24898329.html。

17. 聂晓阳、陈俊侠：《中国首次就规范人工智能军事应用问题提出倡议》，新华网，2021 年 12 月 14 日，http://www.xinhuanet.com/2021-12/14/c_1128160251.htm。

18. 沈逸：《中国网络空间治理能力成长很快》，中国新闻网，2021 年 9 月 16 日，https://www.chinanews.cn/sh/2021/09-16/9566478.shtml。

19. 外交部：《各方应为 5G 发展提供开放、公平、公正和非歧视性环境》，中国政府网，2020 年 2 月 5 日，http://www.gov.cn/xinwen/2020-02/05/content_5474968.htm。

20. 吴阿娟：《"以人民为中心"亮出网络强国思想价值底色》，澎湃网，2021 年 4 月 2 日，https://m.thepaper.cn/baijiahao_12024005。

21. 张心志、唐巧盈：《美国进攻性网络威慑战略已严重威胁全球网络空间安全稳定》，环球网，2024 年 3 月 22 日，https://hqtime.huanqiu.com/article/4H54Rr60Z6L。

22. 中国互联网络信息中心：《1997 年～1999 年互联网大事记》，中国互联网络信息中心网站，2009 年 5 月 26 日，https://www3.cnnic.cn/n4/2022/0401/c87-913.html。

23. 中央网信办理论学习中心组：《深入贯彻习近平总书记网络强国战略思想　扎实推进网络安全和信息化工作》，人民网，2017 年 9 月 18 日，http://theory.people.com.cn/n1/2017/0918/c40531-29542387.html。

24. Adam Segal, "Peering Into The Future of Sino-russian Cyber Security Cooperation", Aug. 18，2020，https://warontherocks. com/2020/08/peering-into-the-future-of-sino-

russian- cyber-security-cooperation.

25. AIT Austrian Institute of Technology, Directorate-General for Communications Networks, Content and Technology (European Commission), Fraunhofer ISI, IMEC, RAND Europe, "5G Supply Market Trends", Aug. 10, 2021, https://op. europa.eu/en/publication-detail/-/publication/074df4ff-f988-11eb-b520-01aa75ed71a1.

26. America COMPETES Act of 2022, Feb. 12, 2022, https://www.congress.gov/bill/117th-congress/house-bill/4521t.

27. Amy Chang, "How the 'Internet with Chinese Characteristics' Is Rupturing the Web", Dec. 15, 2014, https://www.huffpost.com/entry/china-internet-sovereignty_b_6325192.

28. Andrea L. Limbago, "China's Global Charm Offensive, WAR ON THE ROCKS", Aug. 28, 2017, https://warontherocks.com/2017/08/chinas-global-charm-offensive.

29. Andrew Clement, "Canadian Network Sovereignty: A Strategy For Twenty-first-century National Infrastructure Building", Mar. 26, 2018, https://www.cigionline.org/articles/canadian-network-sovereignty.

30. Arjun Kharpal, "TECH Power is 'Up for Grabs': Behind China's Plan to Shape the Future of Next-generation Tech", Apr. 27, 2020, https://www.cnbc.com/2020/04/27/china-standards-2035-explained.html.

31. Ben Thompson, "India, Jio, and the Four Internets", Jul. 21, 2020, https://stratechery.com/2020/india-jio-and-the-four-internets.

32. Beth Holzer, "The Internet Became Less Free in 2018. Can We Fight Back?", Dec. 26, 2018, https://www.wired.com/story/internet-freedom-china-2018.

33. Blayne Haggart, "The Last Gasp of the Internet Hegemon", Dec. 12, 2003, https://www.cigionline.org/articles/last-gasp-internet-hegemon.

34. Bob Fay, "Global Regulatory Collaboration Is Essential in the Digital Era", Jan. 30, 2021, https://www.orfonline.org/expert-speak/global-regulatory-collaboration-essential-digital-era.

35. Brad D. Williams, "US 'Retains Clear Superiority' In Cyber; China Rising: IISS Study", Jun. 28, 2021, https://breakingdefense.com/2021/06/us-retains-clear-superiority-in-cyber-but-china-poised-to-challenge-study.

36. Carly Ramsey, Ben Wootliff, "China's Cyber Security Law: The Impossibility Of Compliance?", May 29, 2017, https://www.forbes.com/sites/riskmap/2017/05/29/chinas-cyber-security-law-the-impossibility-of-compliance.

37. CCG Dialogue with Joseph S. Nye Jr. on US-China Balance of Power, Apr. 28, 2021, http://en.ccg.org.cn/archives/71210.

38. Center for a New American Security, "Common Code: An Alliance Framework for DemocraticTechnology Policy", Oct. 20, 2020, https://s3.us-east-1.amazonaws.com/files.cnas.org/documents/Common-Code-An-Alliance-Framework-for-Democratic-Technology-Policy-1.pdf?mtime=20201020174236&focal=none.

39. "China and the Internet: A New Revolution?", Mar. 14, 2003, https://carnegiee

ndowment.org/2003/03/14/china-and-internet-new-revolution-event-595.

40. Chris Coons, "The Nixon Forum on U.S. -China Relations", Oct. 18, 2019, https://www. wilsoncenter. org/article/remarks-us-senator-chris-coons-the-nixon-forum- us-china-relations.

41. Elizabeth Thomas, "US-China Relations in Cyberspace: The Benefits and Limits of a Realist Analysis", Aug. 8, 2016, https://www.e-ir.info/pdf/65550.

42. European Parliament, "Digital Sovereignty for Europe", Jul. 18, 2020, https://www. europarl. europa. eu/RegData/etudes/BRIE/2020/651992/EPRS _ BRI（2020）651992_EN.pdf.

43. EU, U. S., and their international partners, "Declaration for the Future of the Internet", Apr. 28, 2022, https://www. state. gov/declaration-for-the-future-of-the-internet.

44. Greg Austin, "China Is Not the Cyber Superpower that Many People Think", Jun. 29, 2021, https://asia.nikkei.com/Opinion/China-is-not-the-cyber-superpower- that-many-people-think.

45. Hearing on "A 'China Model?' Beijing's Promotion of Alternative Global Norms and Standards", Mar. 13, 2020, https://www. uscc. gov/sites/default/files/testimonies/SFR%20for%20USCC%20TobinD%2020200313.pdf.

46. ICANN, "Three Layers of Digital Governance Infographic", Sep. 2, 2015, https://www. slideshare. net/icannpresentations/three-layers-of-digital-governance-infographic-english.

47. Information Commissioner's Office, "Age Appropriate Design: A Code of Practice for Online Services", Feb. 4, 2021, https://ico. org. uk/for-organisations/guide-to-data-protection/ico-codes-of-practice/age-appropriate-design-a-code-of-practice-for-online-services/4.

48. Jack Goldsmith, Andrew K. Woods, "Internet Speech Will Never Go Back to Normal", Apr. 25, 2020, https://www. theatlantic. com/ideas/archive/2020/04/what-covid-revealed-about-internet/610549.

49. James A. Lewis, "China and Technology: Tortoise and Hare Again", Aug. 2, 2017, https://www.csis.org/analysis/china-and-technology-tortoise-and-hare again.

50. James A. Lewis, "Comments to the Department of Commerce, Bureau of Industry and Security Advanced Notice of Proposed Rulemaking: Review of Controls for Certain Emerging Technologies", Jan. 9, 2019, https://www. csis. org/analysis/comments-department-commerce-bureau-industry-and-security.

51. James A. Lewis, "Securing the Information and Communications Technology and Services Supply Chain", Apr. 2, 2021, https://www. csis. org/analysis/securing-information-and-communications-technology-and-services-supply-chain.

52. Jing de Jong-Chen, "China's New Cybersecurity Law1: Balancing International Expectations with Domestic Realities", Jun. 20, 2017, https://www. wilsoncenter. org/publication/chinas-new-cybersecurity-law-balancing-international-expectations-

domestic-realities.

53. John P. Barlow, "A Declaration of the Independence of Cyberspace", Feb. 8, 1996, https://www.eff.org/cyberspace-independence.

54. Justin Sherman, "How Much Cyber Sovereignty is Too Much Cyber Sovereignty?", Oct. 30, 2019, https://www.cfr.org/blog/how-much-cyber-sovereignty-too-much-cyber-sovereignty.

55. Justin Sherman, "Vietnam's Internet Control: Following in China's Footsteps?", Dec. 11, 2019, https://thediplomat.com/2019/12/vietnams-internet-control-following-in-chinas-footsteps.

56. Lyu Jinghua, Ariel (eli) Levite, "Is There Common Ground in U.S.-China Cyber Rivalry?", Mar. 15, 2019, https://carnegieendowment.org/2019/03/15/is-there-common-ground-in-u.s.-china-cyber-rivalry-pub-78725.

57. Lyu Jinghua, "What Are China's Cyber Capabilities and Intentions?", Apr. 1, 2019, https://carnegieendowment.org/2019/04/01/what-are-china-s-cyber-capabilities-and-intentions-pub-78734.

58. Mahika S. Krishna, "Chinese Technonationalism: An Era of 'TikTok Diplomacy'", Oct. 28, 2020, https://www.orfonline.org/expert-speak/chinese-technonationalism-era-tiktok-diplomacy.

59. Mandira Bagwandeen, "Don't blame China for the Rise of Digital Authoritarianism in Africa", Sep. 13, 2021, https://www.fpri.org/article/2021/09/dont-blame-china-for-the-rise-of-digital-authoritarianism-in-africa.

60. Maya Wang, "China's Techno-Authoritarianism Has Gone Global", Apr. 8, 2020, https://www.foreignaffairs.com/articles/china/2021-04-08/chinas-techno-authoritarianism-has-gone-globall.

61. Milton Mueller, "Are We in a Digital Cold War?", May 17, 2013, https://via.hypothes.is/https://www.internetgovernance.org/wp-content/uploads/DigitalCold War31.pdf.

62. Min Jiang, "Internet Companies in China Dancing Between the Party Line and the Bottom Line", Jan. 18, 2012, https://www.ifri.org/sites/default/files/atoms/files/av47jianginternetcompaniesinchinafinal.pdf.

63. Nick Beecroft, "The West Should Not Be Complacent About China's Cyber Capabilities", Jul. 6, 2021, https://carnegieendowment.org/2021/07/06/west-should-not-be-complacent-about-china-s-cyber-capabilities-pub-84884.

64. Rebecca MacKinnon, "Cyber-ocracy: How the Internet is Changing China", Feb. 19, 2009, https://carnegieendowment.org/2009/02/19/cyber-ocracy-how-internet-is-changing-china-event-1263.

65. Robert Burns, "Clinton Urges China to Investigate Google Case", Feb. 23, 2009, https://www.nbcnews.com/id/wbna34974640.

66. Rohinton P. Medhora, "A Post-COVID-19 Digital Bretton Woods", Apr. 19, 2020, https://www.cigionline.org/articles/post-covid-19-digital-bretton-woods.

67. Samm Sacks, "China's Emerging Cyber Governance System", May 21, 2019, https://www.csis.org/chinas-emerging-cyber-governance-system.

68. Samm Sacks, Paul Triolo, "Shrinking Anonymity in Chinese Cyberspace", Sep. 25, 2017, https://www.lawfareblog.com/shrinking-anonymity-chinese-cyberspace.

69. Samm Sacks, Qiheng Chen, and Graham Webster, "Five Important Takeaways From China's Draft Data Security Law", Jul.9, 2020, https://www.newamerica.org/cybersecurity-initiative/digichina/blog/five-important-take-aways-chinas-draft-data-security-law.

70. SFRC, Strategic Competition Act of 2021, Jun. 8, 2021, https://www.congress.gov/bill/117th-congress/senate-bill/1169/text.

71. Séverine Arsène, "The Impact of China on Global Internet Governance in an Era of Privatized Control", Jan. 23, 2014, https://hal.archives-ouvertes.fr/hal-00704196v1/document.

72. Tech Law Journal, "Clinton Says Trade Deal and Internet Will Reform China", Mar. 29, 2000, http://www.techlawjournal.com/trade/20000309.htm.

73. Thomas Lum, Patricia M. Figliola, and Matthew C. Weed, "China, Internet Freedom, and U.S. Policy", Jul. 13, 2012, https://sgp.fas.org/crs/row/R42601.pdf.

74. Trisha Ray, "Separation Anxieties: US, China and Tech Interdependence", Apr. 9, 2020, https://www.orfonline.org/expert-speak/separation-anxieties-us-china-tech-interdependence-64369.

75. Ursula von der Leyen, "Shaping Europe's Digital Future: Op-ed by Ursula von der Leyen, President of the European Commission", Feb. 19, 2020, https://ec.europa.eu/commission/presscorner/detail/en/ac_20_260.

76. U.S. Department of State, "The Clean Network", Aug. 5, 2020, https://2017-2021.state.gov/the-clean-network/index.html.

77. WEF, "China's Digital Economy Is a World Leader, but It Still Faces Challenges", Jan. 3, 2018, https://www.weforum.org/agenda/2018/01/these-are-the-challenges-facing-chinas-digital-economy.

78. William J. Drake, Shanthi Kalathil, and Taylor C. Boas, "Dictatorships in the Digital Age: Some Considerations on the Internet in China and Cuba", Oct. 23, 2000, https://carnegieendowment.org/2000/10/23/dictatorships-in-digital-age-some-considerations-on-internet-in-china-and-cuba-pub-531.

79. WSIS, Declaration of Principles Building the Information Society: A Global Challenge in the New Millennium, Dec. 12, 2003, https://www.itu.int/net/wsis/docs/geneva/official/dop.html.

80. Wy Cheng, "The Hidden Benefits of China's Counterfeiting Habit", Jul. 8, 2016, https://thediplomat.com/2016/07/the-hidden-benefits-of-chinas-counterfeiting-habit.

81. Yasmin Afina, et al.,"Towards a Global Approach to Digital Platform Regulation", Jan. 17, 2024, https://www.chathamhouse.org/sites/default/files/2024-01/2024-01-17-towards-global-approach-digital-platform-regulation-afina-et-al.pdf.

后　记

春暖花开,欣闻拙作将付梓出版,百感交集,絮聒几句。

今年是习近平总书记提出网络强国战略目标 10 周年和我国全功能接入国际互联网 30 周年,也是我国网络法治建设起步的 30 周年。作为互联网的"原住民",从小生活在网络空间中的我可以说一路见证了中国互联网的蓬勃发展,有着丰富的"用户体验"。还记得小学的第一堂电脑课,我穿着蓝色的塑料鞋套进入学校机房,在启蒙老师的指导下小心翼翼地学会了开机,好奇地看着眼前的这台大屏幕,对里面呈现的世界充满好奇。接下来的日子里,我从电脑桌面的扫雷、纸牌游戏转到线上聊天室,玩起了 QQ、人人、博客……直至进入移动互联网时代,微博、微信、抖音、脸谱网、推特大量涌现,而上述所有的应用几乎都集结在一部手机上。通过这一个小小的窗口,世界仿佛触手可及。再后来,区块链、"元宇宙"、Web3.0、大模型这些新兴概念涌入大众视野,未来的互联网世界似乎在向我们招手。

但有时候我也会疑惑,深陷于现代数字文明的人类,是否能够很好地面对这种科技主导下的时代剧变。这诚如计算机之父约翰·冯·诺伊曼(John von Neumann)说的那样,"技术日新月异,人类的生活方式正在快速转变,这一切给人类历史带来了一系列不可思议的奇点。我们曾经熟悉的一切,都开始变得陌生"。从事学术研究给了我这样一个机会,使我能够幸运地为自己感兴趣的问题寻找答案。尽管这个过程可能永远没有终点,但它让我的思维从日常的琐碎中抽离出来(哪怕是一会儿)。在我浅显的认知中,网络空间治理有几条研究路径:一是从技术变革看,探究快速发展的互联网技术与社会各个主体之间的复杂关系,涉及传播转型、公民赋权、社会化运动、国家治理等研究议题；二是从主体视角看，在治理中分析一个国家、企业、社会、个人之间的博弈与互动关系，典型的如涉及平台数据、个人隐私保护、互联网内容、数字劳动、反垄断等多向度的治理议题；三是从制度比较看，探讨不同治理主张背后的政治经济动向与大国博弈，包括数字地缘政治、国际数字规则、互联网企业国际化与在地化等议题。而在现实生活中，上述研究脉络往往盘根错节、相互关联、互为影响，形成了多视角、多层次、多方法的复杂研究图景。因此，研究中国网络空间治理，应兼具全球视野和本土视角，对中国特色网络空间治理的理论基础、实践探索、发展经验、治理创新等方面有深刻的理解和阐释。

当然，我也必须承认，我在科研工作中还是个未真正踏入门槛的"青椒"，个人的研究还比较浅薄，对于日新月异的网络空间治理更多处于事实与现象的描述，更深入地进行理论建构和学术对话，是我需要深耕和努力的方向。同时，就在书稿修改整理期间的近两年时间，生成式人工智能技术加速外溢，日益演变成为具有基础设施性质的内容平台。在技术应用层面，OpenAI 推出的 ChatGPT 仅经过两个月，月活用户数即突破 1 亿，成为史上增长最快的消费级应用平台，带来继专业生产内容（PGC）、用户生产内容（UGC）、专业用户生产内容（PUGC）之后的人工智能生产内容（AIGC）的内容生产形态。在产品服务层面，微软将由 GPT－4 模型整合进 Office 办公软件、Azure 云计算等产品体系之中，不仅推进了传统平台的智能化转型，还以技术嵌入的方式实现了信息内容传播渠道的扩展。在平台演进层面，谷歌公司发布了可供多模态、多平台开发的 Gemini 大模型，OpenAI 宣布允许用户开发的 GPT 商店，它们正在成为聚集其他智能应用的平台，在成为信息内容聚合分发的又一中心节点的同时，也为用户提供了"千人千答"的定制化内容。尽管上述技术、产品、服务等还在规模化铺开应用初期，但对今后的网络空间治理将带来重大影响。对此，丹麦奥尔胡斯大学荣誉教授沃尔夫冈·科纳沃茨特（Wolfgang Kleinwächter）指出了一个趋向，"在互联网发展初期，当时推崇'如果没坏就不用修'的观点，2024 年，大多数政府和利益相关方都认为还存在问题需要解决，普遍认为人工智能需要某种监管，关键问题是如何找到正确的平衡"。这样一种全球治理范式的转变,背后存在深刻的技术变革逻辑、不同主体较量与地缘政治经济动因,也为我未来更深入地比较和分析中外的互联网治理和科技政策提供了新的思路。

最后,感谢这一路以来那些可爱、温暖的人儿的支持和帮助。感谢惠志斌、戴丽娜、魏永征、鲁传颖、轩传树、王蔚、沈桂龙、梅俊杰、周武、王震等师长对书稿内容提出的建设性意见。感谢方师师、王理、万旋傲、陈兰馨、姚利权等老师以及刘晓佳、王菁、薛蓓蓓等同学的督促和鼓励。感谢陪我一起成长的家人们,我的父亲、母亲和弟弟,我的好朋友杨瑶和朱佳伟夫妇,我的爱人和队友老夏,以及伴随着博士论文一同出生的女儿七宝,希望小小的你能在技术变革的大时代健康快乐成长。同时,感谢上海社会科学院出版社编辑陈慧慧老师为本书出版付出的大量精力,对书稿进行了高效的编排和细致的校审。由于时间和知识水平有限,书中错误、偏颇和不足之处,恳切批评指正,不胜感激。

唐巧盈

2024 年 3 月于上海社会科学院顺昌路院区

图书在版编目(CIP)数据

中国网络空间治理 ：理论探索与实践研究 / 唐巧盈著 .— 上海 ：上海社会科学院出版社，2024
ISBN 978 - 7 - 5520 - 4390 - 7

Ⅰ.①中… Ⅱ.①唐… Ⅲ.①互联网络—治理—研究—中国 Ⅳ.①TP393.4

中国国家版本馆 CIP 数据核字(2024)第 094921 号

中国网络空间治理：理论探索与实践研究

著　　者：唐巧盈
责任编辑：陈慧慧
封面设计：杨晨安
出版发行：上海社会科学院出版社
　　　　　上海顺昌路 622 号　邮编 200025
　　　　　电话总机 021 - 63315947　销售热线 021 - 53063735
　　　　　https://cbs.sass.org.cn　E-mail：sassp@sassp.cn
排　　版：南京展望文化发展有限公司
印　　刷：浙江天地海印刷有限公司
开　　本：710 毫米×1010 毫米　1/16
印　　张：18.5
字　　数：280 千
版　　次：2024 年 8 月第 1 版　2024 年 8 月第 1 次印刷

ISBN 978 - 7 - 5520 - 4390 - 7/TP・006　　　定价：98.00 元